U0837346

# 北京市高端技术技能人才贯通培养的研究与实践

## ——以大数据技术专业为例

耿秀华　张晓蕾　张治斌　著

電子工業出版社
Publishing House of Electronics Industry
北京 · BEIJING

## 内容简介

从 2015 年开始，北京市教育委员会开展了高端技术技能人才贯通培养试验项目，旨在培养符合首都高精尖产业需求的新型人才。2015 年招生的首批学生已于 2022 年从本科毕业，该项目每年的招生模式、项目分类、招生专业、培养模式、招生规模、培养学制、参与学校等会有所变化，本书梳理分析了这些变化，为承担贯通培养任务的学校，以及拟报考的考生和家长提供参考。此外，自该项目实施以来，在创新应用型人才培养模式上取得了丰硕成果，但是也存在一些共性问题，本书汇总分析了这些共性问题，并且提出了相应的解决方案。

本书以大数据技术专业为依托，并且借鉴其他承担贯通培养任务院校的办学经验，参照大数据技术专业的标准，校企合作制定了“循环进行、持续改进”的七年贯通一体化人才培养方案。在此基础上，精心编制了各门课程的课程标准，一并出版供同类专业人士参考。



**图书在版编目（CIP）数据**

北京市高端技术技能人才贯通培养的研究与实践：以大数据技术专业为例 / 耿秀华，张晓蕾，张治斌著. —北京：电子工业出版社，2022.12

ISBN 978-7-121-46201-6

Ⅰ. ①北… Ⅱ. ①耿… ②张… ③张… Ⅲ. ①数据处理－人才培养－研究 Ⅳ. ①TP274

中国国家版本馆 CIP 数据核字（2023）第 158517 号

责任编辑：王　花
印　　刷：北京七彩京通数码快印有限公司
装　　订：北京七彩京通数码快印有限公司
出版发行：电子工业出版社
　　　　　北京市海淀区万寿路 173 信箱　　邮编：100036
开　　本：787×1092　1/16　印张：18　字数：439 千字
版　　次：2022 年 12 月第 1 版
印　　次：2022 年 12 月第 1 次印刷
定　　价：88.00 元

凡所购买电子工业出版社图书有缺损问题，请向购买书店调换。若书店售缺，请与本社发行部联系，联系及邮购电话：（010）88254888，88258888。

质量投诉请发邮件至 zlts@phei.com.cn，盗版侵权举报请发邮件至 dbqq@phei.com.cn。

本书咨询联系方式：（010）88254609，hzh@phei.com.cn。

# 前言

为深入贯彻落实中共中央办公厅、国务院办公厅印发的《关于深化教育体制机制改革的意见》，国务院办公厅印发的《国务院办公厅关于深化产教融合的若干意见》，以及北京市人民政府印发的《北京市人民政府关于加快发展现代职业教育的实施意见》精神，深入推进教育领域综合改革，适应国家和首都经济社会发展、产业转型升级需要，探索培养高端技术技能人才的新路径，统筹安排高中教育、高等职业教育、本科教育，构建现代职业教育体系，从 2015 年开始，北京市教育委员会开展了高端技术技能人才贯通培养试验项目（以下简称“贯通培养”），旨在培养符合首都高精尖产业需求的新型人才。

2017 年，经北京市教育委员会批准，北京信息职业技术学院联合清华大学附属中学、北京信息科技大学，共同开展了高端技术技能人才贯通培养试验项目，现开设“软件技术”“信息安全技术应用”“大数据技术”“人工智能技术应用”共 4 个贯通培养专业，现有在校学生一千多名。

目前，贯通培养在技术层面和管理层面上都处于探索阶段，整个过程涉及高中、高职及对口的应用型本科院校，七年贯通培养不是高中、高职与本科三个阶段的简单叠加与拼凑，而是三者的优化组合、优势互补。《北京市高端技术技能人才贯通培养的研究与实践——以大数据技术专业为例》是北京信息职业技术学院 2019 年立项的校级科研项目重点课题（XY-YN-01-201901），课题组成员均是规划或实施大数据技术专业贯通培养的教职人员，课题研究得到了北京信息科技大学计算机学院侯霞副院长、北京信息职业技术学院基础教育学院梁德厚院长、北京信息职业技术学院产业互联网学院纪兆华院长、北京交通运输职业学院汽车学院缑庆伟院长、北京电子科技职业学院电信工程学院计算机技术系杜辉主任、北京工业职业技术学院信息工程学院方园书记、北京劳动保障职业学院团委张力展书记、北京财贸职业学院商学院张慧副院长、北京市丰台区职业教育中心学校曹春萍主任、北京城市学院教育学部吴晓蒙老师、北京政法职业学院司法信息安全专业七年贯通培养负责人胡晓风老师等的大力支持，还有刘风华同学帮助整理资料，在此一并感谢！

本书大纲由耿秀华、张晓蕾、张治斌拟定，第 1 章由耿秀华编写，第 2 章由张治斌、郑淑晖、任宪臻编写，第 3 章的执笔人员有郑淑晖、马东波、任宪臻、刘瑞新、李万、郭亚东、亢华爱、周艳芳、张亚新、赵玉新、刘妍东等，附录部分由刘风华同学协助整理。

# 目录

# 第 1 章 北京市教育委员会高端技术技能人才贯通培养研究

## 1.1 北京市高端技术技能人才贯通培养现状研究

为深入贯彻落实中共中央办公厅、国务院办公厅印发的《关于深化教育体制机制改革的意见》[1]，国务院办公厅印发的《国务院办公厅关于深化产教融合的若干意见》[2]，以及北京市人民政府印发的《北京市人民政府关于加快发展现代职业教育的实施意见》[3]精神，深入推进教育领域综合改革，适应国家和首都经济社会发展、产业转型升级需要，探索培养高端技术技能人才的新路径[4]，统筹安排高中教育、高等职业教育、本科教育，构建现代职业教育体系，北京市教育委员会（简称北京市教委）自 2015 年起开展了高端技术技能人才贯通培养试验项目（以下简称“贯通培养”），旨在培养符合北京高精尖产业需求的新型人才。具有升学资格的北京市正式户籍中考生皆可报考。贯通培养通过支持部分职业院校与示范高中、本科院校合作，打通了职业教育与学术教育之间的阻隔，建立了校企深度合作的方式，加强了政府在政策层面对职业教育的支持，为高端技术技能人才培养搭建了良好的政策环境和平台。[5] 2017 年，经北京市教委批准，北京信息职业技术学院联合清华大学附属中学、北京信息科技大学，共同开展了高端技术技能人才贯通培养试验项目。2015 年招生的首批学生已于 2022 年本科毕业。本文结合本校贯通培养的经验，同时对承担贯通培养任务的中职学校、高职院校及应用型本科院校进行了长期、深入的跟踪调研，发现贯通培养自实施以来，在创新应用型人才培养模式上取得了丰硕成果，但是也存在一些共性问题。本节汇总分析了这些共性问题，并且提出了相应的解决方案。

### 1.1.1 北京市贯通培养现状

**1. 招生规模**

2015 年，北京市参加贯通培养的学校有 2 所中职学校、3 所高职院校、8 所本科院校，计划招生 2190 人，实际录取 1180 人。2016 年招生计划数量提升，达最高值 7822 人。随后开始逐年下降，至 2022 年，参加贯通培养提前招生的中职学校上升为 5 所；高职院校上升为 7 所，全部是入选“北京市特色高水平职业院校”的学校；合作的本科院校有 7 所，招生人数与 2021 年齐平，均为 2810 人。贯通培养相对比较稳定的是参与的高职院校。

**2. 培养模式**

贯通培养学制为 7 年（护理专业为 8 年）。在一般情况下，高本贯通（高职和本科的贯通）采取“5+2”学制培养模式，前 5 年（护理专业为 6 年）主要依托高职院校培养，完成前 5 年（护理专业为 6 年）学业且成绩合格者，由高职院校颁发专科学历证书；完成全部学业且成绩合格者，由合作的本科院校颁发本科学历证书（专升本）[6]。中本贯通（中职和本科的贯通）采取“3+2+2”学制培养模式（护理专业采取“3+3+2”学制培养模式），前 3 年为中职阶段；中间 2 年（护理专业为 3 年）为高职阶段，高职阶段的学生管理、教学组织、评价考核由中职学校和合作高校协商确定；完成前 3 年学业且成绩合格者，由中职学校颁发中职毕业证书；完成前 5 年（护理专业为 6 年）学业且成绩合格者，由合作的本科院校颁发专科学历证书，完成全部学业且成绩合格者，由合作的本科院校颁发本科学历证书（专升本）[6]。

**3. 招生专业**

为与首都产业转型升级相匹配，贯通培养招生专业一直在大幅调整，中职学校的招生专业数量呈递增趋势，2015 年只有 2 个专业，2021 年招生专业有 26 个；高职院校的招生专业数量虽然变化幅度不大，但其专业有增有减；本科院校的招生专业数量从最初的 28 个缩减为 2021 年的 5 个，2022 年进一步缩减为 2 个。

**4. 培养模式**

贯通培养每年的培养模式都不尽相同，分别为高等职业院校招生、中等职业学校招生、高端技术技能人才贯通培养、高级外语人才培养、学前教育与基础教育师资培养、高精尖创新人才培养试验、中外国际学院贯通培养、校企深度合作人才培养、非通用语外语人才培养、基础教育师资培养、高本贯通和中本贯通。

### 1.1.2 北京市贯通培养存在的问题

**1. 人才培养目标定位不够明确**

人才培养目标是各级、各类职业教育对人才培养的总体要求，是专业设置、课程开发、标准制定、教材选用等的前提条件[7]，是贯通培养模式顶层设计之首。根据人才的社会功能，国际上通常将人才分为 4 类，分别为学术型人才、工程型人才、技术型人才、技能型人才[8]，应用型本科院校属于贯通培养体系的高端，其主要特征是在学科基础上，构建符合行业企业需求的学科专业体系，注重实践教学，以技术为教育载体；其培养目标主要是灰领阶层，即介于研发型工程师和一线操作人员之间的一线工程师[9]。调研发现，贯通培养的人才培养方案基本以应用型本科院校为主导进行制定，本科阶段的培养目标和课程设置，通常受本科现行方案及其师资、教学资源等限制，更倾向于学科知识体系，不能准确把握职业成长规律，具有显著的知识下延特性。而高等职业院校和应用型本科院校的人才培养目标本身就是两种类型，有巨大的差别。在贯通培养中，如何科学地界定人才培养的目标和规格，使之不同于以往的高等职业院校和应用型本科院校，在实施过程中，避免出现基础教育阶段高中化、专业纵深拓展阶段本科化的趋势，精准定位人才培养目标，是贯通培养政策的一大难点[10]。

此外，中职学校、高职院校、应用型本科院校是三个独立的办学主体，但在现行体制下，参与实践的职业院校、普通高中、本科院校均为独立的办学主体，在学校性质、办学定位、教育理念、培养模式上存在很大的差异，难以真正实现优势融合、实质贯通。

**2．学生普遍缺乏学习动力**

关于贯通培养学生的学习状况，调研显示，各学校学生的学习自主性、积极性呈两极分化，部分学生有明确的学习目标，竞争意识强，对知识和能力提升方面的教学内容参与度较高，在技能大赛、社会实践等方面也比较积极；但是部分学生因为学制长，所以在主观上认为，既然选择的是七年贯通制，就不存在中考、高考压力，不管学得怎么样，都能正常毕业拿到本科文凭，因此没有明确的学习目标，学习的积极性不高，缺乏学习主动性，吃苦耐劳的精神不足，不少学生感到校内生活枯燥乏味。中职学段的学生年龄较小，理解力、自律性和独立性较差，在升入高职学段后，基础不扎实，尤其是英语和数学，与三年制高职学生的差距明显。从 2020 年专升本转段情况来看，各学校升学率都接近 100%，2021 年虽略有下降，但也在 90%以上，对于未被录取的学生，学校还需要进行安抚开导，本科学段的教师反映，贯通培养学生幼稚、不成熟，在学习纪律、学习基础、学习能力等方面都差强人意，教学目标实现较困难。

此外，家庭因素导致的问题学生较多，有些学生在思想、心理、德育方面的问题突出。

**3．其他问题**

1）政策层面变化幅度较大

贯通培养从招生人数、招生专业、项目类别、学籍管理、参与院校、生源质量、职业院校对接的本科院校等变化幅度都比较大，这些因素也在一定程度上对承办学校施加压力。

2）参与的本科院校和企业动力不足

本科院校处于贯通培养的顶端，不少高职院校反映，本科院校对贯通培养的动力不足，以奉献为主，不会根据高职院校的要求改变自己的体系。究其原因，一方面，本科院校自身生源充足；另一方面，就目前的情况来看，经过前面 5 年的“半温室培养”，贯通培养学生与本科院校其他学生相比，在知识、素质和能力等方面均有不小的差距。

我国职业教育校企合作还没有形成应用广泛的有效机制，企业作为校企合作的主体之一，其参与的态度及程度对我国技能型人才培养质量有很大影响，而企业参与职业教育校企合作的积极性不高是目前我国职业教育发展面对的重要问题。

### 1.1.3 北京市贯通培养的对策与建议

#### 1. “循环进行、持续改进”的一体化人才培养方案

1）明确贯通培养人才培养方案的主体

人才培养方案是办学主体进行人才培养的整体设计，是对人才培养各方面要求的整体性规定，是学校全面开展人才培养工作的基本依据。随着首都产业经济不断向智能化、数字化、绿色化发展，高端产业链急需高技能人才，技能人才层次提高与产业转型升级相互支撑、相互促进。贯通培养要与企业发展人才需求融合，与首都经济社会发展融合，跟上首都实体经济前进的步伐，遵循职业教育从职业岗位出发、以学生发展为中心、以就业创业为导向、以培养职业能力为目标的原则，联合行业内有代表性的企业，共同设计一体化人才培养方案，整合校内外教师、设施、实验、实训等资源，构建整体设计、系统培养、贯通实施、校企合作、协同育人的人才培养新机制[4]。

调研发现，在设计“中职”+“高职”+“本科”+“企业”四方主体共同参与的人才培养方案时，通常本科院校处于主导地位，课程体系设置具有明显的学科知识体系特征，不太能顾及贯通培养学生的学习能力和学风学情，其构建方式强调学生对基本知识和基本理论的积累及学科思维的养成，忽视了技术技能及其应用能力在贯通培养的每个阶段都必须完整地对应产业相关岗位的职业能力，以及在中职、高职、本科这 3 个学段职业能力逐级提升的关键要求[11]，而且更新、升级相对较慢，灵活性低。职业教育是指让受教育者获得某种职业或生产劳动所需的职业知识、职业技能和职业道德的教育，有其自身的教育特点。承担贯通培养的高职院校都是入选“北京市特色高水平职业院校”的学校，并且从事职业教育多年，双师型教师占比较高，了解学生状况，熟悉职业教育规律，有企业协作经验，在四方主体中居于中间位置，承上启下，因此更适合担任贯通培养人才培养方案及课程体系的主导者，形成“循环进行、持续改进”的一体化人才培养方案的设计与开发流程，实现人才培养与企业需求相融合、专业教师与能工巧匠相融合、素质教育与技能培养相融合、教学内容与生产项目相融合、能力考核与技能鉴定相融合、实训环境与企业文化相融合。

2）实现各学段之间人才培养方案的无缝衔接

调研发现，贯通培养的 3 个学段，尤其是中职学段，存在人才培养目标不够清晰的问题。例如，有英语教师提出，在学生升入本科后，对英语能力是否有其他要求（如是否需要通过 CET-4 才能毕业）。贯通培养的目标是为地方产业转型升级提供高端技术技能人力资源供给，3 个学段既相对独立，又相互衔接，相对独立是指每个学段的毕业生都有其对应的人才规格与就业岗位，相互衔接是指 3 个学段的人才培养目标是分层递进的。因此每个学段必须要有清晰、明确的人才培养目标，同时注重 3 个学段之间的全局性和系统性，课程体系设计要符合 3 个学段人才培养逻辑的职业成长规律，形成内容完善、对接紧密、特色鲜明的课程设置。高端技术技能人才贯通培养历经中职、高职、本科共 3 个教育层次，培养 3 个职级的职业技能人才，其人才培养方案和课程体系设计应符合北京市职业教育分级制理念，真正实现 3 个学段之间的无缝衔接，推动北京职业教育“高质量、有特色、国际化”发展。

#### 2. 在政策层面上需要加大支持

在“中职+高职+本科+企业”四方主体共同参与的贯通培养中，学校希望在以下方面得到政府层面的协调与支持。

- 尽快形成相对稳定的贯通培养政策，关注其实施情况，倾听、回应各方诉求。
- 对参与贯通培养的企业给予政策激励，如落实税收优惠政策等。
- 提高本科院校参与贯通培养的积极性和能动性。例如，在办学经费上优先照顾，在本科评估时根据学生数量加分，等等。

#### 3. 立德树人，加强思政教育

贯通培养学生在入学时，年龄小、思想不成熟，正是一个人学习知识、启迪心智，以及形成世界观、人生观和价值观的关键时期，参与贯通培养的学校要密切关注学生的身心健康，逐步引导学生树立正确的三观，将立德树人贯穿整个培养过程，培养德才兼备、全面发展的中国特色社会主义建设者和接班人，必须使思想政治工作体系贯穿人才培养全过程，将思想政治教育拓展到所有课程中，进行思政课程、专业课程一体化建设，将价值塑造、知识传授、能力培养融入每一门课程的教学全过程[12]。

#### 4. 在各学段建立淘汰机制，宽进严出

与升入普通高中的学生相比，贯通培养学生的中考成绩偏低，属于“宽进”，参差不齐的生源质量，使加强人才培养过程中的质量管理成为贯通培养的核心问题。但是，出于政策导向及社会舆论等方面原因，3 个学段之间的提升几乎是“一路绿灯”，学生在 7 年的贯通学制中，没有任何学习压力，宽进宽出。调研显示，所有参与调研的学校都希望对贯通培养的学生引入一定的筛选和淘汰机制，让学生们内化为自身学习的动力，克服其惰性，从而提高贯通培养的人才培养质量，增强职业教育对首都经济社会发展的贡献力和影响力。

### 1.1.4 结语

贯通培养构建了人才培养的“立交桥”，为学生成长、成才提供了更多、更好的发展机会，虽然存在各种各样的问题，但北京市教育委员会每年都会根据贯通培养的实施情况动态调整政策，加上各参与学校的努力，相信未来的前景是乐观的。

## 1.2 北京市高端技术技能人才贯通培养政策研究

为深入推进教育领域综合改革，适应国家和首都经济社会发展、产业转型升级需要，探索培养高端技术技能人才的新路径[1]，整合融通各级各类优质教育资源，统筹安排中职教育、高职教育、本科教育，打造人才培养“立交桥”，构建符合首都经济社会发展和产业转型升级需求的现代职业教育体系[2]，北京市教育委员会自 2015 年起开展了贯通培养，旨在培养符合北京高精尖产业需求的新型人才。

贯通培养从 2015 年实施以来，每年的招生规模、项目类别、培养模式、参与学校等都在变化，下面梳理分析这些变化，为承担贯通培养任务的学校，以及拟报考的考生和家长提供参考。

### 1.2.1 北京市贯通培养的招生规模及招生院校数量

北京市贯通培养历年的招生规模如图 1-1 所示，历年参与贯通培养的各类学校数量如图 1-2 所示。根据图 1-2 可知，参与贯通培养的学校数量比较稳定的是高职院校，中职学校和本科院校的数量变化都比较大。

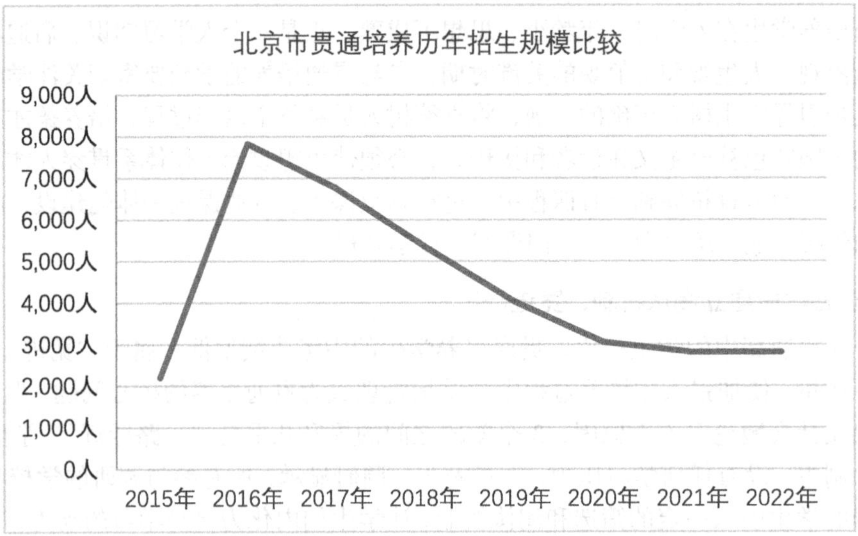


图 1-1 北京市贯通培养历年招生规模

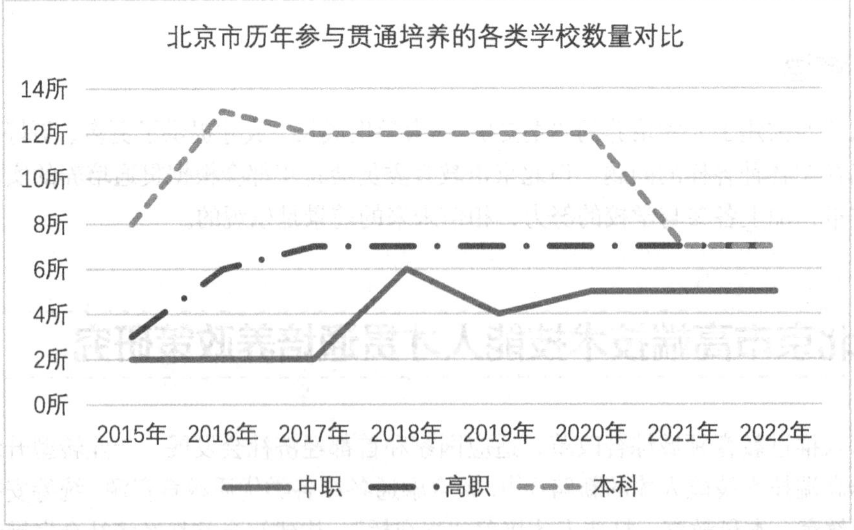


图 1-2 北京市历年参与贯通培养的各类学校数量

## 1.2.2　北京市贯通培养的招生专业

从 2015 年到 2021 年，贯通培养的招生专业一直在大幅调整。其中，中职学校的招生专业数量基本处于递增趋势，从最初的 2 个专业到 2021 年的 26 个专业；高职的招生专业数量保持在 30 个与 60 个之间，虽然数量上变化不是很大，但是具体的专业内容每年都有大量的增减；本科院校从 2016 年开始招生，当年的招生专业数量是 28 个，之后的趋势是减少，到 2022 年减少至最低数量 3 个，分别为学前教育、小学教育（德语、法语、西班牙语方向）、小学教育（国际艺术学校定向招生）。援引北京市教育委员会相关负责人的话："本着'社会需要、学生想学'的原则，结合职业院校的办学特色，撤销一批与首都产业转型发展匹配度不高的专业，新增一批人才紧缺领域的专业。"北京市贯通培养历年招生专业数量变化如图 1-3 所示。

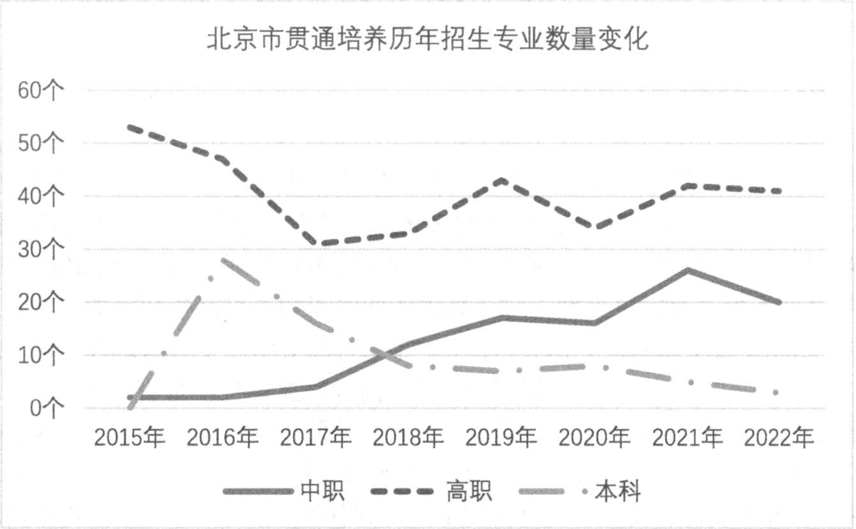


图 1-3　北京市贯通培养历年招生专业数量变化

## 1.2.3　北京市贯通培养的项目类别

在 2015 年，贯通培养的培养模式有 2 种，分别为高职院校招生模式和中职学校招生模式；2016 年培养项目增加为 5 种，达到最高值，其中的高精尖创新人才培养试验项目及中外国际学院贯通培养项目仅在 2016 年招生，之后开始减少；至 2020 年，贯通培养的项目类别恢复为 2 种，分别为高本贯通和中本贯通。北京市贯通培养历年的项目类别及各类别招生人数如表 1-1 所示。

**表 1-1　北京市贯通培养历年的项目类别及各类别招生人数**

| 项目类别 | 年份 | | | | | | | |
|---|---|---|---|---|---|---|---|---|
| | 2015 | 2016 | 2017 | 2018 | 2019 | 2020 | 2021 | 2022 |
| 高职院校招生 | 2000 | — | — | — | — | — | — | — |
| 中职学校招生 | 190 | — | — | — | — | — | — | — |
| 高端技术技能人才贯通培养 | — | 5190 | 5090 | 4100 | 2770 | — | — | — |

续表

| 项目类别 | 年份 | | | | | | | |
|---|---|---|---|---|---|---|---|---|
| | 2015 | 2016 | 2017 | 2018 | 2019 | 2020 | 2021 | 2022 |
| 高级外语人才培养 | — | 760 | 220 | — | — | — | — | — |
| 学前教育与基础教育师资培养 | — | 1412 | 1450 | 990 | — | — | — | — |
| 高精尖创新人才培养试验 | — | 300 | — | — | — | — | — | — |
| 中外国际学院贯通培养 | — | 160 | — | — | — | — | — | — |
| 校企深度合作人才培养 | — | — | — | 140 | 360 | — | — | — |
| 非通用语外语人才培养 | — | — | — | 100 | 100 | — | — | — |
| 基础教育师资培养 | — | — | — | — | 790 | — | — | — |
| 高本贯通 | — | — | — | — | — | 2140 | 1950 | 1950 |
| 中本贯通 | — | — | — | — | — | 910 | 860 | 860 |
| 合计 | 2190 | 7822 | 6760 | 5330 | 4020 | 3050 | 2810 | 2810 |

## 1.2.4 北京市贯通培养的模式

贯通培养历年高本贯通及中本贯通的培养模式如表 1-2 所示。在高本贯通中，2015 年及 2016 年的“北京市教育委员会关于开展高端技术技能人才贯通培养试验的通知”都明确提出：前 2 年在高等职业院校接受基础文化课程教育，中间 3 年在高等职业院校接受专业课程及职业技能教育，后 2 年对接市属高校接受本科专业教育。因此学制为“2+3+2”。在 2017 年之后不再提及，只提到：对于高等职业院校和本科高校招录的学生，1 至 3 学年执行中等职业学校学籍管理办法，4 至 7 学年执行高等学校学籍管理办法。因此学制为“3+2+2”。2015 年—2018 年，学籍管理办法有“高等职业学校学籍管理办法”和“高等学校学籍管理办法”；在 2019 年之后，学生在进入高职阶段后，统一执行“高等学校学籍管理办法”。关于中本贯通中间部分 2 年（护理专业为 3 年）的培养地点，2015 年—2016 年招生文件中指出在市属高校，2017 年—2019 年未明确指明，2020 年又指出在高校，2021 年发生变化，第一次提出这段时间的培养地点：从 2021 年起，贯通培养的前 5 年都放在职业院校培养，本科院校只承接最后 2 年的培养任务。预计这个模式会延续下来。

**表 1-2 贯通培养历年高本贯通及中本贯通的培养模式**

| 年份 | 培养模式 | | | | | | | |
|---|---|---|---|---|---|---|---|---|
| | 高本贯通 | | | | 中本贯通 | | | |
| | 学制 | 学籍管理办法 | 学籍所在地 | 学习地点 | 学制 | 学籍管理办法 | 学籍所在地 | 学习地点 |
| 2015 | 2+3+2 | 1～3 年中专；4～5 年高职；6～7 年本科 | 1～5 年在高职院校；6～7 年在本科院校 | 1～5 年在高职院校；6～7 年在本科院校 | 3+2+2；3+3+2（护理） | 1～3 年中专；4～5 年高职；6～7 年本科 | — | 1～3 年在中职学校；4～7 年在市属高校 |
| 2016 | 2+3+2 | 1～3 年中专；4～5 年高职；6～7 年本科 | 1～5 年在高职院校；6～7 年在本科院校 | — | 3+2+2；3+3+2（护理） | 1～3 年中专；4～5 年高职；6～7 年本科 | — | 1～3 年在中职学校；4～7 年在市属高校 |

续表

| 年份 | 培养模式 | | | | | | | |
|---|---|---|---|---|---|---|---|---|
| | 高本贯通 | | | | 中本贯通 | | | |
| | 学制 | 学籍管理办法 | 学籍所在地 | 学习地点 | 学制 | 学籍管理办法 | 学籍所在地 | 学习地点 |
| 2017 | 3+2+2 | 1～3 年中专；4～5 年高职；6～7 年本科 | 1～5 年在高职院校；6～7 年在本科院校 | — | 3+2+2；3+3+2（护理） | 1～3 年中专；4～5 年高职；6～7 年本科 | — | — |
| 2018 | 3+2+2 | 1～3 年中专；4～5 年高职；6～7 年本科 | 1～5 年在高职院校；6～7 年在本科院校 | — | 3+2+2；3+3+2（护理） | 1～3 年中专；4～5 年高职；6～7 年本科 | — | — |
| 2019 | 3+2+2 | 1～3 年中职；4～7 年高校 | 1～5 年在高职院校；6～7 年在本科院校 | — | 3+2+2；3+3+2（护理） | 1～3 年中职；4～7 年高校 | — | — |
| 2020 | 3+2+2 | 1～3 年中职；4～7 年高校 | 1～5 年在高职院校；6～7 年在本科院校 | 1～5 年在高职院校；6～7 年在本科院校 | 3+2+2；3+3+2（护理） | 1～3 年中职；4～7 年高校 | 1～3 年在中职学校；4～7 年在本科院校 | 1～3 年在中职学校；4～7 年在本科院校 |
| 2021 | 3+2+2 | 1～3 年中职；4～7 年高校 | 1～5 年在高职院校；6～7 年在本科院校 | 1～5 年在高职院校；6～7 年在本科院校 | 3+2+2 | 1～3 年中职；4～7 年高校 | 1～3 年在中职学校；4～7 年在本科院校 | 1～5 年在中职学校；6～7 年在本科院校 |
| 2022 | 3+2+2 | 1～3 年中职；4～7 年高校 | 1～5 年在高职院校；6～7 年在本科院校 | 1～5 年在高职院校；6～7 年在本科院校 | 3+2+2 | 1～3 年中职；4～7 年高校 | 1～3 年在中职学校；4～7 年在本科院校 | 1～5 年在中职学校；6～7 年在本科院校 |

注：1.“学籍管理办法”列中的“中专”全名为“中等专业学校学籍管理办法”。

2.“学籍管理办法”列中的“中职”全名为“中等职业学校学籍管理办法”。

3.“学籍管理办法”列中的“高职”全名为“高等职业学校学籍管理办法”。

4.“学籍管理办法”列中的“本科”及“高校”全名为“高等学校学籍管理办法”。

### 1.2.5　结语

贯通培养是北京实行教育改革的积极探索，根据这几年政策的不断变化可知，北京市教育委员会一直在总结经验，努力进行优化调整，下一步将努力推动首都职业教育“高质量、有特色、国际化”发展，拓宽应用型人才培养路径，构建现代职业教育体系，让学生的学历、能力充分对应岗位需求。相信该项目会越来越成熟，朝着“做精做简”的方向发展，为满足首都“四个中心”建设和经济社会发展对高素质技术技能人才的需求做出贡献。

# 第 2 章 大数据技术专业 7 年制贯通人才培养方案

## 2.1 专业名称及代码

专业名称：大数据技术。

专业代码：510205。

## 2.2 入学要求

初中毕业生或具有同等学力者。

## 2.3 修业年限

7 年。

## 2.4　职业面向

大数据技术专业学生的职业面向如表 2-1 所示。

表 2-1　大数据技术专业学生的职业面向

| 所属专业大类（代码） | 所属专业类（代码） | 对应行业（代码） | 主要职业类别（代码） | 主要岗位群或技术领域举例 | 职业资格证书和职业技能等级证书举例 |
|---|---|---|---|---|---|
| 电子信息大类（51） | 计算机类（5102） | 软件和信息技术服务业（65） | 信息系统分析工程技术人员（2-02-10-05）；<br>信息系统运行维护工程技术人员（2-02-10-08）；<br>大数据工程技术人员（2-01-10-11） | 数据采集与处理；<br>数据分析、挖掘、可视化展示；<br>大数据开发与运维 | “1+X”大数据分析与应用职业技能等级证书；<br>“1+X”大数据平台运维职业技能等级证书；<br>“1+X”大数据应用开发与服务职业技能等级证书；<br>“1+X”大数据工程化处理与应用职业技能等级证书 |

## 2.5　培养目标与培养规格

### 2.5.1　培养目标

大数据技术专业主要培养具有以下特点的高素质技术技能人才。

- 理想信念坚定，德、智、体、美、劳全面发展，具有一定的科学文化水平，具有良好的人文素质、职业道德和创新意识，具有精益求精的工匠精神，具有较强的就业能力和可持续发展能力。
- 掌握本专业知识和技术技能，面向软件和信息技术服务业的信息系统分析、信息系统的运行与维护、大数据分析与应用等职业群，能够从事数据采集、数据处理、数据分析、数据挖掘、数据可视化、大数据开发与运维等工作。

### 2.5.2　培养规格

大数据技术专业的毕业生应在素质、知识和能力方面达到以下要求。

#### 1. 素质要求

- 坚定拥护中国共产党的领导和我国的社会主义制度，在习近平新时代中国特色社会主义思想的指引下，践行社会主义核心价值观，具有深厚的爱国情感和中华民族自豪感。
- 尊崇宪法、遵纪守法、崇德向善、诚实守信、尊重生命、热爱劳动，遵循道德准则和行为规范，具有社会责任感和社会参与意识。

- 具有质量意识、环保意识、安全意识、信息素养、工匠精神、创新思维。
- 勇于奋斗、乐观向上，具有自我管理能力和职业生涯规划意识，有较强的集体意识和团队合作精神。
- 具有强壮的体魄、健康的心理和健全的人格，掌握基本的运动知识和一两项运动技能，养成良好的健身、卫生和行为习惯。
- 具有一定的审美和人文素养，培养一两项艺术特长或爱好。

2．知识要求

- 掌握必备的思想政治理论、科学文化基础知识和中华优秀传统文化知识。
- 熟悉与本专业相关的法律法规，以及环境保护、安全消防等相关知识。
- 掌握计算机信息处理技术、网络技术的基本知识。
- 掌握大数据技术的基本原理、体系结构及各模块之间的关系。
- 掌握程序设计的基本思想和多种编程语言的基本语法。
- 掌握数据采集、数据处理、数据分析的基本理论知识。
- 掌握数据可视化工具的使用方法。
- 掌握数据库的理论知识和管理方法。
- 掌握数据挖掘的概念、方法和过程。
- 掌握 Hadoop 和 Spark 的结构组成和基本原理。
- 掌握 Linux 操作系统的安装与配置方法。
- 掌握网络信息安全的基本概念，熟悉网络信息安全的基本方法。

3．能力要求

- 具有探究学习、终身学习、分析问题和解决问题的能力。
- 具有良好的语言、文字表达能力和沟通能力。
- 具有通过编写网络爬虫程序进行数据采集的能力。
- 具有数据抽取、清洗、转换和加载的能力。
- 具有根据业务需要，对数据进行描述性分析、趋势性预测分析的能力。
- 具有应用数据挖掘工具建模、评估和部署的能力。
- 具有运用数据可视化工具展示项目数据结果的能力。
- 具有安装大数据平台及部署、配置相关工具的能力。
- 具有进行大数据系统运行、故障处理、安全维护和系统优化的能力。

## 2.6 课程设置及要求

### 2.6.1 公共基础课程

公共基础课程是学生必须修习的课程，是培养学生基本素质和继续学习能力的基础课程。

#### 1. 体育与健康

1）课程目标

在贯通培养的基础教育阶段，“体育与健康”课程是学校课程体系的重要组成部分，是实施素质教育和培养全面发展人才不可缺少的重要途径，主要目标为运动参与、体能增强、技能提高、身体健康、心理健康、社会适应。

2）课程内容

“体育与健康”课程的主要内容包括运动参与、运动技能、身体健康、心理健康、社会适应共 5 个相互联系的学习领域，以身体锻炼为主要手段，介绍体育与健康的知识、技能和方法，进一步促进学生的体质发展，提升学生的健康水平，提高学生的体育文化素养。在增强学生体质和提高学生心理素质的同时，培养学生的体育兴趣爱好，使学生养成终身锻炼的习惯，提高学生的身体素质。本课程强调体育教育的近期效益和长远效益，坚持以人为本，强调学生的主体性地位，加强人文关怀和教学互动，遵循因材施教的教学原则，帮助未成年学生在体质上顺利地向成年人跨越。

3）教学要求

学分：8 学分。

总学时数：128 学时。

周学时数：2 学时。

开课学期：贯通第一至四学期。

#### 2. 英语

1）课程目标

“英语”课程会在义务教育的基础上，帮助学生进一步学习语言基础知识，提高听、说、读、写等语言技能，培养中等职业学校英语学科的核心素养，包括职场语言沟通、思维差异感知、跨文化理解和自主学习共 4 方面，为学生的职业生涯、继续学习和终身发展奠定基础。本课程可以引导学生在真实情景中开展语言实践活动，认识文化的多样性，形成开放、包容的态度，发展健康的审美情趣；理解思维差异，提高国际理解能力，坚定文化自信；帮助学生树立正确的世界观、人生观和价值观，自觉践行社会主义核心价值观，成为德智体美劳全面发展的高素质劳动者和技术技能人才。

2）课程内容

“英语”课程的主要内容包括主题、语篇类型、语言知识、文化知识、语言技能、语言策略共 6 部分，4 册教材共有 21 个主题。

3）教学要求

学分：16 学分。

总学时数：256 学时。

周学时数：4 学时。

开课学期：贯通第一至四学期。

### 3. 信息技术

1）课程目标

“信息技术”课程是7年制贯通人才培养方案的必修理论课程，目标是培养学生对计算机的基本应用能力，使学生掌握计算机的基础知识、操作系统的配置和操作方法、办公自动化软件的使用方法、互联网知识的应用方法等，为后续学习计算机专业课程打好基础。

2）课程内容

- 计算机的基础知识。
- 外部设备的使用和维护方法。
- 计算机的安全常识和计算机病毒的防治方法。
- Windows 操作系统的操作方法。
- Windows 资源管理器、控制面板及典型附件的使用方法。
- Windows 多媒体技术的应用方法。
- 计算机网络的基本知识。
- Internet 的应用方法。
- 网络信息安全。
- 信息采集的方法。
- 电子表格与 Excel 的应用方法。
- 字表处理与 Word 的应用方法。
- 演示文稿与 PowerPoint 的应用方法。

3）教学要求

学分：6学分。

总学时数：98学时。

周学时数：2+4学时（单周2学时，双周4学时）。

开课学期：贯通第一、二学期。

### 4. 艺术

1）课程目标

“艺术”课程是职业院校学生必修的一门公共基础课程，以学习艺术基本知识、赏析艺术作品、实践艺术活动为主要方法和手段，是一门融合多种艺术门类和专业艺术特色的综合性课程，是职业院校实施美育、培养高素质技术技能人才的重要途径，是素质教育不可或缺的重要课程。学生通过学习本课程，可以了解并掌握一定的艺术理论知识，提高艺术鉴赏能力，提高对艺术的理解与分辨能力，提高人文素养，丰富精神世界，提高文化品位和审美素质，培育职业素养、创新能力与合作意识，进而树立正确的世界观、人生观和价值观，增强文化自觉与文化自信。

2）课程内容

“艺术”课程的主要内容包括艺术欣赏概述、建筑艺术及其赏析、雕塑艺术及其赏析、绘画艺术及其赏析、音乐艺术及其赏析等部分。

3）教学要求

学分：2 学分。

总学时数：32 学时。

周学时数：2 学时。

开课学期：贯通第一学期。

### 5．心理健康与职业生涯

1）课程目标

“心理健康与职业生涯”课程是贯通培养学生心理健康教育的主体部分，其总目标如下。

- 让学生了解健康的心理状态对个人成长和社会发展的积极意义，从而在实际行动中展现良好的道德品质和积极向上的心态。
- 使学生能够悦纳自我，正确处理个人与他人、个人与社会的关系，能够调控情绪、适应环境、应对挫折、把握机遇，正确处理生活、学习和求职过程中出现的心理和行为问题。
- 能够确立满足社会需要和自身实际需求的积极目标，选择正确的人生发展道路，能够制定切实可行的职业发展目标和实施方案。

2）课程内容

“心理健康与职业生涯”课程包括 7 个单元的内容。

- 守护心理健康，促进职业生涯发展。
- 认识自我，放眼职业生涯。
- 规划职业生涯，追逐梦想。
- 学会学习，终身受益。
- 和谐交往，快乐生活。
- 调控情绪，助力职业生涯。
- 青春时节，花样年华。

3）教学要求

学分：2 学分。

总学时数：32 学时。

周学时数：2 学时。

开课学期：贯通第一学期。

### 6．语文

1）课程目标

“语文”课程遵循共同基础与多样选择相统一的原则，精选学习内容，变革学习方式，使全体学生都获得必需的语文素养。此外，本课程顾及学生在原有基础、自我发展方向和学习需求等方面的差异，培养学生的学习兴趣，激发学生的学习潜能，增强课程的选择性，为每个学生都创造更好的学习条件和更广阔的成长空间，促进学生的个性发展。学生通过阅读与鉴赏、表达与交流、梳理与探究等语文学习活动，在语言建构与运用、思维发展与提升、审美鉴赏与创造、文化传承与理解等方面都获得进一步的发展；坚定文化自信，自觉弘扬社会主义核心价值观，树立积极向上的人生理想，为全面发展和终身发展奠定基础。

2）课程内容

“语文”课程使用普通高中语文教材，对其内容进行适当的删减，由必修课程、选择性课程构成，这两类课程分别安排 7～9 个学习任务群。中华优秀传统文化、革命文化和社会主义先进文化方面的内容始终贯穿必修课程、选择性必修课程。

必修课程的主要内容包括“整本书阅读与研讨”“当代文化参与”“跨媒介阅读与交流”“语言积累、梳理与探究”“文学阅读与写作”“思辨性阅读与表达”“实用性阅读与交流”共 7 个学习任务。

选择性课程的主要内容包括“整本书阅读与研讨”“当代文化参与”“跨媒介阅读与交流”“语言积累、梳理与探究”“中华传统文化经典研习”“中国革命传统作品研习”“中国现当代作家作品研习”“外国作家作品研习”“科学与文化论著研习”共 9 个学习任务。

3）教学要求

学分：16 学分。

总学时数：256 学时。

周学时数：4 学时。

开课学期：贯通第一至四学期。

**7. 数学**

1）课程目标

“数学”课程是数学教育的基本形式，是学生获得数学的基础知识和基本技能、掌握基本的数学思想、积累基本的数学活动经验、形成理性思维和科学精神的主要途径。在贯通培养的基础教育阶段，“数学”课程是大数据技术专业必修的公共基础课程，其目标如下。

- 使学生获得进一步学习和职业发展必需的数学知识、数学技能、数学方法、数学思想和活动经验。
- 使学生具备中等职业学校数学学科的核心素养，形成在继续学习和未来工作中运用数学知识和经验发现问题的意识，培养学生运用数学的思想、方法和工具解决问题的能力。
- 使学生具备一定的科学精神和工匠精神，养成良好的道德品质，增强创新意识，成为德智体美劳全面发展的高素质劳动者和技术技能人才。
- 在数学知识学习和数学能力培养的过程中，使学生逐步提高数学运算、直观想象、逻辑推理、数学抽象、数据分析和数学建模等数学学科的核心素养，初步学会用数学眼光观察世界、用数学思维分析世界、用数学语言表达世界。

2）课程内容

“数学”课程包含基本初等函数、数列、平面向量、立体几何、平面解析几何、统计概率、算法等内容。

3）教学要求

学分：16 学分。

总学时数：256 学时。

周学时数：4 学时。

开课学期：贯通第一至四学期。

### 8. 物理

1）课程目标

“物理”课程是普通高中自然科学领域的一门基础课程，旨在落实立德树人的根本任务，进一步提升学生的物理学科核心素养，为学生的终身发展奠定基础，促进人类科学事业的传承与社会的发展。本课程的目标如下。

- 帮助学生形成物质观念、运动与相互作用观念、能量观念等，培养学生运用相关知识解释自然现象和解决实际问题的能力。
- 培养学生建构模型的意识和能力。
- 使学生能运用科学的思维方法，从定性和定量两个方面对相关问题进行科学推理、找出规律、形成结论。
- 使学生具有使用科学证据的意识和评估科学证据的能力，并且可以运用科学证据对研究的问题进行描述、解释和预测。
- 使学生具有批判性思维的意识，并且可以基于科学证据大胆质疑，从不同的角度思考问题，追求科技创新。
- 使学生具有科学探究意识，并且可以在观察和实验中发现问题、提出合理猜想与假设。
- 使学生具有设计探究方案和获取科学证据的能力，并且可以正确实施探究方案，使用不同的方法和手段分析、处理信息，描述并解释探究结果和变化趋势。
- 使学生具有交流的意愿与能力，能够准确表述、评估和反思探究过程与结果。
- 使学生可以正确认识科学的本质。
- 使学生具有学习和研究物理的好奇心与求知欲，并且可以主动与他人合作，尊重他人，能够基于证据和逻辑发表自己的见解，实事求是，不迷信权威。
- 关心国内外科技发展现状与趋势，了解物理研究和物理成果的应用应遵循道德规范，认识科学、技术、社会、环境之间的关系，具有保护环境、节约资源、促进可持续发展的责任感。

2）课程内容

“物理”课程贯通四个学期，主要内容分别如下。

第一学期：运动的描述、匀变速直线运动的研究、相互作用、牛顿运动定律。

第二学期：机械能守恒定律、静电场及其应用、静电场中的能量、电路及其应用、电能、能量守恒定律、电磁感应与电磁波初步认识。

第三学期：曲线运动、万有引力与航天、机械振动、机械波。

第四学期：电磁感应、电磁波、交变电流、传感器。

3）教学要求

学分：16 学分。

总学时数：256 学时。

周学时数：4 学时。

开课学期：贯通第一至四学期。

### 9．职业道德与法治

1）课程目标

“职业道德与法治”课程是职业院校学生必修的一门德育课程，以职业道德的基本理论为主要内容，通过理论知识讲授和活动实践，帮助学生提高职业道德修养和法律素质，了解职业人员文明礼仪的基本要求，养成良好的职业行为和习惯，了解与职业活动密切相关的法律常识，树立法治观念，增强法律意识，成长为懂法、守法的职业人。

2）课程内容

“职业道德与法治”课程的主要内容包括习礼仪，讲文明；知荣辱，有道德；弘扬法治精神，当好国家公民；自觉依法律己，避免违法犯罪；依法从事民事经济活动，维护公平正义；等等。

3）教学要求

学分：2 学分。

总学时数：32 学时。

周学时数：2 学时。

开课学期：贯通第二学期。

### 10．历史

1）课程目标

“历史”课程是 7 年制贯通人才培养方案各专业的一门基础课程。本课程的目标如下。

- 使学生进一步了解中国国情，热爱和继承中华民族的优秀文化传统，增强对祖国历史与文化的自豪感，加深爱国主义情感，树立为祖国社会主义现代化建设、人类和平与事业进步做贡献的人生理想。
- 加强对学生正确国际意识的培养，加深学生对其他国家或民族优秀文明成果的理解和尊重。
- 培养学生积极进取的人生态度，塑造学生健全的人格。
- 让学生对社会发展规律有深刻认识，引导学生学会历史地、辩证地看待世界，能够从历史角度分析问题，形成正确的历史观。

2）课程内容

“历史”课程的主要内容分为中国历史、西方历史两个学习模块，包括多个古今贯通、中外关联的学习专题，涉及政治、经济、思想文化、科学技术等领域的重要历史内容。

3）教学要求

学分：4 学分。

总学时数：64 学时。

周学时数：2 学时。

开课学期：贯通第三、四学期。

### 11．哲学与人生

1）课程性质

“哲学与人生”课程是中等职业学校各专业学生必修的公共基础课程。本课程以立德树人为根本任务，以培育思想政治学科核心素养为主导，帮助中等职业学校学生确立正确的政治方向，坚定理想信念，厚植爱国主义情怀，提高职业道德素质、法治素养和心理健康水平，促进学生健康成长、全面发展，培养拥护中国共产党领导和我国社会主义制度、立志为中国特色社会主义事业奋斗终身的有用人才。

2）课程目标

能力目标：理解辩证唯物主义和历史唯物主义的基本原理，体会马克思主义哲学的科学世界观和方法论对人生成长的指导意义；能够运用马克思主义的立场、观点和方法，观察和分析经济、政治、文化、社会、生态等现象，在生活中能够做出正确的价值判断和行为选择。

素质目标：把握辩证唯物主义和历史唯物主义的基本观点及其对人生成长的意义，自觉树立和践行社会主义核心价值观，为学生成为担当民族复兴大任的时代新人、德智体美劳全面发展的社会主义建设者和接班人奠定正确的世界观、人生观和价值观基础。

3）课程内容

“哲学与人生”课程会紧密结合社会实践和学生的实际情况，讲授马克思主义的基本原理，阐明马克思主义哲学是科学的世界观和方法论，讲述辩证唯物主义和历史唯物主义的基本观点及其对人生成长的意义；阐述社会生活及个人成长中进行正确价值判断和行为选择的意义；引导学生弘扬和践行社会主义核心价值观，为学生成长奠定正确的世界观、人生观和价值观基础。

4）考核办法

$$总评成绩=平时成绩\times 50\%+期末成绩\times 50\%$$

5）教学要求

学分：2 学分。

总学时数：32 学时。

周学时数：2 学时。

开课学期：贯通第三学期。

### 12．创新思维

1）课程目标

“创新思维”课程是高本贯通学生的一门选修课程。通过学习本课程，学生可以了解什么是创新，以及如何在学习、生活和工作中进行创新，开拓创新思路，提高创新能力和素养。创新思维突出应用性和实践性，强调对学生的知识、技能和素质的全面培养，要求学生重点掌握以下 3 点。

- 什么是创新。
- 各种创新技术的应用。
- 如何在学习、生活和工作中进行创新。

2）课程内容

“创新思维”课程的主要内容包括什么是创新思维、心智模式与心智枷锁、转变思考方向、软性思考、强制联想、思维导图、简化思维与打破规则、移植借鉴与连接、批判性思维、平行思维与六顶思考帽、包容性思维、创新人格、创新情境。

3）教学要求

学分：2 学分。

总学时数：32 学时。

周学时数：2 学时。

开课学期：贯通第四学期。

### 13. 中国特色社会主义

1）课程性质

“中国特色社会主义”课程是中等职业学校各专业学生必修的公共基础课程。本课程以立德树人为根本任务，以培育思想政治学科核心素养为主导，帮助中等职业学校学生确立正确的政治方向，坚定理想信念，厚植爱国主义情怀，提高职业道德素质、法治素养和心理健康水平，促进学生健康成长、全面发展，培养拥护中国共产党领导和我国社会主义制度、立志为中国特色社会主义事业奋斗终身的有用人才。

2）课程目标

能力目标：运用唯物史观说明中国选择社会主义制度、开辟中国特色社会主义道路的历史必然性；能够运用习近平新时代中国特色社会主义思想分析现实问题；领会新时代给个人成才提供的广阔舞台和自己肩负的历史使命。

素质目标：树立共产主义远大理想和中国特色社会主义共同理想，坚定中国特色社会主义道路自信、理论自信、制度自信、文化自信，具有中华民族共同体意识，在任何情况下都能认同伟大祖国、中华民族、中华文化、中国共产党和中国特色社会主义。

3）课程内容

“中国特色社会主义”课程紧密结合社会实践和学生的实际情况，讲授马克思主义基本原理、马克思主义中国化的理论成果，用习近平新时代中国特色社会主义思想铸魂育人。以习近平新时代中国特色社会主义思想为指导，阐释中国特色社会主义的开创和发展，明确中国特色社会主义进入新时代的历史方位，阐明中国特色社会主义事业“五位一体”总体布局的基本内容，引导学生树立对马克思主义的信仰、对中国特色社会主义的信念、对中华民族伟大复兴中国梦的信心，坚定中国特色社会主义道路自信、理论自信、制度自信、文化自信，把爱国情、强国志、报国行自觉融入坚持和发展中国特色社会主义事业、建设社会主义现代化强国、实现中华民族伟大复兴的奋斗之中。

4）考核办法

$$总评成绩=平时成绩\times 50\%+期末成绩\times 50\%$$

5）教学要求

学分：2 学分。

总学时数：32 学时。

周学时数：2 学时。

开课学期：贯通第四学期。

#### 14．大学英语

1）课程目标

“大学英语”课程是高本贯通学生在高职阶段的公共基础课程。本课程是学生素质教育方案中人文素质、沟通技能和职业能力素质教育培养目标的重要组成部分，主要完成贯通培养学生在高职阶段对英语知识的学习，重在提高学生对英语的实际应用能力，使学生掌握英语的基本知识和实际语言技能。通过对“大学英语 1”“大学英语 2”“大学英语 3”“大学英语 4”课程的学习，学生可以掌握常用的英语语言技能，了解跨文化知识和西方礼仪知识，具备国际视野和爱国精神，并且提高学习技能、生活技能和职场技能。本课程在素质方面有助于培养学生的思辨能力，实现学生的语言学习既定目标，并且使学生具有一定的综合分析能力、沟通交流能力、自主学习能力、团队合作能力、环保和谐意识及就业创业意识等。

2）课程内容

“大学英语”课程的主要内容覆盖了日常生活和简单涉外工作所需的语言功能和话题内容。本课程中的各项学习任务与活动以英语听说技能训练为主，以知识学习为辅，突出显示了本课程重视技能训练的特点，满足企业对员工英语能力的要求。本课程以学习者为中心，充分考虑学生的可接受程度，在高中阶段英语学习的基础上提高了难度，适度增加了应掌握的单词量，提高了语法知识的难度。此外，本课程考虑到学生的年龄特点，尽量选取学生感兴趣的、与学生日常生活紧密联系的、具有时代感的语言材料，激发学生的学习兴趣，提升学生的英语阅读理解能力和实际应用能力。

3）教学要求

学分：12 学分。

总学时数：192 学时。

周学时数：4 学时（贯通第五、六学期），2 学时（贯通第七、八学期）。

开课学期：贯通第五至八学期。

#### 15．高等数学

1）课程目标

“高等数学”课程是贯通培养本科各专业学生必修的一门重要基础理论课程，它的主要目标是培养学生的数学素养、逻辑思维能力、分析问题的能力和解决问题的能力。通过学习“高等数学 1”“高等数学 2”“高等数学 3”“高等数学 4”，学生可以为学习后续课程，用数学知识解决实际问题，以及进一步学习科学技术知识奠定必要的基础。此外，“高等数学”课程对培养学生的综合文化素养、发展学生的通用能力、培养学生的良好职业道德具有重要作用。本课程对贯通培养学生而言是具有挑战性的一门课程，学生的数学基础知识比较薄弱，课时安排比较少，对课程教学提出了更高的挑战。

根据高等职业教育培养应用型人才的目标，以及基础理论教材“必需、够用”的原则，本课程的基本目标如下。

- 理解和应用一元函数的微分和积分两大基本数学方法，掌握更多用微积分解决问题的方法。
- 培养学生理解基本的数学思想及数学方法，学习利用数学手段解决实际问题的方法，培养学生的创造精神。
- 培养学生用辩证的观点看世界、看事物，用科学方法分析问题、解决问题。
- 使学生养成勤于思考、用科学方法思考的习惯，改善学习方法。
- 培养学生用科学方法做事的习惯。
- 培养学生的批判性思维。

2）课程内容

“高等数学”课程的主要内容是函数与极限、导数及其应用这两部分数学基础知识，基于贯通学生的实际学习能力，通过讲练结合的方法，让学生反复练习对应的知识点，使学生理解微积分所蕴含的数学思想和方法，为熟练使用数学工具奠定基础。本课程强调将高等数学与实际专业问题相结合，从数学的角度观察事物、阐释现象、分析问题，使学生逐步形成应用数学分析和解决实际问题的意识，并且培养学生相应的能力。

3）教学要求

学分：12 学分。

总学时数：192 学时。

周学时数：4 学时（贯通第五、六学期），2 学时（贯通第七、八学期）。

开课学期：贯通第五至八学期。

### 16．大学物理

1）课程目标

“大学物理”课程是贯通培养本科学生的一门必修基础课程。本课程主要研究物质的基本结构、相互作用、运动形式及相互转化的规律，其研究对象具有极高的普遍性，是自然科学领域和工程技术的基础。设置本课程的作用是向学生传授后续专业课程所需的物理知识，以及培养学生研究及解决实际问题的能力。本课程能够开阔学生的思路，激发学生的探索和创新精神，提高学生的科学素质，不但对学生在校的知识学习十分重要，而且可以对学生以后的工作和研究产生深远的影响。

2）课程内容

“大学物理”课程可以使学生掌握大学物理的基本知识和技能，具备研究、分析基本物理现象及具体问题的理论基础，可以培养学生的责任意识，发展学生的思维习惯，提升学生的团队合作能力，为学生学习专业课程奠定必要的物理基础。通过学习本课程，学生可以掌握力学中物理量的基本概念，理解相关定律及其应用；掌握电磁学中物理量的基本概念，识别电磁感应现象，计算相关物理量；掌握机械振动和机械波中物理量的基本概念，建立简谐振动的物理模型，理解波形曲线；掌握光程和半波损失的概念，掌握薄膜干涉的相关计算方法，了解单缝衍射条纹分布的规律；掌握狭义相对论和量子物理的基本知识，了解物理学与各种现代应用技术之间的密切关系。

3）教学要求

学分：4 学分。

总学时数：64 学时。

周学时数：4 学时。

开课学期：贯通第五学期。

### 17．劳动教育实践

1）课程目标

“劳动教育实践”课程是学校通用平台基础课程中的必修课程，本课程的目标如下。

- 让学生理解马克思主义劳动观的基本理论体系，学习劳动精神、劳模精神和工匠精神的核心要义。
- 了解和掌握常用的生产劳动技能，了解现代生产活动的过程，以及劳动与环境生态保护、劳动与社会之间的关系。
- 掌握与劳动有关的法律法规及其在生活、工作中的实际应用方法。
- 通过参与技术活动，了解基本的技术知识和操作方法，提高学生的实践能力。
- 通过劳动教育，解决学生的生活技能问题，满足学生的生活需要，提高学生的社会适应能力。
- 在劳动实践过程中激发学生的创新思维，发挥其创新创业潜能。
- 使学生接受劳动观念和创新精神的熏陶，唤醒学生的劳动意识，使其养成良好的劳动习惯。
- 培养学生乐于交流、善于合作的团队意识和不断进取的创新精神。
- 在劳动实践中磨炼学生的意志，使学生树立勤俭节约、艰苦奋斗的精神。

2）课程内容

“劳动教育实践”课程的内容主要围绕马克思主义劳动观、劳动精神、劳模精神、工匠精神、劳动组织、社会实践劳动、创新创业劳动、劳动安全、劳动法规等方面展开。

3）教学要求

学分：2 学分。

总学时数：32 学时。

周学时数：2 学时。

开课学期：贯通第五学期。

### 18．思想道德修养与法律基础（含形势与政策）

1）课程性质

“思想道德修养与法律基础（含形势与政策）”课程属于思想政治理论必修课程，是落实立德树人根本任务的关键课程。本课程以马克思主义为指导，以社会主义核心价值观为主线，深入贯彻习近平新时代中国特色社会主义思想，深刻领会党的十八大以来党和国家事业取得的历史性成就、发生的历史性变革、面临的历史性机遇和挑战。根据学生成长成才的规律，综合运用相关的学科知识，教育、引导学生树立正确的人生观、价值观、道德观和法制观，帮助学生正确认识新时代的国内外形势。

2）课程目标

“思想道德修养与法律基础（含形势与政策）”课程的基本任务是以马克思列宁主义、毛泽东思想、邓小平理论、“三个代表”重要思想、科学发展观及习近平新时代中国特色社会主义思想为指导，以培养德智体美劳全面发展的社会主义建设者和接班人为目标，以理论武装的时效性、释疑解惑的针对性、教育引导的综合性为特征，紧密结合高职学生的实际思想，帮助学生开阔视野，及时了解和正确对待国内外的重大时事；使学生能够运用马克思主义立场、观点和方法，认识和解决成长成才过程中的实际问题，培养学生的分析能力与适应能力，提高学生的自我道德修养和法律修养，使学生形成良好的行为规范；培养时代新人的使命感和科学应对人生各种挑战的基本素质，对他人、社会、国家的责任感和勤学、修德、明辨、笃实的素质，运用法治思维方式思考和解决问题的能力，使学生具备较强的政治意识。

3）课程内容

“思想道德修养与法律基础（含形势与政策）”课程会引导学生领悟人生的真谛与价值，形成崇高的理想信念，弘扬中国精神，积极践行社会主义核心价值观，提升崇德向善、知行合一的优良品质，会运用法治思维处理问题，包括政治教育、思想教育、道德教育、法治教育、职业精神教育、形势政策教育等内容。

4）考核办法

$$总评成绩=平时成绩\times 50\%+期末成绩\times 50\%$$

5）教学要求

学分：4 学分。

总学时数：64 学时。

周学时数：2 学时。

开课学期：贯通第五、六学期。

### 19. 线性代数

1）课程目标

“线性代数”课程是贯通培养学生在高职阶段的必修课程。本课程的主要目标是使学生掌握科学技术中常用的矩阵方法、线性方程组及其基本的计算方法，使学生具有熟练的矩阵运算能力及用矩阵方法解决实际问题的能力，为学生进一步学习后续课程打下必要的数学基础。本课程主要培养学生的观察能力、抽象概括能力、逻辑推理能力、计算工具使用能力，以及运用数学知识分析和解决实际问题的综合能力。此外，本课程会引导学生探索、联结和应用数学知识，促进学生深度理解和灵活迁移数学知识，提升学生以高阶思维能力和学习能力为核心的学科素养；使学生养成动脑筋、勤思考的习惯，并且掌握自主学习的方法；培养学生用辩证的观点看世界、看事物，用科学的方法分析问题、解决问题。学生通过“课程思政”学习，可以获得政治、思想、职业、法律、文化、道德、创新、劳动等方面的教育。

2）课程内容

“线性代数”课程的主要内容包括行列式、矩阵、向量、线性方程组、矩阵的特征值和特征向量、二次型。线性代数的整体感很强，各章之间的联系紧密，相互交织的知识点很多。本课程中的概念虽然多，但是并不难，所以很容易学好、运用好。

3）教学要求

学分：2 学分。

总学时数：32 学时。

周学时数：2 学时。

开课学期：贯通第六学期。

### 20. 体育

1）课程目标

“体育”课程是完成学生身心健康和素质教育培养目标的重要组成部分。本课程开设在贯通第五至七学期，通过课堂理论教学，使学生形成自觉参加体育锻炼的意识，提高学生的体育文化欣赏素养；通过室外课程教学、教师现场讲解示范、模仿练习、实际练习等方式，督促学生积极参加体育锻炼，提升学生身体素质和运动素养，丰富学生的体育基本知识和运动技巧，使学生养成终身锻炼身体的习惯，掌握田径、篮球、足球、排球等运动项目的基本技巧，增强学生的身体素质，培养学生良好的体育道德和团队合作精神，为满足职业岗位需要打下良好的身体素质基础，从而实现本课程的素质教育目标。

2）课程内容

通过学习“体育”课程，学生可以掌握体育的基本理论知识、基本技能与基本技术，学会科学锻炼身体的方法，养成终身锻炼身体的习惯，提高身体对自然环境的适应能力，增强体质。本课程的主要内容如下。

- 学习篮球的基本技术。
- 学习排球的基本技术。
- 学习短跑、中长跑、跳跃的基本技术。
- 熟练掌握 24 式简化太极拳的成套动作。
- 学习乒乓球的基本技术。
- 进行大学生体质健康标准测试。
- 学会一项体育技能——跳绳（单人跳绳和集体跳绳）。

3）教学要求

学分：6 学分。

总学时数：96 学时。

周学时数：2 学时。

开课学期：贯通第五至七学期。

### 21. 创新创业教育与实务

1）课程目标

“创新创业教育与实务”课程是高职阶段各专业统一开设的一门通用平台基础课程，主要在第二学期或第四学期开设。创新创业教育以推进素质教育为主题，以提高人才培养质量为核心，以创新人才培养机制为重点，以完善条件和政策保障为支撑，将高等教育与科技、经济、社会紧密结合，加快培养规模宏大、富有创新精神、勇于投身实践的创新创业人才队伍。本课程的主要目标是培养学生的创新理念和创新意识，提高学生的创新能力，拓展学生的创新创业知识，激发学生的创新创业动力。本课程的教学内容具有素质性、通识性、基础性、实践性的特征，以训练创新思维和学习创新方法为基础，以创业的逻辑和要素为脉络支撑，重点培养学生的可迁移能力、创新思维和实践能力，为学生今后更好地融入社会、实现自我价值做准备。

2）课程内容

“创新创业教育与实务”课程的主要内容以“创新思维训练”—“创新方法学习”—“创业基础知识认知”为主线，逐级建立由创新到创业的科学逻辑体系，并且以任务教学法为核心，将教、学、做融为一体，提高学生的实践应用能力。本课程通过 3 个模块确立能力目标，每个模块下都设置若干个训练任务，每个任务都以培养学生创新意识和提升学生创新创业能力为目的进行教学设计，使学生学会运用创新方法思考和解决问题，并且能够有效地将其应用于创业实践中。通过一学期的学习与训练，培养学生的创新思维，提高学生解决问题的能力，使学生掌握创业的相关基础知识，具备一定的创业精神，能够通过团队合作编写创业计划书。

3）教学要求

学分：2 学分。

总学时数：32 学时。

周学时数：2 学时。

开课学期：贯通第七学期。

### 22. 大学生安全知识教育

1）课程目标

“大学生安全知识教育”课程既强调安全在人生发展中的重要地位，又关注学生的全面、终身发展。要激励学生树立安全第一的意识，确立正确的安全观，并且努力在学习过程中主动掌握安全防范知识和提高安全防范能力。通过安全知识教育，学生应该在态度、知识和技能这 3 个层面上达到以下目标。

- 态度层面：通过安全知识教育，学生应该培养安全第一的意识，树立积极、正确的安全观，将安全问题与个人发展、国家需要、社会发展相结合，为构筑平安人生付出积极的努力。
- 知识层面：通过安全知识教育，学生应该了解与安全有关的基本知识，掌握与安全问题有关的法律法规和校纪校规，掌握安全问题的基本内容、社会环境和校园环境；了解安全信息、安全问题的分类及安全保障的基本知识。
- 技能层面：通过安全知识教育，学生应该掌握安全防范技能、防灾避险技能、安全信息搜索技能与安全管理技能，以及以安全为前提的自我保护技能、沟通技能、问题解决技能等。

2）课程内容

“大学生安全知识教育”课程的主要内容包括大学生安全知识教育概述、生活安全教育、防火知识和消防安全、物品保管和财产安全、防诈骗防传销、人身安全、饮食卫生与食品安全、交通安全、心理健康、交往及就业安全、保密知识与国家安全、公共安全与应急知识。

3）教学要求

学分：2 学分。

总学时数：32 学时。

周学时数：2 学时。

开课学期：贯通第七学期。

### 23．应用文写作

1）课程目标

“应用文写作”课程主要讲解日常学习、生活和工作中常用的应用文的特点、格式和行文规范，通过模拟工作情境，培养学生规范写作的意识，在具体的写作过程中，培养学生分析和处理材料的能力和逻辑思维能力，提高学生的写作水平和文学素养，从而全面提高学生的综合文字能力和应用文写作能力。学生能够在学习和实践过程中提升写作水平和文学素养，逐步形成大局意识、规范意识和思辨意识，掌握常用的应用文的实际用途及其写作要领，获取高级应用型人才必备的中文写作能力、材料分析能力与材料处理能力。

2）课程内容

“应用文写作”课程是通用能力平台的一门特色课程，是贯通培养高职学生课业写作和毕业设计写作的必修课程。实用性和实践性是“应用文写作”课程的两大突出特点。在新工科、新商科、新文科、新医科、新农科教育体系中，沟通和写作作为工作和学习必备的两种技能，是人们有效输出信息的重要手段，因此本课程有利于完善不同专业的素质教育体系。本课程主要在学生深刻认识应用文价值的基础上，讲解党政机关公文、事务类文书、书信类文书、条据类文书、演讲类文书和科技类文书六大类应用文的相关知识。

3）教学要求

学分：2 学分。

总学时数：32 学时。

周学时数：2 学时。

开课学期：贯通第七学期或第九学期。

### 24．毛泽东思想和中国特色社会主义理论体系概论

1）课程性质

“毛泽东思想和中国特色社会主义理论体系概论”课程是落实立德树人根本任务的关键课程之一，是各专业学生必修的公共基础课程。本课程以立德树人为根本任务，以马克思主义中国化时代化为主线，帮助学生树立正确的世界观、人生观、价值观，坚定对马克思主义的信仰，坚定对社会主义和共产主义的信念，正确认识新时代的国内外形势，深刻领会党的十八大以来党和国家事业取得的历史性成就、发生的历史性变革、面临的历史性机遇和挑战，增强中国特色社会主义的道路自信、理论自信、制度自信、文化自信，厚植爱国主义情怀，把爱国情、强国志、报国行自觉融入坚持和发展中国特色社会主义事业、建

设社会主义现代化强国、实现中华民族伟大复兴的奋斗之中，努力培养担当民族复兴大任的时代新人，培养德智体美劳全面发展的社会主义建设者和接班人。

2）课程目标

能力目标：提高学生运用辩证唯物主义和历史唯物主义的立场、观点和方法，科学、全面、辩证地发现问题和分析问题的意识和能力。

素质目标：坚定学生对马克思主义、社会主义和共产主义的理想信念，增强学生对国家和社会主义的认同感，增强学生对中国特色社会主义的道路自信、理论自信、制度自信、文化自信。

3）课程内容

“毛泽东思想和中国特色社会主义理论体系概论”课程的主要内容为理解和掌握马克思主义中国化时代化理论成果的历史逻辑和理论逻辑，深化对习近平新时代中国特色社会主义思想的认识和理解，紧密结合高职学生的思想实际，通过适时地进行形势政策教育，帮助学生开阔视野，及时了解和正确对待国内外重大时事，在学思践悟中坚定理想信念，在奋发有为中践行初心使命，努力为实现“两个一百年”奋斗目标、实现中华民族伟大复兴的中国梦贡献智慧和力量。

4）考核办法

$$总评成绩=平时成绩\times50\%+实践成绩\times20\%+期末考查成绩\times30\%$$

- 平时成绩：采用过程评价方法，将线上学习平台积分制与课堂表现相结合，具体包括学习资源自学、主题讨论、课堂参与、章节测试、小组作业等。
- 实践成绩：主要对学生每学期的实践课业进行评价。
- 期末考查成绩：由任课教师随堂组织期末考查。

5）教学要求

学分：4 学分。

总学时数：64 学时。

周学时数：2 学时。

开课学期：贯通第七、八学期。

### 25. 概率论

1）课程目标

“概率论”课程以培养学生的信息处理能力、科学思维能力和团队合作能力为素质教育目标，使学生掌握概率论的基本概念，了解其基本理论和方法，培养学生运用概率统计方法分析和解决实际问题的能力。本课程以“教、学、做一体化”的教学形式开展，可以提高学生的沟通能力、团队合作能力、信息处理能力及科学思维能力。学生通过“课程思政”学习，可以获得政治、思想、职业、法律、文化、道德、创新、劳动等方面的教育。

2）课程内容

“概率论”课程的主要内容如下。

- 概率论的基本概念，主要包括随机试验、样本空间、随机事件、频率与概率、等可能概型、条件概率、独立性。

- 随机变量及其分布，主要包括离散型随机变量及其分布律、随机变量的分布函数、连续型随机变量及其概率密度。
- 多维随机变量及其分布，主要包括二维随机变量、边缘分布、条件分布、相互独立的随机变量、包含两个随机变量的函数的分布。
- 随机变量的数字特征，主要包括数学期望、方差、协方差及相关系数。

3）教学要求

学分：4 学分。

总学时数：64 学时。

周学时数：2 学时。

开课学期：贯通第七、八学期。

**26. 模拟电路**

1）课程目标

“模拟电路”课程是大数据技术专业（7 年制贯通人才培养方案）的一门重要技术基础课程，以晶体管、场效应管等电子器件为基础，以单元电路、集成电路的分析和设计为主导，研究各种电路的结构、工作原理、参数分析及应用。

2）课程内容

通过学习“模拟电路”课程，学生可以掌握模拟电路的基本原理及分析方法，认识单元电路、集成电路在实际电路中的应用，掌握电子线路及电子器件的测试方法，掌握阅读和分析电路图的方法，具备查阅电子器件和集成电路手册的能力，掌握常用电子仪器的使用方法，掌握电路的设计、安装及调试方法。

3）教学要求

学分：2 学分。

总学时数：32 学时。

周学时数：2 学时。

开课学期：贯通第八学期。

**27. 离散数学**

1）课程目标

“离散数学”课程是贯通培养学生在高职阶段的一门必修课程。离散数学是研究离散量的结构及相互关系的学科，它综合了计算机科学中用到的各数学分支，为计算机科学及相关学科提供了有力的理论基础和工具。本课程在信息管理与开发领域的应用非常广泛，主要培养学生的逻辑推理、抽象思维和形式化思维能力，为学习各专业课程（如“数据结构”“程序设计”“操作系统”“数据库原理”“计算机网络信息组织”“信息检索”“项目管理”“决策支持系统”等）做了必要的数学准备，是将信息由人工处理转为计算机自动处理的“桥梁”，能够提高学生的理论素质及独立学习、工作的能力。

2）课程内容

根据大数据技术专业的知识需求、课程设置和学时安排，“离散数学”课程从实用角度出发，结合后续工作场景的应用，主要讲授命题逻辑、一阶逻辑、集合的基本概念和运算、二元关系和函数、图的基本概念，重点演示自然语言命题的符号化、命题公式的判定、推理理论、等价关系和偏序关系的证明与应用、函数性质的判断和函数的复合。

3）教学要求

学分：2 学分。

总学时数：32 学时。

周学时数：2 学时。

开课学期：贯通第八学期。

**28. 国防教育**

1）课程目标

“国防教育”课程是通用平台基础课程之一，其目标是让学生正确理解国防内涵和国防历史，树立正确的国防观；了解我国国防体制、国防战略、国防政策及国防成就，激发学生的爱国热情；熟悉国防法规、武装力量、国防动员的主要内容，增强学生的国防意识。本课程遵循习近平强军思想和习近平总书记关于教育的重要论述，全面贯彻党的教育方针、新时代军事战略方针和总体国家安全观，围绕立德树人的根本任务和强军目标的根本要求，着眼培育和践行社会主义核心价值观，以提升学生国防意识和军事素养为重点，为实施军民融合发展战略和建设国防后备力量服务。

2）课程主要内容

“国防教育”课程着眼世界新军事革命的现状和发展，结合学生军事理论教学进行设计，主要内容包括中国国防、国家安全、军事思想、现代战争、信息化装备。通过学习本课程，学生可以正确理解国防内涵和国防历史，了解我国的国防体制、国防战略、国防政策及国防成就，树立正确的国防观，激发学生的爱国热情。

3）教学要求

学分：2 学分。

总学时数：32 学时。

周学时数：2 学时。

开课学期：贯通第八学期。

**29. 职业生涯规划**

1）课程目标

“职业生涯规划”课程是为高职学生开设的通用平台基础课程之一，在贯通第十学期开设。本课程的主要目标是引导学生树立积极、正确的人生观、价值观和就业观，唤醒学生对职业发展的自主意识，使学生认识到职业生涯规划的重要性及必要性，指导学生学习职业生涯规划的知识和方法，帮助学生全面了解自我、积极探索和认知职业世界，按照人职匹配原则进行职业生涯规划，拟定符合自身实际情况的职业目标和职业发展路线，帮助学生完成由“校园人”向“职业人”“社会人”的转变。本课程主要围绕生涯启蒙、职业认知、自我探索、职场认知、职业素养等模块展开，将知识、技能、态度等各维度相结合，让学生形成就业主体意识和职业规划意识，树立职业发展的目标。

2）课程内容

“职业生涯规划”课程主要内容的基本架构以态度和观念转变为核心，以职业生涯规划的 5 个环节（生涯唤醒—自我认知—职业世界探索—科学决策—规划及行动）为主，以技能培养为辅，借鉴西方职业生涯规划发展的先进理论和理念，结合学生的心理特质和特点，审视个体的心理期望值和国家培养高素质劳动者和技能型人才的要求，引导学生自我认知、自我设计、自我实现、自我发展。

3）教学要求

学分：2 学分。

总学时数：32 学时。

周学时数：2 学时。

开课学期：贯通第十学期。

### 30. 科学思维训练

1）课程目标

“科学思维训练”课程是培养高职学生思维能力的通用平台素质教育的特色课程，也是数学类课程的重要组成部分。本课程侧重对学生的逻辑思维能力、思维工具、数学工具应用能力等方面的培养。本课程的总体目标是通过课上与课下的逻辑思维和科学思维训练，使学生面对问题会思考、面对任务有方法、面对工作能做好。本课程可以提高学生的自我管理意识与方法应用意识，提升学生的科学思维，使学生成为具有优秀的人格素质、职业素质及人际关系管理能力的高素质人才；提高学生的思维能力，培养学生的思维兴趣，提高学生的综合素质测试能力；提高学生的逻辑推理能力，使学生能以概念、判断、推理的形式认识事物的本质特性和内在联系；使学生具备对信息的捕捉、处理和综合运用的能力；提高学生获取信息的能力，使学生可以从文字描述中提取有效信息，并且将其转化为图表，能够合理地利用图表将问题简化，进而解决实际生活、学习、工作中的问题；使学生具备团队合作、协同工作的能力。学生通过“三阶模型课程思政”学习，可以获得政治、思想、职业、法律、文化、道德、创新、劳动等方面的教育。

2）课程内容

“科学思维训练”课程的主要内容如下。

- 掌握基本的逻辑思维，能够进行简单的逻辑推理。
- 掌握图形规律与识别方法，能够进行简单的图形规律推理。
- 掌握数字规律与数列关系，能够进行数字规律推理及数独推理。
- 了解博弈理论，体会博弈思想，学习利用博弈中的支付矩阵法进行博弈分析。
- 了解突破思维定式模型，寻找突破思维定式的方法和途径。
- 了解排队论的墨菲定律模型，利用墨菲定律解决实际问题，完成成功学的建设。
- 理解统筹方法，并且对生产生活问题进行统筹规划，达到优化效果。
- 掌握思维导图的使用方法，能够利用思维导图完成课程知识的总结。

3）教学要求

学分：2 学分。

总学时数：32 学时。

周学时数：2 学时。

开课学期：贯通第七学期或第九学期。

### 31. 数字电路

1）课程目标

“数字电路”课程是大数据技术专业（7 年制贯通人才培养方案）的一门重要基础课程，是理论和实际紧密结合的应用性很强的一门课程。本课程从培养学生的智力技能入手，提高学生分析问题、解决问题及实践应用的能力，为学生学习其他相关课程，以及在毕业后从事电子、电气工程、自动化及计算机应用技术方面的工作打下必要的基础。

2）课程内容

“数字电路”课程的主要内容是数字电子技术的基本概念、基本理论、基础知识和基本技能，数字电路中一些典型的、常用的集成电路的原理、功能，数字器件的特性和参数，数字电路的分析方法和设计方法。通过学习本课程，并且进行相关训练，学生可以掌握先进的电子技术，并且为以后学习相关的专业课程及解决工程实践中的数字系统问题打下坚实的基础。

3）教学要求

学分：4 学分。

总学时数：64 学时。

周学时数：4 学时。

开课学期：贯通第十学期。

### 32. 中国近现代史纲要

1）课程性质

“中国近现代史纲要”课程是贯通培养高职学生的必修课程，既是一门对大学生进行爱国主义教育和科学历史观教育的思想政治理论课程，又是一门帮助大学生增长人生智慧的人文素质课程。本课程的主题是实现中华民族伟大复兴的中国梦。本课程的主线是近代以来，中国人民反对外来侵略、争取国家独立与民族解放，以及中国由封闭走向开放，扩大国际参与，步入世界民族之林，逐步走进世界舞台中央的历史进程；是近代以来，中国人民通过社会革命，解放和发展生产力，建设社会主义现代化强国的历史进程；是近代以来，中国人民向西方寻找真理，并且在这个过程中选择马克思主义和推动马克思主义中国化的历史进程。本课程主要讲述中国人民在实现中华民族伟大复兴的历史征程中经历的刻骨铭心的磨难、进行的感天动地的奋斗、创造的彪炳史册的伟业。

2）课程目标

能力目标：提高学生运用马克思主义的立场、观点和方法，科学、全面、辩证地发现问题和分析问题的意识和能力。

素质目标：坚定学生对马克思主义、社会主义和共产主义的理想信念，引导学生深入了解并树立正确的马克思主义历史观，深刻认识“没有共产党就没有新中国”的真理，进一步坚定中国特色社会主义共同理想和共产主义远大理想。

3）课程内容

“中国近现代史纲要”课程主要讲述中国近代以来争取民族独立、人民解放，实现国家富强、人民幸福的历史，帮助学生了解党史、国史、国情，使学生深刻领会历史和人民选择马克思主义、选择中国共产党、选择社会主义道路、选择改革开放的必然性，引导学生理解历史和人民的“四个选择”从根本上改变了中国人民和中华民族的前途、命运，不可逆转地结束了近代以后中国内忧外患、积贫积弱的悲惨命运，不可逆转地开启了中华民族不断发展壮大、走向伟大复兴的道路。

4）考核办法

总评成绩=平时成绩×30%+实践成绩×30%+期末考查成绩×40%

- 平时成绩：采用过程评价方法，将线上学习平台积分制与课堂表现相结合，具体包括学习资源自学、主题讨论、课堂参与、章节测试、小组作业等。
- 实践成绩：主要对学生每学期的实践课业进行评价。
- 期末考查成绩：由任课教师随堂组织期末考查。

5）教学要求

学分：3 学分。

总学时数：48 学时。

周学时数：3 学时。

开课学期：贯通第九学期。

### 33. 马克思主义基本原理概论

1）课程性质

“马克思主义基本原理概论”课程是落实立德树人根本任务的关键课程之一，是各专业学生必修的公共基础课程。本课程旨在全面、准确地阐释马克思主义的基本原理，帮助学生从整体上把握马克思主义，正确认识人类社会发展的基本规律，树立科学的世界观、人生观、价值观，提高学生运用马克思主义立场、观点和方法分析问题、解决问题的能力，为学生确立对马克思主义的信仰和对中国特色社会主义共同理想的信念，为学生自觉坚持党的基本理论、基本路线和基本方略打下扎实的理论基础。本课程力求充分体现习近平新时代中国特色社会主义思想的丰富内涵和精神实质，体现 21 世纪马克思主义的最新发展，着力培养担当民族复兴大任的时代新人，培养德智体美劳全面发展的社会主义建设者和接班人。

2）课程目标

能力目标：提高学生运用马克思主义的立场、观点和方法发现、分析和解决问题的能力。

素质目标：强化马克思主义哲学思维；正确认识人类社会发展的基本规律，树立科学的世界观、人生观、价值观；确立对马克思主义的信仰、对中国特色社会主义共同理想的信念，自觉坚持党的基本理论、基本路线、基本方略。

3）课程内容

“马克思主义基本原理概论”课程主要讲授反映马克思主义世界观和方法论的基本原

理，帮助学生深刻领会、准确把握马克思主义的根本性质和整体特征，使学生掌握贯穿其中的马克思主义立场、观点和方法，提升学生运用马克思主义基本原理分析问题的能力，增强学生对人类社会发展规律，特别是中国特色社会主义发展规律的认识和把握，帮助学生树立中国特色社会主义共同理想和共产主义远大理想。

4）考核办法

总评成绩=平时成绩×30%+实践成绩×20%+期末考查成绩×50%

- 平时成绩：采用过程评价方法，具体包括课堂参与、课堂笔记、小组作业等。
- 实践成绩：主要对学生每学期的实践课业进行评价。
- 期末考查成绩：由任课教师随堂组织期末考查。

5）教学要求

学分：3 学分。

总学时数：48 学时。

周学时数：3 学时。

开课学期：贯通第十学期。

### 2.6.2 专业基础课程

#### 1. 防病毒技术

1）课程目标

“防病毒技术”课程是 7 年制贯通人才培养方案的必选课程。通过学习本课程，学生能够了解网络安全及病毒的基本知识、安全威胁和安全保护机制，能够使用系统工具和其他工具进行安全防范，提高信息安全意识，具有基本的网络安全防范能力，为学习后续专业课程打下基础。

2）课程内容

- 了解计算机网络的基本常识和网络安全的基本概念。
- 了解网络攻击的目标、步骤和分类。
- 了解账户、注册表、安全策略、端口等概念。
- 掌握账户管理、注册表安全、策略安全、系统补丁、文件安全、端口控制等的设置方法。
- 掌握三层密码的设置方法，以及系统和数据的备份与恢复方法。
- 了解移动和智能系统的基本结构、安全威胁和防护措施。
- 了解网络应用中的安全威胁，并且掌握相应的安全设置方法。
- 了解病毒、木马和蠕虫的基本原理、特性和传播途径。
- 掌握恶意代码的防护方法。
- 了解防火墙、杀毒软件的原理。

3）教学要求

学分：2 学分。

总学时数：32 学时。

周学时数：2 学时。

开课学期：贯通第一学期。

### 2. 网络与 Web 导论

1）课程目标

“网络与 Web 导论”课程是 7 年制贯通人才培养方案的必修理论课程，处于职业能力认知阶段。本课程的主要目标是以提高学生的全面素质为基础，使学生掌握计算机网络基础知识，以及构建 Web 的相关技术和职业技能，为学生学习后续的专业课程打下基础。

2）课程内容

- 了解计算机网络的产生、发展、分类及应用领域。
- 了解数据通信的基本知识。
- 了解调制与解调、多路复用、数据纠错技术。
- 了解计算机网络体系结构与网络传输协议。
- 了解因特网的应用。
- 了解网络综合布线的概念和组成。
- 掌握网页的设计基础。
- 掌握在网页中输入文本与格式化文本的方法。
- 掌握在网页中插入图像和多媒体对象的方法。
- 掌握在网页中创建超链接的方法。
- 掌握使用表格布局网页的方法。

3）教学要求

学分：2 学分。

总学时数：32 学时。

周学时数：2 学时。

开课学期：贯通第三学期。

### 3. Python 编程入门

1）课程目标

“Python 编程入门”课程是贯通培养的一门重要的专业课程，是高等职业教育课程体系中不可缺少的组成部分，是通用平台素质教育的重要课程。本课程的主要目标是让学生掌握 Python 编程的基本知识，建立 Python 理论知识和实际应用的基础框架，为以后深入学习相关课程打好基础；并且提升学生的专业知识与专业技能水平，为学生学习软件开发、程序设计等提供一定的技术支持。此外，本课程对提高学生的实际操作能力和综合素质，培养学生的思维能力、创新能力、团队协作精神、沟通能力及运用相关知识解决实际问题的能力都起着非常重要的作用。

2）课程内容

“Python 编程入门”课程的主要内容包含 5 个模块：Python 的基本概念、变量与数据类型、流程控制语句、常用数据结构、函数与模块。

3）教学要求

学分：2 学分。

总学时数：32 学时。

周学时数：2 学时。

开课学期：贯通第四学期。

#### 4．计算机网络

1）课程目标

通过学习“计算机网络”课程，学生能够掌握计算机网络和通信的基础知识与基本概念，主流的局域网技术与广域网技术，常用计算机网络操作系统的安装与使用，以及常用网络应用的配置，达到构建一个典型的中小型局域网的目标。

2）课程内容

“计算机网络”课程的主要内容包括计算机网络的基本原理、数据通信的基本原理、网络协议的基本原理、计算机网络的组成和分类、局域网原理和网络互联技术、TCP/IP、Internet 与 Intranet、网络管理、网络安全技术等。

3）教学要求

学分：4 学分。

总学时数：64 学时。

周学时数：4 学时。

开课学期：贯通第五学期。

#### 5．数据库技术及应用

1）课程目标

“数据库技术及应用”课程的主要目标是使学生了解和掌握 MySQL 数据库应用开发的基础知识和技能，具备软件程序员的基本职业技能。

2）课程内容

“数据库技术及应用”课程的主要内容包括 MySQL 的安装、配置与使用，MySQL DML 的高级用法，MySQL 常见内置函数的高级用法，MySQL 中存储过程的写法，视图的高级用法，用户自定义函数的高级用法，触发器的高级用法，MySQL 中的事务功能，使学生了解图形化管理工具的使用方法、字符集及乱码的处理方法、MySQL 的数据备份与恢复技术、MySQL 的安全技术、MySQL 的系统管理方法、MySQL 集群的配置方法。

3）教学要求

学分：4 学分。

总学时数：64 学时。

周学时数：4 学时。

开课学期：贯通第六学期。

#### 6．Java 编程基础

1）课程目标

“Java 编程基础”课程将 Java 语言基础和面向对象程序设计方法结合起来，首先介绍 Java 语言基础；然后通过范例程序逐步加深学生对面向对象概念的理解，帮助学生建立面向对象的思维方式；最后深入介绍 Java 基本类库中比较实用的几个模块。一方面，使学生通过本课程学到真正实用的技术；另一方面，为引入 J2EE 技术打下良好的基础，使学生能够运用最新技术解决实际问题。

2）课程内容

“Java 编程基础”课程的主要内容包括 Java 语言的基本概念、语句结构、面向对象程序设计、GUI 开发、图形处理。

3）教学要求

学分：4 学分。

总学时数：64 学时。

周学时数：4 学时。

开课学期：贯通第七学期。

#### 7. Linux 操作系统

1）课程目标

“Linux 操作系统”课程系统地介绍了 Linux 操作系统的基本操作、安装及配置、常用命令的使用方法，用较多的课时讲解了 Linux 操作系统的图形界面，以及图形界面下的应用程序的功能及使用方法，并且为 Linux 操作系统强大的网络服务功能安排了综合实验，用于加强学生的实践能力。可以将本课程与“操作系统原理”课程相结合，使学生能够理论结合实践。

2）课程内容

“Linux 操作系统”课程是大数据技术专业的专业支撑课程。本课程的先修课程为“计算机信息处理技术”课程。本课程在以核心职业能力为培养目标的课程体系中，是为软件系统部署、技术支持服务、软件维护等职业岗位方向设定的重要课程。通过学习本课程，学生可以安装、部署 Linux 操作系统和应用软件系统，维护 Linux 操作系统常用的服务器，保证 Linux 操作系统及其应用系统的正常运行。

3）教学要求

学分：4 学分。

总学时数：64 学时。

周学时数：4 学时。

开课学期：贯通第七学期。

#### 8. Python 编程基础

1）课程目标

“Python 编程基础”课程主要培养学生的基础编程能力，为后续在其他课程中应用 Python 编程打下良好的基础。

2）课程内容

“Python 编程基础”课程主要介绍 Python 的基础知识，包括 Python 的概述、集成开发环境的安装与部署、基本数据类型、程序控制语句、组合数据类型、函数和文件等。

3）教学要求

学分：4 学分。

总学时数：64 学时。

周学时数：4 学时。

开课学期：贯通第八学期。

### 9. 程序设计基础

1）课程目标

① 知识目标如下。

- 了解程序设计的基本知识。
- 了解 C 语言程序的基本特点、基础知识和构成。
- 掌握顺序结构、选择结构、循环结构的 C 语言程序的构成及编程技巧。
- 掌握函数定义、调用和编程的技巧。
- 掌握数组的定义和使用方法。
- 掌握指针的定义和使用方法。
- 掌握结构体和共用体的定义和变量的使用方法。
- 了解并掌握变量的存储分类、作用域和生存期。
- 了解编译预处理的相关知识。
- 了解位运算符及运算规律。

② 能力目标如下。

- 掌握基本的程序设计过程和技巧。
- 具备熟练应用 Win-TC 等集成开发环境进行 C 语言的编写、编译与调试的能力。
- 具备初步的高级语言程序设计能力。

③ 素养目标：培养学生的工匠精神、大数据技术专业相关岗位的职业素养。

2）课程内容

- 知道 C 语言这门学科的地位和特点，知道这门学科的历史、现状和发展。
- 掌握 C 语言的操作方法，熟练使用 Win-TC 集成开发环境进行各项操作。
- 掌握程序设计的常用算法，如穷举、递归、排序、查找等。
- 编写的程序结构清楚、正确易读，符合软件工程的规范。
- 熟练使用 C 语言的各种数据类型，特别是指针类型。

3）教学要求

学分：8 学分。

总学时数：128 学时。

周学时数：4 学时。

开课学期：贯通第五、九学期。

### 10. 数据结构与算法分析

1）课程目标

“数据结构与算法分析”课程的主要目标如下。

- 本课程是理论与实践并重的课程，学生既要掌握数据结构的基础理论知识，掌握算法设计和分析方法，熟练运用程序设计语言编写具有中等难度的应用程序；又要掌握运行和调试程序的基本技能，在实践中培养学生独立分析问题和解决问题的作风和能力。

- 在本课程的讲解过程中，在基础理论方面，要求学生掌握常用数据结构的基本概念及其不同的实现方法；在理论应用方面，要求学生能够在不同的存储结构上实现不同的运算，并且对算法设计和技巧有所体会。

2）课程内容

“数据结构与算法分析”课程是大数据技术专业的重要课程，主要讲解数据组织方法，具有一定的抽象性，不易掌握。本课程的主要内容包括数据结构的基本概念、线性表、栈和队列、串和数组、递归和广义表、树和二叉树、图、查找、内排序、外排序、文件等。此外，本课程提供了大量实例，可以使学生加深理解、强化应用。

3）教学要求

学分：4 学分。

总学时数：64 学时。

周学时数：4 学时。

开课学期：贯通第九学期。

### 11．计算机系统基础

1）课程目标

① 知识目标：在学习本课程后，学生能够对计算机的基本工作原理有较为系统的认识。

② 能力目标如下。

- 对计算机有概括性的系统认识。
- 掌握数据的表示方法。
- 掌握存储系统的基本组成结构和工作原理。
- 掌握指令系统的基本概念和常识。
- 掌握总线的概念和相关常识。
- 掌握外部设备的基本工作原理。
- 掌握 CPU 的基本工作原理。

③ 素养目标：培养学生的工匠精神、软件技术专业相关岗位的职业素养。

2）课程内容

- 掌握计算机系统的基本组成结构、计算机系统的层次结构、冯·诺依曼机的特点；熟悉衡量计算机性能的评价及主要技术指标（机器字长、存储容量、运算速度）；了解计算机的发展史及应用领域。
- 掌握数值型数据的表示方法、运算方法及定点运算的硬件实现，熟悉字符、汉字的表示方法；了解流水线浮点运算器的组成结构与实现。掌握构造高速度、大容量、低成本的存储子系统的各种技术，包括高速缓冲存储器、虚拟存储器、多体交叉存储器；掌握用常用芯片构造主存储器的方法；熟悉双端口存储器、关联存储器；了解存储保护技术。

- 掌握指令系统的分类、常见的寻址方式、指令格式、指令设计的优化方法，了解 RISC 技术。
- 深刻领会指令系统与计算机的主要功能，以及指令系统与硬件结构之间的关联。
- 掌握总线的概念、总线对计算机系统性能的影响、总线仲裁与定时的方式，了解常用的标准总线。
- 掌握外部设备与主机交换信息的 3 种控制方式：程序查询、中断、DMA；熟悉显示器、磁盘的组成结构与功能；了解常用的外部设备。
- 领会 CPU 在计算机中的地位和作用，熟悉 CPU 的功能和内部结构，熟悉计算机完成一条指令的全过程，初步掌握并行性的基本概念及实现时间重叠的技术——流水处理。
- 领会中断技术在提高计算机系统整体效能方面所起的作用。
- 领会指令周期、机器周期、时钟周期（节拍）和控制信号之间的关系，深刻领会控制单元在计算机运行过程中所起的核心作用，掌握设计控制单元的两种基本方法：组合逻辑设计与微程序设计，初步建立设计控制单元的思路。

3）教学要求

学分：4 学分。

总学时数：64 学时。

周学时数：4 学时。

开课学期：贯通第九学期。

### 12. 分布式数据库

1）课程目标

通过学习“分布式数据库”课程，并且结合商品化数据库管理系统的分布式数据库管理系统的实验，学生可以进一步理解、掌握 DDBMS 中数据分片、查询优化、分布式事务管理等基本概念，以后可以从事大型分布式数据库设计、数据库管理和数据库系统性能优化等方面的工作。

2）课程内容

“分布式数据库”课程的主要内容包括分布式数据库（DDB）的基本概念、分布式数据库管理系统（DDBMS）的体系结构、DDB 的设计方法（包括数据分片和数据位置分布）、DDBMS 的数据语义控制、DDBMS 的查询引擎原理与结构、分布式查询优化方法、DDBMS 的分布式事务概念、并发控制及 DDB 的可靠性等。

3）教学要求

学分：2 学分。

总学时数：32 学时。

周学时数：2 学时。

开课学期：贯通第九学期。

## 2.6.3　专业核心课程

### 1. 大数据基础

1）课程目标

“大数据基础”课程以 Hadoop 框架为基础，全面介绍了大数据的关键技术，旨在培养学生的大数据思维与实际操作能力。通过学习本课程，学生能够系统地了解 Hadoop 框架的结构和基本原理，能够配置、管理分布式文件系统（HDFS），能够熟练进行 MapReduce 作业管理和 Hadoop 集群维护等操作，能够合作或独立完成企业级大数据平台的分析与应用等工作任务。

2）课程内容

“大数据基础”课程的主要内容包括 Hadoop 的基本概念、分布式文件系统（HDFS）、分布式计算框架 MapReduce、数据仓库 Hive、分布式应用程序协调服务软件 ZooKeeper、数据迁移工具 Sqoop、Spark 模块搭建及应用等内容。

3）教学要求

学分：4 学分。

总学时数：64 学时。

周学时数：4 学时。

开课学期：贯通第八学期。

### 2. Spark 技术与应用

1）课程目标

“Spark 技术与应用”课程主要介绍 Spark 生态系统中各个组件的应用。通过学习本课程，学生可以掌握 Spark 的基本概念、分析方法、Scala 语言基础和 Spark 其他模块的相关内容，熟悉 Spark RDD 的基本操作、Spark SQL 的基本操作、Spark Streaming 的基本操作。

2）课程内容

“Spark 技术与应用”课程的主要内容包括 Spark 分析、Scala 语言基础、Spark RDD、Spark SQL、Spark Steaming 等模块的原理及应用。

3）教学要求

学分：4 学分。

总学时数：64 学时。

周学时数：4 学时。

开课学期：贯通第九学期。

### 3. 数据采集与网络爬虫

1）课程目标

“数据采集与网络爬虫”课程是大数据技术专业的核心课程。通过学习本课程，学生能够掌握搜索引擎的工作原理，能够运用检索技巧进行信息检索；能够理解各种数据抓取策略；能够深入分析网页结构，并且编写代码，实现网页信息爬取功能；能够熟练运用网络信息采集软件进行数据抓取。

2）课程内容

“数据采集与网络爬虫”课程的主要内容包括网络信息采集的基本概念、搜索引擎的工作原理及检索技巧、Python 数据采集的基本方法及网络信息采集软件的使用方法。

3）教学要求

学分：4 学分。

总学时数：64 学时。

周学时数：4 学时。

开课学期：贯通第九学期。

**4．大数据可视化技术应用**

1）课程目标

“大数据可视化技术应用”课程是大数据技术专业的核心课程。通过学习本课程，学生可以了解大数据可视化技术的概念、发展历史，了解数据、图形与可视化之间的关系，掌握数据可视化的特征，了解数据可视化的流程，了解数据可视化的设计技巧，了解数据可视化图表的分类，掌握词云和社交网络图的实现方法，了解数据可视化初级应用工具（如 Excel、ECharts、Tableau、D3.js）的相关概念，掌握 Excel 函数、Excel 图表、Excel 数据源和 Excel 可视化的应用方法，掌握 Tableau 的使用方法，能够使用 Tableau 绘制可视化图表并进行数据分析，掌握 ECharts 和 Pyecharts 的使用方法，掌握使用 Matplotlib 库、Pandas 库、Seaborn 库、Bokeh 库和 PyQtGraph 库绘制可视化图表的方法，掌握商业案例中数据分析与数据可视化的应用方法。

2）课程内容

“大数据可视化技术应用”课程的主要内容包括大数据可视化的概念和原理、大数据可视化的方法、大数据可视化的工具介绍、大数据可视化的工具应用、大数据可视化的高级应用、大数据可视化的综合应用。

3）教学要求

学分：2 学分。

总学时数：32 学时。

周学时数：2 学时。

开课学期：贯通第十学期。

**5．数据分析与可视化**

1）课程目标

“数据分析与可视化”课程是大数据技术专业的核心课程，主要讲解数据分析的基础理论、分析工具、分析方法等。通过学习本课程，学生能够熟悉数据分析的思想和流程，熟练运用 Python 工具解决实际问题，并且可以在不同领域使用 Python 扩展模块解决大数据问题。

2）课程内容

“数据分析与可视化”课程的主要内容包括科学计算库 NumPy、数据分析工具 Pandas、数据可视化、时间序列分析和文本数据分析。

3）教学要求

学分：4 学分。

总学时数：64 学时。

周学时数：4 学时。

开课学期：贯通第十学期。

**6．数据挖掘应用**

1）课程目标

“数据挖掘应用”课程是大数据技术专业的核心课程，主要讲解数据挖掘和机器学习的相关理论、数据挖掘软件的使用与开发、基于 Python 语言的数据挖掘。通过学习本课程，学生能够掌握数据读入、数据集成、数据理解、数据准备、大数据基本分析、数据精简的过程与原理；掌握决策树、回归分析、贝叶斯网络、聚类分析、关联分析的原理与实现方法；了解人工神经网络、支持向量机分类的基本思路；掌握变量说明、数据质量评估与调整、数据排序、数据变换、派生、精简、离散化处理、特征选择、因子分析、线性回归、贝叶斯公式等概念；掌握 C5.0、CART、CHAID、TAN、Markov Blanket、Apriori、K-means 等基于数据挖掘软件 SPSS Modeler 和 Python 编程的各类建模方法。

2）课程内容

“数据挖掘应用”课程的主要内容包括数据预处理技术、数据的基本分析方法、数据挖掘模型算法、数据挖掘应用软件、基于 Python 的数据建模等。

3）教学要求

学分：4 学分。

总学时数：64 学时。

周学时数：4 学时。

开课学期：贯通第十学期。

**7．数据预处理**

1）课程目标

“数据预处理”课程是大数据技术专业的核心课程，主要讲解数据预处理的基本概念及 Kettle 清洗数据的相关内容。通过学习数据预处理的相关概念，学生可以了解数据的质量问题，掌握数据预处理的相关概念及处理流程；通过学习数据的抽取，学生可以掌握各类数据的抽取与加载方法，如 TXT、CSV、Excel、HTML、XML、JSON 及数据库等文件的抽取与加载方法；通过学习数据转换，学生可以掌握字符串清洗、字段清洗、参照表清洗、去重、验证、空缺值清洗等技术；通过学习作业的相关知识，学生可以掌握作业项的概念、执行方式、变量、监控等；通过综合实验，检验学生对数据预处理的掌握程度。

2）课程内容

“数据预处理”课程的主要内容包括数据预处理的基本概念及使用 Kettle 清洗数据的相关知识。

3）教学要求

学分：4 学分。

总学时数：64 学时。

周学时数：4 学时。

开课学期：贯通第十学期。

### 2.6.4 专业实习实训课程

**1. 工程素养实训**

1）课程目标

“工程素养实训”课程是贯通培养中基础知识学习阶段的一门职业基础实训类课程。本课程的主要目标是学生通过一周的集中学习与训练，了解工程素养的基础知识；通过项目训练与制作，掌握基本的焊接工艺和组装电子产品的技能，从而培养学生关于工程素养的基本能力。

2）课程内容

“工程素养实训”课程的主要内容包括常用电子元器件的识别和检测、常用仪表的使用、元器件焊接方法讲解、焊接技能训练、电子装配工艺知识、电子产品的制作与调试。

3）教学要求

学分：1 学分。

总学时数：28 学时。

周学时数：28 学时（一周上完）。

开课学期：贯通第二学期。

**2. 创新能力实训**

1）课程目标

“创新能力实训”课程是为学生日后从事职业工作培养创新意识的一门专业实习实训课程。本课程以创新能力培养为主线，教导学生学会从新的视角观察问题，用创新的思维方法思考问题，用创新技法解决问题；并且结合学生所学专业，使学生产生发明、创造、创新成果，提升学生的专业能力。通过学习本课程，学生可以树立创新意识，提高分析、解决实际问题的能力，以及利用创新技法进行发明、创造的能力，从而成长为一线高素质技能型人才。

2）课程内容

“创新能力实训”课程的主要内容包括 3 个模块：创新思维与创新方法应用、创新实践、3D 打印。

3）教学要求

学分：1 学分。

总学时数：28 学时。

周学时数：28 学时（一周上完）。

开课学期：贯通第三学期。

### 3. 大数据技术实训周

1）课程目标

以“大数据基础”课程为依托，“大数据技术实训周”课程会对 Hadoop 基本框架部署、分布式文件系统（HDFS）、分布式计算框架 MapReduce、数据仓库 Hive、分布式应用程序协调服务软件 ZooKeeper、数据迁移工具 Sqoop、Spark 模块搭建及运用等知识模块进行综合项目演练。

2）课程内容

“大数据技术实训周”课程的主要内容包括 Hadoop 集群环境搭建，HDFS、MapReduce 及 Hive 的基本操作，Spark 模块搭建及运用，使用 ZooKeeper 进行协调服务，使用 Sqoop 进行数据迁移。

3）教学要求

学分：1 学分。

总学时数：28 学时。

周学时数：28 学时（一周上完）。

开课学期：贯通第九学期。

### 4. 转段备考集训

1）课程目标

① 知识目标：“转段备考集训”课程以“C 语言程序设计基础”“MySQL 数据库应用开发”“MySQL 数据库管理及应用”课程为依托，重点训练学生对 C 语言和 MySQL 数据库的知识和技能，目标是符合贯通培养本科阶段北京信息科技大学软件工程专业的专业标准。

② 能力目标如下。

- 熟练掌握 C 语言的相关语法。
- 熟练掌握 MySQL 数据库的应用开发技术。
- 熟练掌握 MySQL 数据库的管理技巧。

③ 素养目标：培养学生的工匠精神、软件技术专业相关岗位的职业素养。

2）课程内容

“转段备考集训”课程以提高学生的核心专业素养为主旨，将软件开发与数据库操作相结合，力图让学生通过项目训练，对 C 语言开发技术和数据库操作有直观的认识，加深对相关技术技能的理解，培养学生的团队合作意识，使学生在实践中学习与提高，增强学生对专业知识、技能的学习兴趣，培养学生将科学与实用性技术相结合、将科学与工程实践相结合的思维意识。

3）教学要求

学分：1 学分。

总学时数：28 学时。

周学时数：28 学时（一周上完）。

开课学期：贯通第十学期。

## 2.7 教学进程总体安排

大数据技术专业的课程教学学分分布表如表 2-2 所示。

**表 2-2 大数据技术专业的课程教学学分分布表**

| 类别 | 课类 | | 学期/学分 | | | | | | | | | | | | | | 总计/学分 | 百分比/% |
|---|---|---|---|---|---|---|---|---|---|---|---|---|---|---|---|---|---|---|
| | | | 一 | 二 | 三 | 四 | 五 | 六 | 七 | 八 | 九 | 十 | 十一 | 十二 | 十三 | 十四 | | |
| 学分 | 公共基础课程 | 通用平台基础课程 | 24 | 24 | 22 | 24 | 18 | 16 | 0 | 0 | 0 | 0 | 0 | 0 | 0 | 0 | 128 | 47.8 |
| | | 通用平台课程 | 0 | 0 | 0 | 0 | 0 | 0 | 16 | 14 | 3 | 11 | 0 | 0 | 0 | 0 | 44 | 16.4 |
| | | 通用平台拓展课程 | 0 | 2 | 2 | 2 | 0 | 2 | 0 | 0 | 0 | 0 | 0 | 0 | 0 | 0 | 8 | 3.0 |
| | 专业课程 | 专业核心课程 | 0 | 0 | 0 | 0 | 0 | 0 | 0 | 4 | 8 | 16 | 0 | 0 | 0 | 0 | 28 | 10.4 |
| | | 专业基础课程 | 2 | 0 | 2 | 2 | 8 | 4 | 8 | 4 | 14 | 0 | 0 | 0 | 0 | 0 | 44 | 16.4 |
| | | 专业拓展课程 | 2 | 0 | 0 | 0 | 2 | 2 | 0 | 0 | 2 | 2 | 2 | 0 | 0 | 0 | 12 | 4.5 |
| | | 专业实习实训课程 | 0 | 1 | 1 | 0 | 0 | 0 | 0 | 0 | 1 | 1 | 0 | 0 | 0 | 0 | 4 | 1.5 |
| | 小计 | | 28 | 27 | 27 | 28 | 28 | 24 | 24 | 22 | 28 | 30 | 2 | 0 | 0 | 0 | 268 | 100 |

大数据技术专业的课程计划表如表 2-3 所示。

**表 2-3 大数据技术专业的课程计划表**

| 课程类别 | | 课程号 | 课程名称 | 开课学期 | 学分 | 学时分配 | | 周学时数 | | 课程性质 | 考核形式 |
|---|---|---|---|---|---|---|---|---|---|---|---|
| | | | | | | 理论 | 实践 | 理论 | 实践 | | |
| 公共基础课程 | 通用平台基础课程 | FE004F1 | 体育与健康 1 | 一 | 2 | 2 | 30 | 2 | 2 | 必修课 | 考查 |
| | | FE015F11 | 英语 1 | 一 | 4 | 64 | — | 4 | — | 必修课 | 考试 |
| | | FE040H1 | 信息技术 1 | 一 | 2 | 2 | 30 | 2 | 2 | 必修课 | 考查 |
| | | FE041H | 艺术 | 一 | 2 | 32 | — | 2 | — | 必修课 | 考查 |
| | | IP002H | 心理健康与职业生涯 | 一 | 2 | 32 | — | 2 | — | 必修课 | 考查 |
| | | FE003F7 | 语文 1 | 一 | 4 | 64 | — | 4 | — | 必修课 | 考试 |
| | | FE018F5 | 数学 1 | 一 | 4 | 64 | — | 4 | — | 必修课 | 考试 |
| | | FE016F1 | 物理 1 | 一 | 4 | 32 | 32 | 2 | 2 | 必修课 | 考试 |
| | | FE040H2 | 信息技术 2 | 二 | 4 | 4 | 60 | 2 | 2 | 必修课 | 考查 |

续表

| 课程类别 | | 课程号 | 课程名称 | 开课学期 | 学分 | 学时分配 | | 周学时数 | | 课程性质 | 考核形式 |
|---|---|---|---|---|---|---|---|---|---|---|---|
| | | | | | | 理论 | 实践 | 理论 | 实践 | | |
| 公共基础课程 | 通用平台基础课程 | FE015F12 | 英语 2 | 二 | 4 | 64 | — | 4 | — | 必修课 | 考试 |
| | | FE018F6 | 数学 2 | 二 | 4 | 64 | — | 4 | — | 必修课 | 考试 |
| | | FE003F8 | 语文 2 | 二 | 4 | 64 | — | 4 | — | 必修课 | 考试 |
| | | FE016F2 | 物理 2 | 二 | 4 | 32 | 32 | 2 | 2 | 必修课 | 考试 |
| | | IP003H | 职业道德与法治 | 二 | 2 | 32 | — | 2 | — | 必修课 | 考查 |
| | | FE004F2 | 体育与健康 2 | 二 | 2 | 2 | 30 | 2 | 2 | 必修课 | 考查 |
| | | FE004F3 | 体育与健康 3 | 三 | 2 | 2 | 30 | 2 | 2 | 必修课 | 考查 |
| | | FE016F3 | 物理 3 | 三 | 4 | 52 | 12 | 4 | 2 | 必修课 | 考试 |
| | | FE021F6 | 历史 1 | 三 | 2 | 32 | — | 2 | — | 必修课 | 考查 |
| | | FE015F10 | 英语 3 | 三 | 4 | 64 | — | 4 | — | 必修课 | 考试 |
| | | FE018F7 | 数学 3 | 三 | 4 | 64 | — | 4 | — | 必修课 | 考试 |
| | | FE014F | 哲学与人生 | 三 | 2 | 32 | — | 2 | — | 必修课 | 考查 |
| | | FE003F3 | 语文 3 | 三 | 4 | 64 | — | 4 | — | 必修课 | 考试 |
| | | FE015F9 | 英语 4 | 四 | 4 | 64 | — | 4 | — | 必修课 | 考试 |
| | | FE016F4 | 物理 4 | 四 | 4 | 52 | 12 | 4 | 2 | 必修课 | 考试 |
| | | FE021F5 | 历史 2 | 四 | 2 | 32 | — | 2 | — | 必修课 | 考查 |
| | | FE018F8 | 数学 4 | 四 | 4 | 64 | — | 4 | — | 必修课 | 考试 |
| | | FE004F4 | 体育与健康 4 | 四 | 2 | 2 | 30 | 2 | 2 | 必修课 | 考查 |
| | | FE003F4 | 语文 4 | 四 | 4 | 64 | — | 4 | — | 必修课 | 考试 |
| | | GP551P1 | 创新思维 | 四 | 2 | 24 | 8 | 2 | 2 | 必修课 | 考查 |
| | | IP001H | 中国特色社会主义 | 四 | 2 | 32 | — | 2 | — | 必修课 | 考查 |
| | | GP003H8 | 体育 5 | 五 | 2 | 2 | 30 | 2 | 30 | 必修课 | 考查 |
| | | GP194P11 | 大学英语 1 | 五 | 4 | 64 | — | 4 | — | 必修课 | 考试 |
| | | GP015H5 | 高等数学 1 | 五 | 4 | 64 | — | 4 | — | 必修课 | 考试 |
| | | GP029H | 大学物理 | 五 | 4 | 32 | 32 | 2 | 2 | 必修课 | 考试 |
| | | GP033P | 劳动教育实践 | 五 | 2 | 16 | 16 | 2 | 2 | 必修课 | 考查 |
| | | IP004H | 思想道德修养与法律基础 1（含形势与政策） | 五 | 2 | 32 | — | 2 | — | 必修课 | 考查 |
| | | IP005H | 思想道德修养与法律基础 2（含形势与政策） | 六 | 2 | 32 | — | 2 | — | 必修课 | 考查 |
| | | GP015H6 | 高等数学 2 | 六 | 4 | 64 | — | 4 | — | 必修课 | 考试 |
| | | GP194P21 | 大学英语 2 | 六 | 4 | 64 | — | 4 | — | 必修课 | 考试 |
| | | GP027H1 | 线性代数 | 六 | 4 | 64 | — | 4 | — | 必修课 | 考试 |
| | | GP003H9 | 体育 6 | 六 | 2 | 2 | 30 | 2 | 30 | 必修课 | 考查 |
| | 通用平台课程 | GP031H | 体育（含体质达标） | 七 | 2 | — | 32 | — | 2 | 必修课 | 考查 |
| | | GP021H | 创新创业教育与实务 | 七 | 2 | 32 | — | 2 | — | 必修课 | 考查 |
| | | GP032H | 大学生安全知识教育 | 七 | 2 | 32 | — | 2 | — | 必修课 | 考查 |
| | | GP194P3 | 大学英语 3 | 七 | 2 | 32 | — | 2 | — | 必修课 | 考查 |

续表

| 课程类别 | | 课程号 | 课程名称 | 开课学期 | 学分 | 学时分配 | | 周学时数 | | 课程性质 | 考核形式 |
|---|---|---|---|---|---|---|---|---|---|---|---|
| | | | | | | 理论 | 实践 | 理论 | 实践 | | |
| 公共基础课程 | 通用平台课程 | GP011H1 | 毛泽东思想和中国特色社会主义理论体系概论 1 | 七 | 2 | 32 | — | 2 | — | 必修课 | 考查 |
| | | GP015H3 | 高等数学 3 | 七 | 2 | 32 | — | 2 | — | 必修课 | 考试 |
| | | GP028H1 | 概率论 1 | 七 | 2 | 32 | — | 2 | — | 必修课 | 考查 |
| | | GP026H1 | 离散数学 | 八 | 2 | 32 | — | 2 | — | 必修课 | 考查 |
| | | GP194P4 | 大学英语 4 | 八 | 2 | 32 | — | 2 | — | 必修课 | 考试 |
| | | SI394H | 模拟电路 | 八 | 2 | 16 | 16 | 2 | 2 | 必修课 | 考查 |
| | | GP028H2 | 概率论 2 | 八 | 2 | 32 | — | 2 | — | 必修课 | 考查 |
| | | GP015H4 | 高等数学 4 | 八 | 2 | 32 | — | 2 | — | 必修课 | 考试 |
| | | GP011H2 | 毛泽东思想和中国特色社会主义理论体系概论 2 | 八 | 2 | 32 | — | 2 | — | 必修课 | 考查 |
| | | GP001P | 国防教育 | 八 | 2 | 32 | — | 2 | — | 必修课 | 考查 |
| | 通用平台拓展课程 | GP012H | 职业生涯规划 | 十 | 2 | 32 | — | 2 | — | 必修课 | |
| | | SI395H | 数字电路 | 十 | 4 | 32 | 32 | 4 | 4 | 必修课 | 考查 |
| | | IP008H | 中国近现代史纲要 | 九 | 3 | 48 | — | 3 | — | 必修课 | 考查 |
| | | IP009P | 马克思主义基本原理概论 | 十 | 3 | 48 | — | 3 | — | 必修课 | 考查 |
| | | FE002M | 管理能力训练 | 二 | 2 | 32 | — | 2 | — | 公共选修课 | 考查 |
| | | GP567P | 宫灯课程 | 三 | 1 | — | 16 | — | 1 | 公共选修课 | 考查 |
| | | GP568P | 北京毛猴 | 三 | 1 | — | 16 | — | 1 | 公共选修课 | 考查 |
| | | GP504P | 创意手工 | 四 | 2 | — | 32 | — | 2 | 公共选修课 | 考查 |
| | | GP121P | 乒乓球技术 | 六 | 2 | 32 | — | 2 | — | 公共选修课 | 考查 |
| 专业课程 | 专业基础课程 | FE302F | 防病毒技术 | 一 | 2 | 24 | 8 | 2 | 2 | 必修课 | 考试 |
| | | FE039H | 网络与 Web 导论 | 三 | 2 | 8 | 24 | 2 | 2 | 必修课 | 考试 |
| | | FE303H | Python 编程入门 | 四 | 2 | 8 | 24 | 2 | 2 | 必修课 | 考试 |
| | | CC374H | 计算机网络 | 五 | 4 | 16 | 48 | 4 | 4 | 必修课 | 考试 |
| | | CC301H | 程序设计基础 | 五 | 4 | 64 | — | 4 | — | 必修课 | 考试 |
| | | SI306H4 | 数据库技术及应用 | 六 | 4 | 64 | — | 4 | — | 必修课 | 考试 |
| | | SI070H | Java 编程基础 | 七 | 4 | 64 | — | 4 | — | 必修课 | 考查 |
| | | CC043H | Linux 操作系统 | 七 | 4 | 64 | — | 4 | — | 必修课 | 考查 |
| | | SI069H | Python 编程基础 | 八 | 4 | 64 | — | 4 | — | 必修课 | 考查 |
| | | SI391H | C 语言程序设计基础 2 | 九 | 4 | 32 | 32 | 4 | 4 | 必修课 | 考查 |
| | | SI381H | 数据结构与算法分析 | 九 | 4 | 64 | — | 4 | — | 必修课 | 考查 |
| | | SI393H | 计算机系统基础 | 九 | 4 | 48 | 16 | 4 | 4 | 必修课 | 考查 |
| | | SI014H1 | 分布式数据库 | 九 | 2 | 32 | — | 2 | — | 必修课 | 考查 |

续表

| 课程类别 | | 课程号 | 课程名称 | 开课学期 | 学分 | 学时分配 | | 周学时数 | | 课程性质 | 考核形式 |
|---|---|---|---|---|---|---|---|---|---|---|---|
| | | | | | | 理论 | 实践 | 理论 | 实践 | | |
| 专业课程 | 专业核心课程 | SI088H | 大数据基础 | 八 | 4 | 64 | — | 4 | — | 必修课 | 考试 |
| | | SI090H | Spark 技术与应用 | 九 | 4 | 64 | — | 4 | — | 必修课 | 考试 |
| | | SI080H | 数据采集与网络爬虫 | 九 | 4 | 64 | — | 4 | — | 必修课 | 考试 |
| | | SI089H | 大数据可视化技术应用 | 十 | 4 | 64 | — | 4 | — | 必修课 | 考试 |
| | | SI099H | 数据分析与可视化 | 十 | 4 | 64 | — | 4 | — | 必修课 | 考试 |
| | | SI015H | 数据挖掘应用 | 十 | 4 | 64 | — | 4 | — | 必修课 | 考试 |
| | | SI087H | 数据预处理 | 十 | 4 | 64 | — | 4 | — | 必修课 | 考试 |
| | 专业拓展课程 | EA808H | 智能机器人应用 | 一 | 2 | | 32 | | 2 | 专业选修课 | 考查 |
| | | CC841H | 职场英语 | 五 | 2 | 32 | — | 2 | — | 专业选修课 | 考查 |
| | | GP574P | 小球马拉松 | 六 | 2 | 4 | 28 | 2 | 2 | 专业选修课 | 考查 |
| | | — | 高职专业选修 | 八～十 | 6 | 96 | — | 2 | — | 专业选修课 | 考查 |
| | 专业实习实训课程 | FE706F | 工程素养实训 | 二 | 1 | — | 28 | — | 28 | 必修课 | 考查 |
| | | FE707F | 创新能力实训 | 三 | 1 | — | 28 | — | 28 | 必修课 | 考查 |
| | | SI742H1 | 大数据技术实训周 | 九 | 1 | — | 28 | — | 28 | 必修课 | 考查 |
| | | SI740H1 | 转段备考集训 | 十 | 1 | — | 28 | — | 28 | 必修课 | 考查 |

## 2.8 实施保障

大数据技术专业 7 年制贯通人才培养方案的实施保障主要包括师资队伍、教学设施（条件）、教学资源、教学方法、学习评价、质量管理等方面。

### 2.8.1 师资队伍

实施大数据技术专业 7 年制贯通人才培养方案取得成功的关键是拥有理论基础深厚、实践经验丰富的教师，通过引进、培养、聘请等途径加强师资队伍建设，引进企（行）业技术专家到教师队伍中，建设一支由 IT 专家率领的“善教学、懂管理、能开发”的一流专业教学团队，走“产学结合”之路。

#### 1．教学团队中的教师数量配置

教学团队中的教师数量，在原则上应该按照师生比为 1∶16 的标准配置。考虑到校企合作，课程建设、教学改革等工作需要投入较多的精力，因此实际按照师生比 1∶10 的标准配置。

#### 2．教学团队的素质要求

根据专业人才培养需要，大数据技术专业的教师应具备以下 3 方面的基本能力。

- 具有良好的思想政治素养和教师职业道德。

- 掌握软件产业领域的知识与方法，具有项目开发经验，了解行业发展状况、职业从业标准与职业资格要求。
- 掌握职业教育的教学方法，具有课程设计能力和教学实施能力。

**3. 专业教师任职资格**

- 标准任职资格：高校教师资格，双师素质，计算机专业毕业，硕士及硕士以上学历，讲师及讲师以上专业技术职称，工作态度认真、踏实，能吃苦，具有极强的务实精神和实践能力。
- 基本任职资格：高校教师资格，双师素质，计算机专业毕业，本科及本科以上学历，助教及助教以上专业技术职称，工作态度认真、踏实，能吃苦，具有极强的务实精神和实践能力。

### 2.8.2 教学设施

教学设施主要包括正常课程教学、实习、实训所需的专业教室、实训室、实训基地、实习基地等。

**1. 专业教室的基本条件**

一般配备黑（白）板、多媒体计算机、投影设备、音响设备，能够接入互联网，并且具有网络安全防护措施，安装应急照明装置并使其保持良好状态，符合紧急疏散要求、标志明显、保持逃生通道畅通无阻。

**2. 校内实训室的基本要求**

1）大数据采集与预处理实训室

应配备服务器、交换机、无线路由器、投影设备、白板；配备计算机 1 台/人，并且装有数据库系统（如 Access、SQL Server、MySQL）、数据 ETL 工具（如 Eclipse、PyCharm、网络爬虫相关程序包、Pentaho、Informatica）、数据采集与预处理实训系统；支持程序设计、数据提取、外部数据采集方案设计、外部数据采集、数据预处理等活动，用于进行“Java 编程基础”“Python 编程基础”“数据采集与网络爬虫”“数据预处理”等课程的教学与实训。

2）大数据分析与挖掘实训室

应配备服务器、交换机、无线路由器、投影设备、白板；配备计算机 1 台/人，并且装有数据库系统（如 Access、SQL Server、MySQL）、大数据平台软件（如 Eclipse、PyCharm、Hadoop 集群、Spark 集群）、数据分析与挖掘软件（如 SPSS、Mahout）、数据分析实训系统；支持数据分析程序设计、数据建模、模型评估、模型部署等活动，用于进行“大数据分析技术”“数据挖掘应用”“Spark 技术与应用”等课程的教学与实训。

3）大数据环境搭建与运维实训室

应配备服务器、交换机，无线路由器、投影设备、白板；配备计算机 1 台/人，并且装有虚拟机软件、Linux 操作系统、办公软件、数据库系统（如 SQL Server、MySQL、HBase、MongoDB）、大数据平台软件（如 Hadoop 集群、Spark 集群）、大数据运维软件（如 Zabbix、

Tivoli）；支持操作系统的安装与配置、大数据环境搭建、大数据系统运维等活动，用于进行“大数据环境搭建与应用”“大数据运维”“Linux 操作系统”“数据库应用与管理”“分布式数据库”等课程的教学与实训。

4）大数据可视化实训室

应配备服务器、交换机、无线路由器、投影设备、白板；配备计算机 1 台/人，并且装有数据库系统（如 Access、SQL Server、MySQL）、数据可视化软件（如 Eclipse、PyCharm、Tableau、Power BI、ECharts）、数据可视化实训系统；支持数据可视化呈现、数据图表优化等活动，用于进行“大数据可视化技术应用”等课程的教学与实训。

#### 3. 校外实训基地的基本要求

具有稳定的校外实训基地，能够开展大数据技术专业的相关实训活动，实训设施齐全，实训岗位、实训指导教师确定，实训管理制度及实训规章制度健全。

#### 4. 学生实习基地的基本要求

具有稳定的校外实习基地，能够提供数据采集、数据清洗、大数据分析、大数据可视化、大数据开发、大数据运维等的相关实习岗位，能够涵盖当前相关产业发展的主流技术，可以接纳一定规模的实习学生；能够配备相应数量的指导教师，用于对实习学生进行指导和管理；具有保证实习学生学习、生活、工作的规章制度。

#### 5. 支持信息化教学方面的基本要求

具有数字化教学资源库、文献资料、常见问题解答等信息化条件，引导、鼓励教师开发并利用信息化教学资源、教学平台，创新教学方法，改善教学效果。

### 2.8.3 教学资源

#### 1. 教材选用的基本要求

选用教材应充分考虑教材的科学性、先进性和实用性，并且遵循以下原则。

- 高职课程使用高职高专层次的教材，在原则上不允许选用跨层次的教材。
- 优选教育部和北京市精品教材、获奖教材、规划教材。
- 选用近 3 年出版的教材（以印刷时间为准）。如果使用旧教材，那么各院系（部）需要严格审核。

#### 2. 图书文献配备的基本要求

图书文献配备应满足人才培养、专业建设、教科研等工作的需要，方便师生查询、借阅。专业类图书文献主要包括行业的政策法规资料，有关电子信息的技术、标准、方法、操作规范及实务案例类图书等。

#### 3. 数字教学资源配置的基本要求

课程教学应结合课程特点，考虑学生的学习习惯，积极建设、配备与大数据技术专业有关的音视频素材、教学课件、虚拟仿真软件、数字教材等专业教学资源库。课程配套资源应包括优质的课程教材（自编校本讲义）、教案、电子课件、实训指导书、习题和试题库、教学软件、实训软件、网络课程平台、自主学习资源（微课、动画等）、任务工单、校企合作案例库、考核标准等。

### 2.8.4 教学方法

根据大数据技术专业的培养目标、课程标准、学生能力与教学资源，采用适当的教学方法，从而达到预期教学目标。根据课程特点，采用“项目教学”“现场教学”“模拟情境教学”“虚拟仿真教学”“案例教学”“理实一体化教学”等模式，采用“任务驱动式”“思维引导式”“讨论式”“分组式”等方法完成教学。

### 2.8.5 学习评价

#### 1. 学生修业评价

专业理论课程评价以学校教师评价为主，企业评价为辅；实践能力评价以企业评价为主，学校教师评价为辅；理实一体化课程由学校教师与企业教师共同评价。评价内容突出职业能力，兼顾出勤、纪律、团队合作、职业规范等方面，并且体现评价标准、评价主体、评价方式、评价过程的多元化，如采用笔试、口试、实操、职业技能大赛等评价方式。

#### 2. 教师教学评价

教师教学评价应突出师德要求，把师德要求和思想政治表现作为教师教学评价的首要标准，在教师教学评价体系中，严格执行师德的“一票否决”制。按照教师课堂教学质量标准，多维度考评教师的教学准备、教学规范、教学运行、教学方法、课堂教学效果、良性互动、信息技术的应用、教改研究、教学竞赛获奖等教学工作成绩；实行教师自评、学生评价、督导评价等多种形式相结合的教学质量综合评价；建立以教学基本工作量、重点教学环节、重大教学改革与业绩、教学效果、学生评价等为关键指标的评价方式。将教学评价成绩与教师绩效分配、职称（职务）评聘、岗位晋级、评优评先等挂钩，充分调动教师从事教育教学工作的积极性。

### 2.8.6 质量管理

建立健全校院（系）两级的质量保障体系。以保障和提高教学质量为目标，运用系统的方法，依靠必要的组织结构，统筹考虑影响教学质量的各个主要因素，结合教学诊断与改进、质量年报制作等职业院校自主保证人才培养质量的工作，统筹管理学校各部门、各环节的教学质量管理活动，形成任务、职责、权限明确的相互协调、相互促进的质量管理有机整体。

#### 1. 目标管理机制

根据专业培养目标实行目标管理机制。学生必须达到毕业标准，方可正常毕业。落实学生的“1+X 证书制度”，证书包括英语证书与职业资格证书。

2．组织管理机制

构建科学的教学质量管理体系，组建“学校”—“人工智能学院”—“人工智能技术应用教研室”三级教学质量督导体系，通过随堂听课、日常巡查、专项检查、学生座谈、学生在线评价等方式，加强教学质量监控与考核反馈；任课教师、班主任与二级学院学生办负责教学过程中出勤率、教学秩序的巡查，落实课堂教学主体责任，促进教风、学风的根本转变，提高学生的课堂学习效率。

3．教学文件共编机制

聘请行业企业的实践技术专家，共同设计专业人才培养方案，开发基于工作内容的专业课程，构建基于典型工作任务的专业课程体系，设计科学的人才培养模式，开发专业的课程校本讲义，制定专业的教学标准、课程标准、岗位技术标准、教学评价标准等，实现专业与工业、企业岗位对接，专业课程与职业标准对接，教学过程与生产过程对接，学历证书与职业资格对接，确保专业人才的培养质量。

4．诊断与改进机制

对人工智能技术应用专业人才培养方案，每学年都制订教学实施计划，明确教学任务和质量要求。定期进行行业企业调研、毕业生跟踪调查、撰写调研报告，为专业人才培养方案的优化提供依据。对于专业课程，应该研究课程标准，明确质量控制重点，在每次开课时都撰写课程质量报告，对学生的学习状态、课程达标率进行分析，对课程教学进行考核性诊断，对发现的问题及时改正。对于教师教学，应该采取督导上门听课、与学生座谈、检查教师课程教案、检查教师布置作业、学生评教、教师评学等方式对教学过程进行监督、反馈与评价，不断优化、提高教学水平。对学生实施综合素质测评机制，每学期都对学生的学业综合水平（包括学生成绩、操行评定、素质学分、志愿服务等方面）进行测评，从而促进学生自我反思与改进。

## 2.9　毕业生学分要求

大数据技术专业学生必须修满 264 学分方可毕业，选修课至少修满 20 学分。

## 2.10　职业分析

1．能力分析表

大数据技术专业的能力分析表如表 2-4 所示。

表 2-4 大数据技术专业的能力分析表

| 综合能力 | 专项能力 | | | | | | |
|---|---|---|---|---|---|---|---|
| | 1 | 2 | 3 | 4 | 5 | 6 | 7 |
| A<br>数据采集 | 需求分析 | 网站元素分析 | 采集方法选择 | 采集模型分析 | 采集结构搭建 | 数据获取 | 数据存储 |
| B<br>数据预处理 | 需求分析 | 数据抽取 | 数据清洗 | 数据转换 | 数据加载 | 数据的工作流程控制 | — |
| C<br>数据分析 | 业务理解 | 数据理解 | 数据导入 | 数据分析程序设计 | 撰写数据分析报告 | — | — |
| D<br>数据挖掘 | 业务理解 | 数据理解 | 建模 | 评估 | 部署 | — | — |
| E<br>数据可视化 | 需求分析 | 设计数据可视化方案 | 数据准备 | 数据可视化呈现 | 数据图表优化 | 撰写数据可视化报告 | — |
| F<br>大数据系统部署 | 操作系统的安装与配置 | 开发环境的搭建 | 大数据基础运行平台的搭建 | 分布式数据库的部署 | 数据迁移工具的部署 | — | — |
| G<br>大数据系统运维 | 用户与权限管理 | 配置管理 | 系统管理及日常巡检 | 故障管理 | 安全管理 | 性能管理 | — |

## 2．专项能力分解表

大数据技术专业的专项能力分解表如表 2-5～表 2-44 所示。

表 2-5 “数据采集-需求分析”分解表

| 能力目标 | 数据采集-需求分析 |
|---|---|
| 编号 | A1 |
| 具体描述 | 正确理解需求，编写并整理需求分析报告 |
| 步骤 | 1．采集范围分析 |
| | 2．采集内容分析 |
| | 3．采集存储分析 |
| | 4．整理需求，形成需求分析报告 |
| 工具与设备 | 1．计算机 |
| | 2．浏览器（谷歌、火狐等），办公软件 |
| 知识基础 | 1．采集范围需求分析 |
| | 2．采集内容需求分析 |
| | 3．采集存储需求分析 |
| | 4．需求分析报告的撰写方法 |
| 通用能力与职业素质 | 1．沟通技巧 |
| | 2．文档编写能力 |
| | 3．团队合作意识 |
| 考核标准 | 1．采集范围和维度合理 |
| | 2．采集内容合理 |
| | 3．需求分析报告对行业数据采集具有借鉴意义 |

表 2-6　“数据采集-网站元素分析”分解表

| | |
|---|---|
| 能力目标 | 数据采集-网站元素分析 |
| 编号 | A2 |
| 具体描述 | 能够正确分析常用网站典型案例的信息元素，能够提取网站核心的信息元素 |
| 步骤 | 1．网站采集分类 |
| | 2．典型网站元素分析 |
| | 3．提取网站核心元素 |
| 工具与设备 | 1．计算机 |
| | 2．浏览器（谷歌、火狐等），办公软件 |
| 知识基础 | 1．采集信息资源的类型 |
| | 2．数据采集分类 |
| | 3．信息提取方法 |
| 通用能力与职业素质 | 1．信息处理能力 |
| | 2．思考和分析能力 |
| | 3．归纳总结能力 |
| 考核标准 | 1．定位准确 |
| | 2．网站元素分析全面 |

表 2-7　“数据采集-采集方法选择”分解表

| | |
|---|---|
| 能力目标 | 数据采集-采集方法选择 |
| 编号 | A3 |
| 具体描述 | 正确选择、安装采集工具，搭建代码编写环境 |
| 步骤 | 1．使用采集工具或编写爬虫代码 |
| | 2．下载并安装采集工具 |
| | 3．搭建代码编写环境 |
| 工具与设备 | 1．计算机 |
| | 2．采集工具（网络神采、火车采集器等），Eclipse 或 PyCharm |
| 知识基础 | 1．采集工具的安装方法 |
| | 2．Java 集成开发环境的搭建方法或 Python 集成开发环境的搭建方法 |
| | 3．Java 集成开发环境或 Python 集成开发环境中与采集有关的包的导入方法 |
| 通用能力与职业素质 | 1．计算机软件操作能力 |
| | 2．思考和分析能力 |
| | 3．团队合作能力 |
| 考核标准 | 1．正确选择采集工具及数据采集平台 |
| | 2．正确安装并使用集成开发环境 |

表 2-8　“数据采集-采集模型分析”分解表

| | |
|---|---|
| 能力目标 | 数据采集-采集模型分析 |
| 编号 | A4 |
| 具体描述 | 正确选择模型分析方法，对采集目标进行模型分析并实现 |

续表

| | |
|---|---|
| 步骤 | 1. 使用正则表达式、XPath 语法或 jsoup 解析器分析模型 |
| | 2. 对采集目标进行模型分析 |
| | 3. 模型实现 |
| 工具与设备 | 1. 计算机 |
| | 2. 模型分析在线工具、集成开发环境中的分析模块 |
| 知识基础 | 1. 正则表达式、XPath 语法或 jsoup 解析器 |
| | 2. 正则表达式、XPath 语法或 jsoup 解析器的基本使用方法 |
| | 3. 使用正则表达式、XPath 语法或 jsoup 解析器解析网页 |
| 通用能力与职业素质 | 1. 自主学习能力 |
| | 2. 信息处理能力 |
| | 3. 科学思维能力 |
| 考核标准 | 1. 正确选择模型分析工具 |
| | 2. 正确进行模型分析 |

**表 2-9 “数据采集-采集结构搭建”分解表**

| 能力目标 | 数据采集-采集结构搭建 |
|---|---|
| 编号 | A5 |
| 具体描述 | 正确选择采集框架并进行采集结构的搭建 |
| 步骤 | 1. 选择采集模式或使用采集框架 |
| | 2. 设置采集数据项 |
| | 3. 设置采集导航规则 |
| 工具与设备 | 1. 计算机 |
| | 2. 采集工具（网络神采、火车采集器等），Eclipse 或 PyCharm |
| 知识基础 | 1. 采集结构（Java 中的 HttpClient、URLConnection、HtmlUnit，或者 Python 中的 Scrapy） |
| | 2. 从网页中采集数据元素并对其进行分析 |
| | 3. 设置采集导航的基本方法 |
| 通用能力与职业素质 | 1. 科学思维能力 |
| | 2. 自主学习能力 |
| | 3. 软件使用能力 |
| 考核标准 | 1. 正确选择采集框架及采集工具 |
| | 2. 正确搭建采集结构 |

**表 2-10 “数据采集-数据获取”分解表**

| 能力目标 | 数据采集-数据获取 |
|---|---|
| 编号 | A6 |
| 具体描述 | 使用采集工具，编写 Java 爬虫程序或 Python 爬虫程序，从而正确地采集数据 |
| 步骤 | 1. 设置采集入口 |
| | 2. 发送请求 |
| | 3. 解析并处理网页 |
| | 4. 生成数据模型 |

续表

| | |
|---|---|
| 工具与设备 | 1．计算机 |
| | 2．采集工具（网络神采、火车采集器等），Eclipse 或 PyCharm |
| 知识基础 | 1．采集入口设置 |
| | 2．请求与响应 |
| | 3．解析、处理网页的方法 |
| | 4．Java 或 Python 中的数据模型 |
| 通用能力与职业素质 | 1．软件使用能力 |
| | 2．代码编写能力 |
| | 3．科学思维能力 |
| 考核标准 | 1．正确使用采集工具抓取数据 |
| | 2．正确编写爬虫程序 |

**表 2-11　“数据采集-数据存储”分解表**

| 能力目标 | 数据采集-数据存储 |
|---|---|
| 编号 | A7 |
| 具体描述 | 对采集的数据进行存储 |
| 步骤 | 1．确定存储目标 |
| | 2．存储设计 |
| | 3．保存数据 |
| 工具与设备 | 1．计算机 |
| | 2．数据存储软件（Excel、MySQL 或 SQL Server） |
| 知识基础 | 1．Excel 文件操作 |
| | 2．MySQL 或 SQL Server 接口 |
| | 3．MySQL 或 SQL Server 的数据存储 |
| 通用能力与职业素质 | 1．计算机软件操作 |
| | 2．信息处理能力 |
| | 3．团队合作能力 |
| 考核标准 | 1．正确选择数据存储方式 |
| | 2．正确进行数据的存储 |

**表 2-12　“数据预处理-需求分析”分解表**

| 能力目标 | 数据预处理-需求分析 |
|---|---|
| 编号 | B1 |
| 具体描述 | 正确理解需求，编写并整理需求分析报告 |
| 步骤 | 1．数据抽取分析 |
| | 2．数据清洗分析 |
| | 3．数据转换分析 |
| | 4．数据加载分析 |
| | 5．整理需求，形成需求分析报告 |
| 工具与设备 | 1．计算机 |
| | 2．办公软件 |

续表

| | |
|---|---|
| 知识基础 | 1. 数据预处理的基本概念 |
| | 2. 数据库的基础知识 |
| 通用能力与职业素质 | 1. 沟通技巧 |
| | 2. 文档编写能力 |
| | 3. 团队合作意识 |
| 考核标准 | 1. 设置的数据范围和维度合理 |
| | 2. 预处理内容合理 |
| | 3. 需求分析报告对行业数据预处理具有借鉴意义 |

**表 2-13 “数据预处理-数据抽取”分解表**

| 能力目标 | 数据预处理-数据抽取 |
|---|---|
| 编号 | B2 |
| 具体描述 | 根据具体业务进行数据抽取 |
| 步骤 | 1. 数据的字段关联 |
| | 2. 数据的全量抽取 |
| | 3. 数据的增量抽取 |
| 工具与设备 | 1. 计算机 |
| | 2. 办公软件 |
| | 3. JDK |
| | 4. MySQL |
| | 5. Kettle、Informatica |
| 知识基础 | 1. 文本文件的数据抽取 |
| | 2. Web 文件的数据抽取 |
| | 3. 数据库文件的数据抽取 |
| 通用能力与职业素质 | 1. 信息素养 |
| | 2. 数据敏感度 |
| | 3. 安全意识 |
| 考核标准 | 根据用户需求，按要求完成文本文件、Web 文件、数据库文件的数据抽取，并且确定数据的正确性 |

**表 2-14 “数据预处理-数据清洗”分解表**

| 能力目标 | 数据预处理-数据清洗 |
|---|---|
| 编号 | B3 |
| 具体描述 | 根据具体业务进行数据的清洗，包括空数据、无效数据、规范化数据等 |
| 步骤 | 1. 数据的替换 |
| | 2. 数据的规范化 |
| | 3. 数据补缺 |
| 工具与设备 | 1. 计算机 |
| | 2. 办公软件 |
| | 3. JDK |
| | 4. MySQL |
| | 5. Kettle、Informatica |

续表

| | |
|---|---|
| 知识基础 | 1．无效数据清洗 |
| | 2．格式内容清洗 |
| | 3．缺失值清洗 |
| | 4．非需求数据清洗 |
| | 5．逻辑错误清洗 |
| | 6．数据脱敏处理 |
| 通用能力与职业素质 | 1．信息素养 |
| | 2．数据敏感度 |
| | 3．安全意识 |
| 考核标准 | 根据用户需求，按要求完成数据的清洗，并且确保数据的有效性和数据格式的规范化 |

**表 2-15　“数据预处理-数据转换”分解表**

| | |
|---|---|
| 能力目标 | 数据预处理-数据转换 |
| 编号 | B4 |
| 具体描述 | 根据具体业务进行数据的转换，包括数据的合并与拆分、行列互换、排序、数据验证、数据计算等 |
| 步骤 | 1．数据的合并与拆分 |
| | 2．数据计算 |
| | 3．数据关联查询 |
| 工具与设备 | 1．计算机 |
| | 2．办公软件 |
| | 3．JDK |
| | 4．MySQL |
| | 5．Kettle、Informatica |
| 知识基础 | 1．数据合并 |
| | 2．数据拆分 |
| | 3．行列互换 |
| | 4．排序 |
| | 5．数据验证 |
| | 6．数据计算 |
| 通用能力与职业素质 | 1．信息素养 |
| | 2．数据敏感度 |
| | 3．安全意识 |
| 考核标准 | 根据用户需求，按要求完成数据的转换，并且确保数据的有效性和数据格式的正确性 |

**表 2-16　“数据预处理-数据加载”分解表**

| | |
|---|---|
| 能力目标 | 数据预处理-数据加载 |
| 编号 | B5 |
| 具体描述 | 根据具体业务进行数据的加载，包括添加字段、添加日志、数据对比等 |
| 步骤 | 1．数据增量加载 |
| | 2．数据全量加载 |
| | 3．数据对比 |

续表

| | |
|---|---|
| 工具与设备 | 1．计算机 |
| | 2．办公软件 |
| | 3．JDK |
| | 4．MySQL |
| | 5．Kettle、Informatica |
| 知识基础 | 1．数据加载方法 |
| | 2．批量数据加载方法 |
| | 3．数据加载异常处理 |
| 通用能力与职业素质 | 1．信息素养 |
| | 2．数据敏感度 |
| | 3．安全意识 |
| 考核标准 | 根据用户需求，按要求完成数据的加载，并且确保加载数据的有效性 |

### 表 2-17　“数据预处理-数据的工作流程控制”分解表

| | |
|---|---|
| 能力目标 | 数据预处理-数据的工作流程控制 |
| 编号 | B6 |
| 具体描述 | 根据具体业务进行一个或多个作业项的工作流程控制 |
| 步骤 | 1．创建作业及作业项 |
| | 2．使用变量 |
| | 3．监控 |
| 工具与设备 | 1．计算机 |
| | 2．办公软件 |
| | 3．JDK |
| | 4．MySQL |
| | 5．Kettle、Informatica |
| 知识基础 | 1．创建作业及作业项 |
| | 2．全局参数 |
| | 3．常量传递 |
| | 4．设置变量 |
| | 5．发送邮件 |
| 通用能力与职业素质 | 1．信息素养 |
| | 2．数据敏感度 |
| | 3．安全意识 |
| 考核标准 | 根据用户需求，按要求完成一个工作流程的设置，并且确保数据预处理的正常运行 |

### 表 2-18　“数据分析-业务理解”分解表

| | |
|---|---|
| 能力目标 | 数据分析-业务理解 |
| 编号 | C1 |
| 具体描述 | 通过业务需求调研等方式，理解数据分析项目的业务流程，确定数据分析项目的分析方向，并且整理数据分析项目的需求文档 |

续表

| | |
|---|---|
| 步骤 | 1．了解数据分析项目背景 |
| | 2．收集数据分析项目的业务流程 |
| | 3．分析数据分析项目的业务流程 |
| | 4．明确数据分析项目的分析方向 |
| | 5．整理数据分析项目的需求文档 |
| 工具与设备 | 1．计算机 |
| | 2．办公软件 |
| 知识基础 | 1．相关行业知识 |
| | 2．数据分析的基本概念 |
| | 3．数据分析的基本流程 |
| | 4．业务需求的调研方式 |
| | 5．业务需求报告的编写方法 |
| 通用能力与职业素质 | 1．法律意识 |
| | 2．网络安全意识 |
| | 3．团队合作意识 |
| 考核标准 | 1．正确理解数据分析的相关概念和基本流程 |
| | 2．业务需求分析报告内容完整、格式规范 |

**表 2-19　“数据分析-数据理解”分解表**

| 能力目标 | 数据分析-数据理解 |
|---|---|
| 编号 | C2 |
| 具体描述 | 理解所分析数据的基本类型，确定数据源中的数据表结构、数据表中具体字段的含义、数据表之间的关系，分析数据源与需求之间的关系 |
| 步骤 | 1．理解数据的基本概念 |
| | 2．理解数据分析项目的基本数据类型 |
| | 3．确定项目数据源中的数据表结构、数据表中具体字段的含义和数据表之间的关系 |
| | 4．分析数据源与需求之间的关系 |
| | 5．整理数据需求报告 |
| 工具与设备 | 1．计算机 |
| | 2．办公软件 |
| | 3．MySQL、SQL Server、Oracle |
| | 4．Hadoop 平台 |
| 知识基础 | 1．数据的基本概念 |
| | 2．关系型数据库的数据类型 |
| | 3．关系型数据库的数据对象 |
| | 4．HDFS 数据的基本概念 |
| 通用能力与职业素质 | 1．沟通技巧 |
| | 2．语言文字能力 |
| | 3．与人合作能力 |
| 考核标准 | 1．掌握数据、关系型数据库和数据结构的概念 |
| | 2．数据需求分析报告内容完整，能够描述数据源与分析目标之间的关系 |

表 2-20　“数据分析-数据导入”分解表

| 能力目标 | 数据分析-数据导入 |
| --- | --- |
| 编号 | C3 |
| 具体描述 | 能够理解多种数据源的数据导入方法，可以使用工具或编程语言连接数据源，并且完成数据导入操作 |
| 步骤 | 1．理解不同数据源的数据导入方法 |
| | 2．在数据分析工具中建立符合数据源的数据结构 |
| | 3．使用工具或编程语言连接数据源 |
| | 4．导入数据分析所需的全部数据 |
| | 5．查看已导入的数据 |
| 工具与设备 | 1．计算机 |
| | 2．办公软件 |
| | 3．MySQL、SQL Server、Oracle |
| | 4．Hadoop 平台 |
| | 5．数据仓库 Hive |
| | 6．数据迁移工具 Sqoop |
| | 7．Eclipse、IDEA、PyCharm |
| 知识基础 | 1．不同数据源的数据组织方式 |
| | 2．关系型数据库数据的导入和导出 |
| | 3．HDFS 数据的导入和导出 |
| | 4．Hive 数据的导入和导出 |
| | 5．使用 Sqoop 迁移数据 |
| | 6．使用编程语言连接不同的数据源 |
| 通用能力与职业素质 | 1．语言文字能力 |
| | 2．科学思维能力 |
| | 3．安全意识 |
| 考核标准 | 1．正确理解多种数据源的数据导入方法 |
| | 2．使用编程语言连接不同的数据源 |
| | 3．使用数据迁移工具对不同数据源中的数据进行传输 |
| | 4．正确导入数据并查看数据 |

表 2-21　“数据分析-数据分析程序设计”分解表

| 能力目标 | 数据分析-数据分析程序设计 |
| --- | --- |
| 编号 | C4 |
| 具体描述 | 编写数据分析程序或设置分析条件，生成分析数据并展示分析结果 |
| 步骤 | 1．按照需求编写分析程序或设置分析条件 |
| | 2．生成分析数据 |
| | 3．展示分析结果 |
| 工具与设备 | 1．计算机 |
| | 2．办公软件 |
| | 3．MySQL、SQL Server、Oracle |

续表

| | |
|---|---|
| 工具与设备 | 4．Hadoop 平台 |
| | 5．数据仓库 Hive |
| | 6．数据迁移工具 Sqoop |
| | 7．Eclipse、IDEA、PyCharm |
| 知识基础 | 1．统计分析的基本概念 |
| | 2．数据分析工具的使用方法 |
| | 3．使用 Java 语言编写数据分析程序 |
| | 4．使用 Python 语言编写数据分析程序 |
| | 5．使用 SQL 语句进行数据查询与统计分析 |
| | 6．使用 HQL 语句进行数据查询与统计分析 |
| 通用能力与职业素质 | 1．信息处理能力 |
| | 2．互联网思维能力 |
| | 3．质量意识 |
| 考核标准 | 1．正确编写数据分析程序 |
| | 2．正确使用数据分析工具对数据进行分析 |
| | 3．正确生成分析数据并展示分析结果 |

**表 2-22　“数据分析-撰写数据分析报告”分解表**

| | |
|---|---|
| 能力目标 | 数据分析-撰写数据分析报告 |
| 编号 | C5 |
| 具体描述 | 能够设计数据分析结果的展示形式，撰写内容详细的数据分析报告并正确排版 |
| 步骤 | 1．设计数据分析结果的展示形式 |
| | 2．撰写数据分析报告 |
| | 3．数据分析报告的排版 |
| 工具与设备 | 1．计算机 |
| | 2．办公软件 |
| 知识基础 | 1．数据分析报告的撰写方法 |
| | 2．使用可视化工具展示数据分析结果 |
| | 3．使用办公软件排版 |
| 通用能力与职业素质 | 1．沟通交流能力 |
| | 2．自我管理能力 |
| | 3．团队合作精神 |
| 考核标准 | 数据分析报告内容完整，能够正确反映数据分析需求，排版美观 |

**表 2-23　“数据挖掘-业务理解”分解表**

| | |
|---|---|
| 能力目标 | 数据挖掘-业务理解 |
| 编号 | D1 |
| 具体描述 | 从业务的角度了解项目的要求和最终目标，并且将业务目标转化为相应的数据挖掘问题 |

续表

| | |
|---|---|
| 步骤 | 1．确定业务目标。了解用户需求，以及业务目标得以实现的制约因素和影响因素 |
| | 2．项目可行性分析。查找资源、项目的约束条件、项目的前提假设，以及在确定数据挖掘目标和项目方案时要考虑的各种其他因素 |
| | 3．确定数据挖掘目标。从技术角度描述要实现的目标 |
| | 4．制订项目计划 |
| 工具与设备 | 1．计算机 |
| | 2．办公软件 |
| 知识基础 | 1．相关行业知识 |
| | 2．计算机基础知识 |
| | 3．数据挖掘知识 |
| 通用能力与职业素质 | 1．良好的语言表达能力和沟通能力 |
| | 2．自学能力，能够适应行业的不断变革、发展 |
| | 3．团队合作意识 |
| 考核标准 | 1．理解项目的要求和最终目标 |
| | 2．将业务目标转化为相应的数据挖掘问题 |
| | 3．业务分析报告内容完整、格式规范、语言通俗易懂 |

**表 2-24 “数据挖掘-数据理解”分解表**

| | |
|---|---|
| 能力目标 | 数据挖掘-数据理解 |
| 编号 | D2 |
| 具体描述 | 数据的理解与收集，对可用的数据进行评估 |
| 步骤 | 1．收集和描述数据。获得项目中使用的数据，包括数据的格式、属性个数、实例个数、属性特征等 |
| | 2．探查数据。进一步对数据进行分析，找出重要属性并分析属性之间的关系，进行数据缺失和错误的检查 |
| 工具与设备 | 1．计算机 |
| | 2．办公软件 |
| | 3．Spark、Mahout、Hadoop、Hive、HBase、MySQL、SPSS |
| 知识基础 | 1．相关行业知识 |
| | 2．计算机基础知识 |
| | 3．数据挖掘知识 |
| | 4．数据分析知识 |
| 通用能力与职业素质 | 1．良好的语言表达能力和沟通能力 |
| | 2．信息搜集能力和信息处理能力 |
| | 3．结构化思维能力和数据思维能力 |
| 考核标准 | 1．能够采用适当的方法收集数据，能够理解并描述数据结构 |
| | 2．能够对数据进行分析 |
| | 3．数据分析报告内容完整、格式规范、语言通俗易懂 |

表 2-25　“数据挖掘-建模”分解表

| | |
|---|---|
| 能力目标 | 数据挖掘-建模 |
| 编号 | D3 |
| 具体描述 | 使用数据挖掘工具建立模型 |
| 步骤 | 1．选择建模技术。主要考虑两个因素：数据的特点、用户或实际系统的要求 |
| | 2．检验设计。检验模型的质量和有效性 |
| | 3．建模和评估。从准备好的数据集实例中选择要训练和检验的数据集，使用数据挖掘工具建立模型，完成数据挖掘工作，对模型进行评估 |
| 工具与设备 | 1．计算机 |
| | 2．办公软件 |
| | 3．Spark、Mahout、Hadoop、Hive、HBase、MySQL、SPSS |
| 知识基础 | 1．相关行业知识 |
| | 2．计算机基础知识 |
| | 3．数据挖掘知识 |
| 通用能力与职业素质 | 1．逻辑思维能力，能够运用逻辑思维方法进行问题研究 |
| | 2．结构化思维能力和数据思维能力 |
| | 3．环境适应能力、耐心细致的工作态度和精益求精的工匠精神 |
| 考核标准 | 1．能够根据数据的特点、用户或实际系统的要求选择合适的建模技术 |
| | 2．能够检验模型的质量和有效性 |
| | 3．能够选择要训练和检验的数据集，使用数据挖掘工具建立模型，完成数据挖掘工作，对模型进行评估 |

表 2-26　“数据挖掘-评估”分解表

| | |
|---|---|
| 能力目标 | 数据挖掘-评估 |
| 编号 | D4 |
| 具体描述 | 对建立的模型进行评估，判断评估结果是否符合业务目标 |
| 步骤 | 1．评估结果。对整个数据挖掘项目进行评估，从业务角度评估模型的价值 |
| | 2．回顾和确定下一步方案。回顾建立模型的每个步骤，确认业务目标是否达到，确认项目是结束还是进入下一步 |
| 工具与设备 | 1．计算机 |
| | 2．办公软件 |
| | 3．Spark、Mahout、Hadoop、Hive、HBase、MySQL、SPSS |
| 知识基础 | 1．相关行业知识 |
| | 2．计算机基础知识 |
| | 3．数据挖掘知识 |
| 通用能力与职业素质 | 1．结构化思维能力和数据思维能力 |
| | 2．一定的数学素养，能够进行数据分析 |
| | 3．环境适应能力、耐心细致的工作态度和精益求精的工匠精神 |
| 考核标准 | 能够从业务角度评估模型的价值 |

**表 2-27 “数据挖掘-部署”分解表**

| | |
|---|---|
| 能力目标 | 数据挖掘-部署 |
| 编号 | D5 |
| 具体描述 | 模型的作用是从数据中找到知识，获得的知识需要以方便用户使用的方式重新组织和展示。根据需求，这个阶段可以产生简单的数据挖掘报告，或者实现一个比较复杂的、可重复的数据挖掘过程 |
| 步骤 | 1．制定部署方案和实施方法 |
| | 2．准备监督策略，制定监督和维护方案 |
| | 3．采取行动。撰写数据挖掘报告，或者将挖掘出的知识以某种形式保存下来并加以利用，实现一个比较复杂的、可重复的数据挖掘过程 |
| 工具与设备 | 1．计算机 |
| | 2．办公软件 |
| | 3．Spark、Mahout、Hadoop、Hive、HBase、MySQL、SPSS |
| 知识基础 | 1．相关行业知识 |
| | 2．计算机基础知识 |
| | 3．数据挖掘知识 |
| 通用能力与职业素质 | 1．基于数据的敏感性，有一定的设计和创新能力 |
| | 2．良好的语言表达能力和沟通能力 |
| | 3．创新意识，能够创新分析方法和手段并在工作或创业过程中灵活应用 |
| 考核标准 | 1．能够制定部署方案和实施方法 |
| | 2．能够准备监督策略，制定监督和维护方案 |
| | 3．能够撰写数据挖掘报告，或者将挖掘出的知识以某种形式保存下来并加以利用，实现比较复杂的、可重复的数据挖掘过程 |
| | 4．数据挖掘报告内容完整、格式规范、语言通俗易懂 |

**表 2-28 “数据可视化-需求分析”分解表**

| | |
|---|---|
| 能力目标 | 数据可视化-需求分析 |
| 编号 | E1 |
| 具体描述 | 正确理解需求，编写并整理需求分析报告 |
| 步骤 | 1．可视化目的调研 |
| | 2．前端展示需求信息调研 |
| | 3．确定数据可视化需要传达的信息 |
| | 4．整理需求，形成需求分析报告 |
| 工具与设备 | 1．计算机 |
| | 2．办公软件 |
| 知识基础 | 1．相关行业知识 |
| | 2．数据可视化的相关知识 |
| | 3．数据分析思路 |
| | 4．数据可视化设计流程 |
| | 5．数据库基础知识 |
| 通用能力与职业素质 | 1．沟通技巧 |
| | 2．文档编写能力 |
| | 3．团队合作意识 |

续表

| | |
|---|---|
| 考核标准 | 1. 需求分析报告内容完整、格式规范、语言通俗易懂 |
| | 2. 需求分析符合客户的实际需求 |
| | 3. 需求分析报告的可行性较强 |

**表 2-29　“数据可视化-设计数据可视化方案”分解表**

| | |
|---|---|
| 能力目标 | 数据可视化-设计数据可视化方案 |
| 编号 | E2 |
| 具体描述 | 根据客户需求，选择合适的数据可视化方法，选择数据可视化所需展示的指标类别，确定数据可视化图表中的指标、字段，确定需要展示的数据维度，将客户需求与业务场景相结合，从而设计出实用的数据可视化方案 |
| 步骤 | 1. 了解常用的数据可视化工具 |
| | 2. 选择合适的数据可视化方法 |
| | 3. 选择数据可视化所需展示的指标类别 |
| | 4. 确定数据可视化图表中的指标、字段 |
| | 5. 确定需要展示的数据维度 |
| | 6. 将客户需求与业务场景相结合，从而设计出实用的数据可视化方案 |
| 工具与设备 | 1. 计算机 |
| | 2. 办公软件、Power BI、Tableau、ECharts、Python 集成开发环境 |
| 知识基础 | 1. 数据可视化要求 |
| | 2. 图表的基本要素 |
| | 3. Power BI、Tableau、ECharts 等可视化工具概述 |
| | 4. 指标、时间、空间等数据分析方法的相关知识 |
| | 5. 图形位置（坐标系、标尺、方向、角度） |
| | 6. 图形大小（面积、体积、长度） |
| | 7. 图形背景信息（5W 信息） |
| 通用能力与职业素质 | 1. 审美素养 |
| | 2. 创新思维能力 |
| | 3. 自我管理能力 |
| 考核标准 | 1. 数据可视化方案符合整体考虑、顾全大局的标准 |
| | 2. 数据可视化方案结构合理、形式多样 |
| | 3. 数据可视化方案具有一定的实用性 |
| | 4. 数据可视化方案符合客户需求 |

**表 2-30　“数据可视化-数据准备”分解表**

| | |
|---|---|
| 能力目标 | 数据可视化-数据准备 |
| 编号 | E3 |
| 具体描述 | 正确理解和归纳数据之间的内在联系，并且对数据格式进行调整，将不同数据源的数据导入可视化工具，并且对数据进行准备 |

续表

| | |
|---|---|
| 步骤 | 1．正确理解和归纳数据之间的内在联系 |
| | 2．常用的数据可视化工具的基本操作 |
| | 3．根据不同的数据可视化工具的特性，对数据格式进行调整 |
| | 4．将所需的数据导入数据可视化工具 |
| | 5．根据数据可视化需求进行数据准备 |
| 工具与设备 | 1．计算机 |
| | 2．办公软件、Power BI、Tableau、ECharts、Python 集成开发环境 |
| 知识基础 | 1．Oracle、MySQL 等数据库的基础知识 |
| | 2．Tableau、ECharts、Python 集成开发环境等可视化工具的安装与注册 |
| | 3．Tableau、ECharts、Python 集成开发环境等可视化工具的数据导入操作 |
| | 4．Tableau、ECharts、Python 集成开发环境等可视化工具的数据管理操作 |
| 通用能力与职业素质 | 1．安全意识 |
| | 2．数据敏感度 |
| | 3．团队合作精神 |
| 考核标准 | 1．数据格式统一 |
| | 2．导入的数据完整、正确 |
| | 3．准备的数据可以满足数据可视化需求 |

表 2-31 “数据可视化-数据可视化呈现”分解表

| 能力目标 | 数据可视化-数据可视化呈现 |
|---|---|
| 编号 | E4 |
| 具体描述 | 熟练地运用可视化工具制作数据图表，并且撰写数据可视化报告 |
| 步骤 | 1．了解常用的可视化图表的类型特点与用途 |
| | 2．根据主题选择合适的图表类型 |
| | 3．运用可视化工具制作数据图表 |
| 工具与设备 | 1．计算机 |
| | 2．办公软件、Power BI、Tableau、ECharts、Python 集成开发环境 |
| 知识基础 | 1．散点图、折线图、柱状图、瀑布图、旋风图和动态图等不同图表的特点与用途 |
| | 2．利用 Power BI 制作数据图表 |
| | 3．利用 Tableau 制作数据图表 |
| | 4．利用 Excel 制作数据图表 |
| | 5．利用 ECharts 制作数据图表 |
| | 6．利用 Python 语言制作数据图表 |
| 通用能力与职业素质 | 1．信息素养 |
| | 2．质量意识 |
| | 3．具备法律意识，严格遵守数据保密制度 |
| 考核标准 | 1．结合数据可视化方案，选择正确的图表类型 |
| | 2．数据可视化展示形式多样化 |
| | 3．数据可视化报告可以完整呈现可视化分析结果 |

表 2-32　“数据可视化-数据图表优化”分解表

| | |
|---|---|
| 能力目标 | 数据可视化-数据图表优化 |
| 编号 | E5 |
| 具体描述 | 根据数据图表优化原则，对已经制作好的数据图表进行优化，使数据直观、美观，从而提供优秀的用户体验 |
| 步骤 | 1．对数据图表进行细节处理 |
| | 2．对数据图表进行美化 |
| | 3．对数据图表的呈现层次进行设计 |
| | 4．前端展示优化 |
| | 5．数据维度优化 |
| 工具与设备 | 1．计算机 |
| | 2．办公软件、Power BI、Tableau、ECharts、Python 集成开发环境 |
| 知识基础 | 1．图表基本配色原则 |
| | 2．数据可视化规律 |
| | 3．图表优化原则 |
| 通用能力与职业素质 | 1．审美和人文素养 |
| | 2．工匠精神 |
| | 3．环保意识 |
| 考核标准 | 1．优化的数据图表准确无误 |
| | 2．优化的数据图表精致、美观 |
| | 3．优化的数据图表符合规律、层次分明 |
| | 4．优化的数据图表可以呈现数据关系 |

表 2-33　“数据可视化-撰写数据可视化报告”分解表

| | |
|---|---|
| 能力目标 | 数据可视化-撰写数据可视化报告 |
| 编号 | E6 |
| 具体描述 | 能够设计数据可视化结果的显示形式，撰写内容详细的数据可视化报告并正确排版 |
| 步骤 | 1．设计数据可视化结果的显示形式 |
| | 2．撰写数据可视化报告的内容 |
| | 3．数据可视化报告排版 |
| 工具与设备 | 1．计算机 |
| | 2．办公软件 |
| 知识基础 | 1．数据可视化报告的撰写方法 |
| | 2．数据可视化报告的结构 |
| | 3．使用办公软件排版 |
| 通用能力与职业素质 | 1．沟通交流能力 |
| | 2．自我管理能力 |
| | 3．团队合作精神 |
| 考核标准 | 可视化报告内容完整、排版美观，能够正确反映需求 |

表 2-34 “大数据系统部署-操作系统的安装与配置”分解表

| | |
|---|---|
| 能力目标 | 大数据系统部署-操作系统的安装与配置 |
| 编号 | F1 |
| 具体描述 | 安装服务器操作系统，进行网络配置，完成多机互信和多机时间同步 |
| 步骤 | 1．安装虚拟机 |
| | 2．虚拟机网络配置（固定 IP 和别名） |
| | 3．完成多机互信和多机时间同步 |
| 工具与设备 | 1．计算机 |
| | 2．VMware、VirtualBox、Xshell |
| 知识基础 | 1．Linux 基础知识 |
| | 2．Web 知识 |
| 通用能力与职业素质 | 1．沟通能力和团队合作意识 |
| | 2．环境适应能力、耐心细致的工作态度和精益求精的工匠精神 |
| | 3．互联网安全意识和伦理道德 |
| 考核标准 | 1．能够正确安装虚拟机软件 |
| | 2．能够正确配置服务器网络环境 |
| | 3．能够实现多个服务器之间的通信 |

表 2-35 “大数据系统部署-开发环境的搭建”分解表

| | |
|---|---|
| 能力目标 | 大数据系统部署-开发环境的搭建 |
| 编号 | F2 |
| 具体描述 | 安装编程工具和开发环境，完成开发包的导入 |
| 步骤 | 1．编程语言的安装 |
| | 2．安装集成开发环境 |
| | 3．开发包导入 |
| 工具与设备 | 1．计算机 |
| | 2．JDK、Scala、Eclipse |
| 知识基础 | 1．Eclipse 的基本知识 |
| | 2．软件操作的基本知识 |
| 通用能力与职业素质 | 1．新事物的学习和分析能力 |
| | 2．耐心细致的工作态度和精益求精的工匠精神 |
| | 3．沟通能力和团队合作意识 |
| 考核标准 | 1．能够熟练掌握编程语言 |
| | 2．能够正确安装和配置开发环境 |
| | 3．在导入开发包后，程序能够正常运行 |

表 2-36 “大数据系统部署-大数据基础运行平台的搭建”分解表

| | |
|---|---|
| 能力目标 | 大数据系统部署-大数据基础运行平台的搭建 |
| 编号 | F3 |
| 具体描述 | 完成 Hadoop、Spark、Hive 的安装和部署 |

续表

| | |
|---|---|
| 步骤 | 1．Hadoop 的安装和部署 |
| | 2．Spark 的安装和部署 |
| | 3．Hive 的安装和部署 |
| 工具与设备 | 1．计算机 |
| | 2．Hadoop、Spark、Hive |
| 知识基础 | 1．Linux 的基础知识 |
| | 2．数据库的相关知识 |
| | 3．Hadoop 的概念与基础知识 |
| | 4．Spark 的概念与基础知识 |
| | 5．Hive 的概念与基础知识 |
| 通用能力与职业素质 | 1．新事物的学习和分析能力 |
| | 2．行业认知能力 |
| | 3．沟通能力和团队合作意识 |
| 考核标准 | 1．能够成功启动 Hadoop 集群 |
| | 2．能够成功启动 Spark 集群 |
| | 3．能够启动 Hive 并进行数据操作 |

表 2-37　"大数据系统部署-分布式数据库的部署"分解表

| 能力目标 | 大数据系统部署-分布式数据库的部署 |
|---|---|
| 编号 | F4 |
| 具体描述 | 完成 ZooKeeper、HBase 的安装和部署，使用 HBase 的 Shell 命令进行各种操作测试 |
| 步骤 | 1．安装和部署 ZooKeeper |
| | 2．安装和部署 HBase |
| | 3．HBase 的 Shell 测试 |
| 工具与设备 | 1．计算机 |
| | 2．ZooKeeper、HBase |
| 知识基础 | 1．Linux 的基础知识 |
| | 2．数据库的相关知识 |
| | 3．ZooKeeper 的概念与基础知识 |
| | 4．HBase 的概念与基础知识 |
| 通用能力与职业素质 | 1．新事物的学习和分析能力 |
| | 2．耐心细致的工作态度和精益求精的工匠精神 |
| | 3．沟通能力和团队合作意识 |
| 考核标准 | 1．能够正确安装、配置 ZooKeeper |
| | 2．能够正确安装、配置 HBase |
| | 3．HBase 集群能够正常启动 |

表 2-38　"大数据系统部署-数据迁移工具的部署"分解表

| 能力目标 | 大数据系统部署-数据迁移工具的部署 |
|---|---|
| 编号 | F5 |

续表

| | |
|---|---|
| 具体描述 | 完成 Sqoop 的基本安装、配置及相关功能测试 |
| 步骤 | 1. Sqoop 的安装和配置 |
| | 2. Sqoop 的相关功能测试 |
| 工具与设备 | 1. 计算机 |
| | 2. Sqoop、MySQL |
| 知识基础 | 1. Linux 的基础知识 |
| | 2. 数据库的相关知识 |
| | 3. Sqoop 的概念与基础知识 |
| 通用能力与职业素质 | 1. 新事物的学习和分析能力 |
| | 2. 耐心细致的工作态度和精益求精的工匠精神 |
| | 3. 沟通能力和团队合作意识 |
| 考核标准 | 1. 能够正确安装和配置 Sqoop |
| | 2. 能够完成 Sqoop 的导入、导出测试 |

表 2-39 “大数据系统运维-用户与权限管理”分解表

| | |
|---|---|
| 能力目标 | 大数据系统运维-用户与权限管理 |
| 编号 | G1 |
| 具体描述 | 创建 Linux 用户和组，并且对相关权限进行授权 |
| 步骤 | 1. Linux 系统命令 |
| | 2. 创建 Linux 用户和组 |
| | 3. Linux 用户和组的权限设置 |
| 工具与设备 | 1. 计算机 |
| | 2. Linux 操作系统 |
| 知识基础 | 1. 服务器的相关知识 |
| | 2. Linux 操作命令的相关知识 |
| | 3. 数据库的相关知识 |
| 通用能力与职业素质 | 1. 社会责任感和社会参与意识 |
| | 2. 网络安全意识和伦理道德 |
| | 3. 较强的集体意识和团队合作精神 |
| 考核标准 | 1. 正确安装 Linux 操作系统 |
| | 2. 能够使用 Linux 命令创建用户和组，并且正确为用户和组授权 |

表 2-40 “大数据系统运维-配置管理”分解表

| | |
|---|---|
| 能力目标 | 大数据系统运维-配置管理 |
| 编号 | G2 |
| 具体描述 | 对 Hadoop 文件系统搭建的相关配置文件进行管理 |
| 步骤 | 1. 服务器配置 |
| | 2. 网络配置 |
| | 3. Hadoop 的配置 |

续表

| | |
|---|---|
| 工具与设备 | 1. 计算机 |
| | 2. 交换机 |
| | 3. Linux 操作系统 |
| | 4. Hadoop 安装包 |
| 知识基础 | 1. 配置管理内容 |
| | 2. 配置管理方法 |
| | 3. 配置管理工具 |
| | 4. 其他运维工具，如 Ambari、CLI 工具、Ganglia、Cloudera Manager 等 |
| 通用能力与职业素质 | 1. 互联网思维能力 |
| | 2. 一定的数据敏感度 |
| | 3. 网络安全意识和伦理道德 |
| 考核标准 | 1. 能够对服务器进行正确的配置 |
| | 2. 能够完成对网络的配置 |
| | 3. 能够完成对 Hadoop 的配置 |

**表 2-41　“大数据系统运维-系统管理及日常巡检”分解表**

| 能力目标 | 大数据系统运维-系统管理及日常巡检 |
|---|---|
| 编号 | G3 |
| 具体描述 | 对 Hadoop 文件系统的日常监控及日志进行查询 |
| 步骤 | 1. 日志管理 |
| | 2. 备份管理 |
| | 3. 监控管理 |
| 工具与设备 | 1. 计算机 |
| | 2. Zabbix 工具 |
| | 3. Tivoli 工具 |
| 知识基础 | 1. 系统建设 |
| | 2. 系统管理对象 |
| | 3. 系统管理内容 |
| | 4. 系统管理工具 |
| | 5. 系统管理制度规范 |
| | 6. 日常巡检 |
| 通用能力与职业素质 | 1. 质量意识、环保意识、安全意识、信息素养、工匠精神和创新思维 |
| | 2. 健康的体魄、心理，健全的人格 |
| | 3. 较强的环境适应能力和行动能力 |
| 考核标准 | 1. 能够利用 Zabbix 和 Tivoli 工具对文件系统进行日常监控 |
| | 2. 能够对日志进行正确的查询 |

**表 2-42　“大数据系统运维-故障管理”分解表**

| 能力目标 | 大数据系统运维-故障管理 |
|---|---|
| 编号 | G4 |
| 具体描述 | 对 Hadoop 文件系统集群进行日常监控，并且能够及时发现和修复 Hadoop 文件系统集群出现的问题 |

续表

| | |
|---|---|
| 步骤 | 1. Hadoop 文件系统集群的健康监控 |
| | 2. 故障报告 |
| | 3. 故障处理 |
| 工具与设备 | 1. 计算机 |
| | 2. 办公软件 |
| 知识基础 | 1. Hadoop 文件系统集群的结构 |
| | 2. 故障报告 |
| | 3. 故障处理 |
| | 4. 故障后期管理 |
| 通用能力与职业素质 | 1. 沟通能力和团队合作意识 |
| | 2. 环境适应能力和耐心细致的工作态度 |
| | 3. 结构化思维和数据思维能力 |
| 考核标准 | 1. 能够检查出故障并进行正确的处理 |
| | 2. 能够完成故障分析报告 |

**表 2-43 “大数据系统运维-安全管理”分解表**

| | |
|---|---|
| 能力目标 | 大数据系统运维-安全管理 |
| 编号 | G5 |
| 具体描述 | Hadoop 文件系统相关用户的权限设置、访问的安全管理及服务器的安全维护 |
| 步骤 | 1. 资产安全 |
| | 2. 应用安全 |
| | 3. 安全措施 |
| 工具与设备 | 1. 计算机 |
| | 2. Linux 操作系统 |
| 知识基础 | 1. 安全概述 |
| | 2. 资产安全管理 |
| | 3. 应用安全 |
| | 4. 安全威胁 |
| | 5. 安全措施 |
| 通用能力与职业素质 | 1. 具有互联网安全意识和伦理道德，能够防范企业信息泄露，保护采购数据安全 |
| | 2. 能够自觉遵守相关法律、行业法律规范和企业规章制度 |
| | 3. 统筹分析能力及洞察力 |
| 考核标准 | 1. 能够对 Hadoop 文件系统进行正确的访问和管理 |
| | 2. 能够对服务器进行安全维护 |

**表 2-44 “大数据系统运维-性能管理”分解表**

| | |
|---|---|
| 能力目标 | 大数据系统运维-性能管理 |
| 编号 | G6 |
| 具体描述 | 对 Hadoop 文件系统的性能优化，以及对 MapReduce 任务的性能优化 |

续表

| | |
|---|---|
| 步骤 | 1．性能分析 |
| | 2．性能监控 |
| | 3．性能优化 |
| 工具与设备 | 1．计算机 |
| | 2．Dr.Elephant |
| | 3．Nagios |
| 知识基础 | 1．性能分析 |
| | 2．性能监控工具 |
| | 3．性能优化 |
| 通用能力与职业素质 | 1．一定的 Web 知识 |
| | 2．结构化思维能力和数据思维能力 |
| | 3．沟通能力和团队合作意识 |
| 考核标准 | 1．及时对 Hadoop 文件系统的性能进行分析和监控 |
| | 2．正确对 Hadoop 文件系统的性能进行优化 |
| | 3．对 MapReduce 任务的性能进行优化 |

### 3．专业课程设置与专项能力簇对应表

大数据技术的专业课程设置与专项能力簇对应表如表 2-45 所示。

表 2-45　大数据技术的专业课程设置与专项能力簇对应表

| 序号 | 课程类型 | 课程名称 | 专项能力簇（用专项能力编号表示） | 参考学时 |
|---|---|---|---|---|
| 1 | 专业核心课 | 数据采集与网络爬虫 | A1，A2，A3，A4，A5，A6，A7，F2 | 64 |
| 2 | 专业核心课 | 数据预处理 | B1，B2，B3，B4，B5，B6 | 64 |
| 3 | 专业核心课 | 大数据环境搭建与应用 | C3，C4，F1，F2，F3，F4，F6，G4，G5，G6 | 64 |
| 4 | 专业核心课 | 大数据分析技术 | C1，C2，C3，C4，C5，F2 | 64 |
| 5 | 专业核心课 | 数据挖掘应用 | D1，D2，D3，D4，D5，D6 | 64 |
| 6 | 专业核心课 | 大数据可视化技术应用 | E1，E2，E3，E4，E5，E6 | 64 |
| 7 | 专业核心课 | Spark 技术与应用 | F1，F2，F3，C4，D4，D5 | 64 |
| 8 | 专业核心课 | 大数据运维 | G1，G2，G3，G4，G5，G6 | 64 |
| 9 | 专业基础课 | 计算机信息处理技术 | A1，B1，E1，C5 | 64 |
| 10 | 专业基础课 | Java 编程基础 | A6，C4，D4，D5，D6，E4，F2 | 64 |
| 11 | 专业基础课 | Linux 操作系统 | F1，G1，G4，G5 | 64 |
| 12 | 专业基础课 | 数据库应用与管理 | A7，C3，E3，F1，G1，G2，G3 | 64 |
| 13 | 专业基础课 | Python 编程基础 | A6，C4，D4，D5，D6，E4，F2 | 64 |
| 14 | 专业基础课 | 分布式数据库 | F5，F6，G1，G3，G4，G7 | 64 |
| 15 | 专业基础课 | 网络与 Web 技术导论 | A2，A4，E4，F1 | 64 |
| 16 | 专业基础课 | 大数据技术导论 | C2，C3，C4，D2，D3，D4 | 64 |
| 17 | 专业基础课 | 数据分析技术 | C1，C2，C3，C4，C5 | 64 |
| 18 | 专业基础课 | MySQL 数据库管理及应用 | A7，B4，B6，C3，F5 | 64 |

# 第 3 章 大数据技术专业 7 年制贯通培养课程标准

## 3.1 核心课程标准

### 3.1.1 Python 数据分析

**1. 课程标准**

学分：4 学分。

参考学时：64 学时。

**2. 课程概述**

1）课程性质

“Python 数据分析”课程是大数据技术专业的核心课程之一，位于职业能力形成阶段，主要讲解大数据分析的基础理论、分析工具、分析方法等，使学生能够熟练运用 Python 工具解决实际问题，同时使学生能够在不同领域使用 Python 扩展模块解决大数据处理问题，要求学生在经过课堂教学和实验训练后，能够具有初步处理数据、独立分析数据的能力。

经过对专业课程建设的研讨，“Python 数据分析”课程和“Python 编程基础”“数据挖掘”“数据预处理”“数据可视化”课程有着紧密的关系。本课程可以为后续课程“生产性实训”“顶岗实习”等实训环节的知识积累和应用打下基础。

2）设计思路

① 课程设置的依据。

“Python 数据分析”课程是大数据技术专业的支撑课程之一，课程设计符合本专业顶层设计的目标要求与本专业定位，突出了数据处理与大数据技术的特点。本课程大纲主要在目标层次、知识与能力覆盖面、深浅度、基本内容与拓展内容等方面对课程内容进行规划。

② 课程内容确定的依据。

“Python 数据分析”课程的核心是培养学生具备初步处理数据、独立分析数据的能力，课程内容先从基础入手，再进行深入研究，同时结合实际的应用案例，从点到面、由浅入深地讲解大数据分析的基础理论、分析工具、分析方法等，使学生能够熟练运用 Python 工具解决实际问题，并且能够在不同领域使用 Python 扩展模块解决大数据处理问题。

③ 学习模块的基本架构及活动设计的基本思路。

“Python 数据分析”课程分为 9 个模块，具体如下。

- 模块 1：数据分析概述。
- 模块 2：科学计算库 NumPy。
- 模块 3：数据分析工具 Pandas。
- 模块 4：数据预处理。
- 模块 5：数据分组与聚合运算。
- 模块 6：数据可视化。
- 模块 7：时间序列数据分析。
- 模块 8：文本数据分析。

“Python 数据分析”课程强调以工作过程为学生的主要学习手段，融教、学、做于一体，让学生“在学中做，在做中学”。本课程的实践性非常强，它要求学生在理解和掌握理论知识的基础上，利用实际操作，在计算机上动手完成程序的编写和调试。

④ 教学方法。

“Python 数据分析”课程采用项目教学法。在“教、学、做一体化”教学中，在教师或企业技术人员的指导下，学生按照规范的企业工作流程，以团队合作的方式进行初步的数据处理、数据分析，学习模块完全根据企业工作流程与工作内容安排，使学生掌握实际的工作方法，提高初步的数据处理、数据分析的技能，培养学生沟通、表达和自我管理的能力，提高学生的职业素养。

### 3. 课程目标（职业能力目标）

- 模块 1：了解数据分析的概念。
- 模块 2：掌握 NumPy 的功能及用法。
- 模块 3：掌握 Pandas 的功能及用法。
- 模块 4：掌握数据预处理的函数与方法。
- 模块 5：掌握数据分组与聚合操作的一系列方法。
- 模块 6：掌握一些数据可视化工具的使用方法。
- 模块 7：掌握时间序列数据分析的基本方法。

• 模块 8：掌握文本数据分析工具的使用方法。

### 4. 职业能力解析表

“Python 数据分析”课程各模块的职业能力分析表如表 3-1～表 3-8 所示。

表 3-1 “数据分析概述”模块的职业能力分析表

| | |
|---|---|
| 职业能力目标 | 了解数据分析的概念 |
| 编号 | 1 |
| 具体描述 | 掌握数据分析的概念及流程，会安装 Python 集成开发环境，会安装第三方库 |
| 步骤 | 1. 了解数据分析的概念 |
| | 2. 安装 Python 集成开发环境，为创建的项目添加 Python 解释器 |
| | 3. 安装第三方库 |
| | 4. 认识常见的数据分析工具 |
| 工具与设备 | 计算机、办公软件、网络、Python 3.x |
| 知识基础 | 1. 计算机的基础知识 |
| | 2. 办公软件的使用方法 |
| | 3. 安装 Python 集成开发环境 |
| 通用能力与职业素质 | 1. 语言文字能力 |
| | 2. 沟通交流能力 |
| | 3. 安全意识 |
| 考核标准 | 1. 项目成果符合任务书的要求 |
| | 2. 资料完整、规范 |
| | 3. 能够正确运行 Python 程序 |

表 3-2 “科学计算库 NumPy”模块的职业能力分析表

| | |
|---|---|
| 职业能力目标 | 掌握 NumPy 的功能及用法 |
| 编号 | 2 |
| 具体描述 | 认识 NumPy 数组对象，会创建 NumPy 数组；熟悉 ndarray 对象的数据类型，并且可以转换数据类型；掌握数组的运算方法；掌握数组的索引和切片；会使用数组进行数据处理 |
| 步骤 | 1. 认识 NumPy 数组对象 |
| | 2. 创建 NumPy 数组 |
| | 3. ndarray 对象的数据类型 |
| | 4. 整数索引和切片的基本使用方法 |
| | 5. 布尔型索引和切片的基本使用方法 |
| | 6. 数组的转置和轴对称 |
| 工具与设备 | 计算机、办公软件、网络、Python 3.x |
| 知识基础 | 1. Python 的基本概念 |
| | 2. Python 程序的运行方式 |
| | 3. NumPy 数组对象 |
| 通用能力与职业素质 | 1. 科学思维能力 |
| | 2. 沟通交流能力 |
| | 3. 就业与创业意识 |

续表

| | |
|---|---|
| 考核标准 | 1．项目成果符合任务书的要求 |
| | 2．代码完整、规范 |
| | 3．能够正确运行 Python 程序 |

### 表 3-3　“数据分析工具 Pandas”模块的职业能力分析表

| 职业能力目标 | 掌握 Pandas 的功能及用法 |
|---|---|
| 编号 | 3 |
| 具体描述 | 掌握 Pandas 的两种数据结构、索引的相关操作、常见的操作、读/写数据的方式 |
| 步骤 | 1．Pandas 的两种数据结构 |
| | 2．Pandas 索引的相关操作 |
| | 3．Pandas 的常见操作，包括算术运算、排序、统计计算 |
| | 4．Pandas 读/写数据的方式 |
| 工具与设备 | 计算机、办公软件、网络、Python 3.x |
| 知识基础 | 1．Python 的基本结构 |
| | 2．Pandas 的两种数据结构 |
| | 3．Pandas 索引 |
| 通用能力与职业素质 | 1．科学思维能力 |
| | 2．安全意识 |
| | 3．就业与创业意识 |
| 考核标准 | 1．项目成果符合任务书的要求 |
| | 2．代码完整、规范 |
| | 3．能够正确运行 Python 程序 |

### 表 3-4　“数据预处理”模块的职业能力分析表

| 职业能力目标 | 掌握数据预处理的函数与方法 |
|---|---|
| 编号 | 4 |
| 具体描述 | 能够在进行数据分析前对数据进行预处理，包括数据的清洗、合并、重塑与转换 |
| 步骤 | 1．数据清洗的常见操作，可以检查和处理各类有问题的数据 |
| | 2．数据合并的常见操作，可以使用不同的方式合并数据 |
| | 3．数据重塑的常见操作，可以重塑 Pandas 对象的结构 |
| | 4．数据转换的常见操作，可以实现数据离散化和 Python 哑变量处理 |
| 工具与设备 | 计算机、办公软件、网络、Python 3.x |
| 知识基础 | 1．数据清洗 |
| | 2．数据合并 |
| | 3．数据重塑 |
| 通用能力与职业素质 | 1．科学思维能力 |
| | 2．安全意识 |
| | 3．就业与创业意识 |
| 考核标准 | 1．项目成果符合任务书的要求 |
| | 2．代码完整、规范 |
| | 3．能够正确运行 Python 程序 |

表 3-5 “数据分组与聚合运算”模块的职业能力分析表

| | |
|---|---|
| 职业能力目标 | 掌握数据分组与聚合操作的一系列方法 |
| 编号 | 5 |
| 具体描述 | 掌握分组方法 groupby()、聚合方法 agg()、转换方法 transform()、应用方法 apply()的使用 |
| 步骤 | 1．理解分组与聚合的原理 |
| | 2．掌握 groupby()方法，可以按照不同的规则进行分组 |
| | 3．掌握聚合操作，可以使用统计方法和聚合方法聚合数据 |
| | 4．掌握其他分组级运算方法的使用方法 |
| 工具与设备 | 计算机、办公软件、网络、Python 3.x |
| 知识基础 | 1．分组与聚合的原理 |
| | 2．数据聚合 |
| | 3．分组级运算 |
| 通用能力与职业素质 | 1．科学思维能力 |
| | 2．安全意识 |
| | 3．就业与创业意识 |
| 考核标准 | 1．项目成果符合任务书的要求 |
| | 2．代码完整、规范 |
| | 3．能够正确运行 Python 程序 |

表 3-6 “数据可视化”模块的职业能力分析表

| | |
|---|---|
| 职业能力目标 | 掌握一些数据可视化工具的使用方法 |
| 编号 | 6 |
| 具体描述 | 熟悉常见图表类型的特点，掌握数据可视化库的基本使用方法 |
| 步骤 | 1．数据可视化 |
| | 2．使用 Matplotlib 库绘制图表的常用方法 |
| | 3．Seaborn 库的基本使用方法 |
| | 4．Bokeh 库的基本使用方法 |
| 工具与设备 | 计算机、办公软件、网络、Python 3.x |
| 知识基础 | 1．数据可视化 |
| | 2．常见图表类型的特点 |
| 通用能力与职业素质 | 1．科学思维能力 |
| | 2．安全意识 |
| | 3．就业与创业意识 |
| 考核标准 | 1．项目成果符合任务书的要求 |
| | 2．代码完整、规范 |
| | 3．能够正确运行 Python 程序 |

表 3-7 “时间序列数据分析”模块的职业能力分析表

| | |
|---|---|
| 职业能力目标 | 掌握时间序列数据分析的基本方法 |
| 编号 | 7 |
| 具体描述 | 掌握时间序列的基本操作，掌握固定频率的时间序列，掌握重采样方法 |

续表

| | |
|---|---|
| 步骤 | 1．时间序列，掌握创建时间序列对象的方法 |
| | 2．使用时间戳索引和切片选取子集 |
| | 3．创建固定频率的时间序列，能够调整时间序列的频率 |
| | 4．掌握 Period（时期）的相关知识，转换时期的频率 |
| | 5．实现降采样和升采样 |
| | 6．滑动窗口的使用 |
| 工具与设备 | 计算机、办公软件、网络、Python 3.x |
| 知识基础 | 1．时间序列 |
| | 2．时间序列的频率、偏移量 |
| 通用能力与职业素质 | 1．科学思维能力 |
| | 2．安全意识 |
| | 3．就业与创业意识 |
| 考核标准 | 1．项目成果符合任务书的要求 |
| | 2．代码完整、规范 |
| | 3．能够正确运行 Python 程序 |

表 3-8　“文本数据分析”模块的职业能力分析表

| | |
|---|---|
| 职业能力目标 | 掌握文本数据分析工具的使用方法 |
| 编号 | 8 |
| 具体描述 | 掌握文本数据分析工具的使用方法，学会文本预处理、文本情感分析、文体分类，识别文本相似度 |
| 步骤 | 1．文本数据分析工具的基础知识 |
| | 2．文本预处理 |
| | 3．文本情感分析 |
| | 4．文本相似度 |
| | 5．文本分类 |
| 工具与设备 | 计算机、办公软件、网络、Python 3.x |
| 知识基础 | 1．文本数据分析工具 NLTK 与 jieba |
| | 2．文本预处理的流程 |
| 通用能力与职业素质 | 1．科学思维能力 |
| | 2．安全意识 |
| | 3．就业与创业意识 |
| 考核标准 | 1．项目成果符合任务书的要求 |
| | 2．代码完整、规范 |
| | 3．能够正确运行 Python 程序 |

## 5．课程内容

1）基本框架

“Python 数据分析”课程各模块的基本框架如表 3-9～表 3-16 所示。

表 3-9 “数据分析概述”模块的基本框架

| 序号 | 教学模块 | 教学活动 | 教学方法 | 参考学时 |
| --- | --- | --- | --- | --- |
| 1 | 数据分析概述 | 1.1 数据分析的概念 | 讲授、演示、观看 | 0.5 |
| | | 1.2 数据分析的流程，使用 Python 进行数据分析的优势 | 讲授、演示、观看 | 0.5 |
| | | 1.3 Python 集成开发环境的安装及使用 | 讲授、演示、观看 | 0.5 |
| | | 1.4 常见的数据分析工具 | 讲授、演示、观看 | 0.5 |
| 合计 | | | | 2 |

表 3-10 “科学计算库 NumPy”模块的基本框架

| 序号 | 教学模块 | 教学活动 | 教学方法 | 参考学时 |
| --- | --- | --- | --- | --- |
| 2 | 科学计算库 NumPy | 2.1 创建 NumPy 数组，ndarray 对象的数据类型 | 讲授、演示、观看 | 1 |
| | | 2.2 数组运算，ndarray 对象的索引和切片 | 讲授、演示、观看 | 1 |
| | | 2.3 数组的转置和轴对称，NumPy 的通用函数 | 讲授、演示、观看 | 2 |
| | | 2.4 利用 NumPy 数组进行数据处理 | 讲授、演示、观看 | 2 |
| | | 2.5 线性代数模块、随机数模块 | 讲授、演示、观看 | 1 |
| | | 2.6 完成案例 | 讲授、演示、观看 | 2 |
| 合计 | | | | 9 |

表 3-11 “数据分析工具 Pandas”模块的基本框架

| 序号 | 教学模块 | 教学活动 | 教学方法 | 参考学时 |
| --- | --- | --- | --- | --- |
| 3 | 数据分析工具 Pandas | 3.1 Series、DataFrame 和索引对象 | 讲授、演示、观看 | 1 |
| | | 3.2 重置索引，索引操作，算术运算，数据对齐 | 讲授、演示、观看 | 1 |
| | | 3.3 排序，统计计算 | 讲授、演示、观看 | 1 |
| | | 3.4 索引，读/写文本文件 | 讲授、演示、观看 | 1 |
| | | 3.5 读/写 Excel 文件，读取 HTML 表格文件，读/写数据库文件 | 讲授、演示、观看 | 1 |
| | | 3.6 完成案例 | 讲授、演示、观看 | 3 |
| 合计 | | | | 8 |

表 3-12 “数据预处理”模块的基本框架

| 序号 | 教学模块 | 教学活动 | 教学方法 | 参考学时 |
| --- | --- | --- | --- | --- |
| 4 | 数据预处理 | 4.1 对空值和缺失值的处理，对重复值的处理，对异常值的处理 | 讲授、演示、观看 | 1 |
| | | 4.2 更改数据类型，轴向堆叠合并，根据主键合并数据 | 讲授、演示、观看 | 1 |
| | | 4.3 合并数据，重塑层次化索引 | 讲授、演示、观看 | 1 |
| | | 4.4 数据转换操作 | 讲授、演示、观看 | 1 |
| | | 4.5 完成案例 | 讲授、演示、观看 | 4 |
| 合计 | | | | 8 |

表 3-13　“数据分组与聚合运算”模块的基本框架

| 序号 | 教学模块 | 教学活动 | 教学方法 | 参考学时 |
|---|---|---|---|---|
| 5 | 数据的分组与聚合 | 5.1 分组与聚合 | 讲授、演示、观看 | 2 |
| | | 5.2 使用内置统计方法聚合数据，面向列的聚合方法 | 讲授、演示、观看 | 2 |
| | | 5.3 数据转换、数据应用 | 讲授、演示、观看 | 2 |
| | | 5.4 完成案例 | 讲授、演示、观看 | 2 |
| 合计 | | | | 8 |

表 3-14　“数据可视化”模块的基本框架

| 序号 | 教学模块 | 教学活动 | 教学方法 | 参考学时 |
|---|---|---|---|---|
| 6 | 数据可视化 | 6.1 常见的图表类型、数据可视化的工具 | 讲授、演示、观看 | 1 |
| | | 6.2 Matplotlib——2D 绘图库 | 讲授、演示、观看 | 2 |
| | | 6.3 添加各类标签，绘制常见的图表，本地保存图形 | 讲授、演示、观看 | 2 |
| | | 6.4 Seaborn——统计数据的可视化库，Bokeh——交互式可视化库 | 讲授、演示、观看 | 1 |
| | | 6.5 完成案例 | 讲授、演示、观看 | 2 |
| 合计 | | | | 8 |

表 3-15　“时间序列数据分析”模块的基本框架

| 序号 | 教学模块 | 教学活动 | 教学方法 | 参考学时 |
|---|---|---|---|---|
| 7 | 时间序列数据分析 | 7.1 时间序列的基本操作 | 讲授、演示、观看 | 1 |
| | | 7.2 时间序列的移动，时间周期及计算 | 讲授、演示、观看 | 2 |
| | | 7.3 重采样 | 讲授、演示、观看 | 2 |
| | | 7.4 数据统计——滑动窗口，时间模型——ARIMA | 讲授、演示、观看 | 2 |
| | | 7.5 完成案例 | 讲授、演示、观看 | 2 |
| 合计 | | | | 9 |

表 3-16　“文本数据分析”模块的基本框架

| 序号 | 教学模块 | 教学活动 | 教学方法 | 参考学时 |
|---|---|---|---|---|
| 8 | 文本数据分析 | 8.1 文本数据分析工具 | 讲授、演示、观看 | 2 |
| | | 8.2 文本预处理 | 讲授、演示、观看 | 1 |
| | | 8.3 文本情感分析 | 讲授、演示、观看 | 1 |
| | | 8.4 文本相似度，文本分类 | 讲授、演示、观看 | 2 |
| | | 8.5 完成案例 | 讲授、演示、观看 | 2 |
| | | 期中考试、期末考试 | | 4 |
| 合计 | | | | 12 |

2）主要内容与要求

模块 1：数据分析概述。

1.1　数据分析的概念。

了解数据分析的背景及应用场景。

1.2 数据分析的流程，使用 Python 进行数据分析的优势。

掌握数据分析的概念及流程。

1.3 Python 集成开发环境的安装及使用。

① 熟悉 Anaconda 的安装方法，管理 Python 包。

② 熟悉 PyCharm 的安装方法，添加第三方库。

1.4 常见的数据分析工具。

① Jupyter Notebook 的基本使用方法。

② PyCharm 的基本使用方法。

③ 其他常见的数据分析工具。

模块 2：科学计算库 NumPy。

2.1 创建 NumPy 数组，ndarray 对象的数据类型。

① 明确学习目标。

- 要求学生了解 NumPy 数组和 ndarray 对象。
- 要求学生掌握创建 NumPy 数组的方法。
- 要求学生掌握查看数据类型及转换数据类型的方法。

② 引出 NumPy 数组对象。

通过介绍 NumPy，引出 NumPy 数组对象 ndarray，并且介绍 ndarray 对象中的常用属性，如 ndarray.shape。

③ 讲解如何创建 NumPy 数组。

在介绍完 NumPy 数组对象后，带领学生使用 array()、zeros()、ones()、empty()、arange() 函数创建 NumPy 数组。

④ ndarray 对象的数据类型。

2.2 数组运算，ndarray 对象的索引和切片。

① 数组运算的常见操作。

数组运算的常见操作包括矢量化运算、数组广播、数组与标量之间的运算。

② 矢量化运算的规则。

在 NumPy 中，大小相等的数组之间的所有算术运算都可以应用到元素级，即只应用于位置相同的元素之间，所得的运算结果会组成一个新的数组。

③ 数组广播的规则。

在 NumPy 中对数组进行矢量化运算时，要求数组的形状是相同的。当形状不同的数组进行算术运算时，会出现广播机制，该机制会对数组进行扩展，使数组的 shape 属性值相同，然后进行矢量化运算。

④ 数组与标量之间的运算规则。

在 NumPy 中，大小相等的数组之间的所有算术运算都可以应用到元素级，相应地，数组与标量之间的算术运算会将相应的标量值传播给各个元素。

⑤ 讲解 ndarray 对象的索引和切片的相关知识，并且引出整数索引和切片的基本使用方法。

ndarray 对象支持索引和切片操作，并且可以通过简单的示例演示 ndarray 对象如何使用整数索引和切片。

⑥ 花式索引的基本使用方法。

花式索引是 NumPy 中的一个术语，是指使用整数数组或列表进行索引，然后将数组或列表中的每个元素作为下标进行取值。

⑦ 布尔型索引的基本使用方法。

布尔型索引是指将布尔型数组作为数组索引，返回的数据是布尔型数组中布尔值 True 对应的数组元素的值。

2.3　数组的转置和轴对称，NumPy 的通用函数。

① 数组的转置和轴对称。

数组的转置是指将数组中的每个元素都按照一定的规则进行位置变换，数据的轴对称是指将数组的某个维度或几个维度翻转。

② NumPy 的通用函数。

使用几个常用的函数进行演示，并且对教材中罗列的函数进行简单说明。

2.4　利用 NumPy 数组进行数据处理。

NumPy 常用的数据处理操作。

2.5　线性代数模块、随机数模块。

① 线性代数模块的使用方法。

② 随机数模块的使用方法。

2.6　完成案例。

模块 3：数据分析工具 Pandas。

3.1　Series、DataFrame 和 Pandas 索引对象。

① Pandas 的索引操作。

② Pandas 中常用的两种数据结构分别是 Series 和 DataFrame，Series 是一维数据结构，DataFrame 是二维数据结构。

③ 介绍 Pandas 索引对象。

Pandas 索引对象是 Index 类的对象。为了保障数据安全，Pandas 索引对象不可以被修改。

④ 明确学习目标。

- 要求学生掌握 Series。
- 要求学生掌握 DataFrame。
- 要求学生熟悉 Pandas 索引对象。

3.2　重置索引，索引操作，算术运算，数据对齐。

① 重置索引操作。

② Series 和 DataFrame 的索引操作。

- 通过索引位置获取数据。
- 通过索引名称获取数据。
- 使用切片获取数据。
- 获取不连续的数据。

③ 算术运算与数据对齐。

④ 明确学习目标。

- 要求学生掌握重置索引的方法。
- 要求学生掌握索引操作。
- 要求学生熟悉算术运算与数据对齐。

3.3 排序，统计计算。

① 明确学习目标。

- 要求学生掌握按索引排序的方法。
- 要求学生掌握按值排序的方法。
- 要求学生熟悉常用的统计计算方法。
- 要求学生熟悉统计描述。

② 数据排序——按索引排序。

在 Pandas 中，使用 sort_index()方法进行按索引排序，该方法可以按照行索引或列索引进行排序。

③ 数据排序——按值排序。

在 Pandas 中，使用 sort_values()方法进行按值排序。

④ 常用的统计计算方法。

通过几个简单的示例演示常用的统计计算方法，如 max()方法、min()方法、sum()方法。

⑤ 统计描述。

如果希望一次性输出多个统计指标，如平均值、最大值、最小值、求和等，则可以调用 describe()方法实现，而不用逐个调用相应的统计计算方法。

3.4 索引，读/写文本文件。

① 明确学习目标。

- 要求学生熟悉层次化索引。
- 要求学生掌握层次化索引的操作方法。
- 要求学生掌握读/写文本文件的操作方法。

② 教师通过图例引出层次化索引的概念。

③ 教师根据课件，讲解层次化索引操作。

常用的层次化索引操作包括选取子集操作、交换分层顺序、排序分层。

④ 教师讲解层次化索引的相关知识和 Pandas 读/写文本文件的操作。

主要讲解 Pandas 读/写文本文件的操作方法，包括 to_csv()方法、read_csv()方法、read_table()方法。

3.5 读/写 Excel 文件，读取 HTML 表格文件，读/写数据库文件。

① 明确学习目标。

- 要求学生掌握读/写 Excel 文件的方法。
- 要求学生掌握读/写 HTML 表格文件的方法。
- 要求学生掌握读/写数据库文件的方法。

② 教师通过介绍 Excel 文件的格式，引出使用 Pandas 读/写 Excel 文件的相关知识。

Pandas 提供了两种读/写 Excel 文件的方法，分别为 to_excel()方法和 read_excel()方法。

③ 教师根据课件，讲解读取 HTML 表格文件的相关知识。

通过对某个 HTML 表格文件进行实时读取，引出使用 read_html()方法读取 HTML 表格文件中的数据。

④ 教师根据课件，讲解读/写数据库文件的相关知识。

3.6　完成案例。

模块 4：数据预处理。

4.1　对空值和缺失值的处理，对重复值的处理，对异常值的处理。

① 明确学习目标。

- 要求学生掌握对空值和缺失值的处理方法。
- 要求学生掌握对重复值的处理方法。
- 要求学生掌握对异常值的处理方法。

② 对空值和缺失值的处理方法。

③ 对重复值的处理方法。

④ 对异常值的处理方法。

4.2　更改数据类型，轴向堆叠数据，根据主键合并数据。

① 明确学习目标。

- 要求学生掌握更改数据类型的方法。
- 要求学生掌握轴向堆叠数据的方法。
- 要求学生掌握根据主键合并数据的方法。

② 更改数据类型的原因。

③ 数据合并——轴向堆叠数据的操作。

④ 数据合并——根据主键合并数据的操作。

4.3　合并数据，重塑层次化索引。

① 明确学习目标。

- 要求学生掌握根据行索引合并数据的方法。
- 要求学生掌握重塑层次化索引的方法。

② join()方法的使用方法。

使用 join()方法可以通过索引或指定列连接 DataFrame。

③ combine_first()方法的使用方法。

④ stack()和 unstack()方法的使用方法。

4.4　数据转换操作。

① 明确学习目标。

- 要求学生掌握轴向旋转操作。
- 要求学生掌握重命名轴索引的方法。
- 要求学生熟悉连续数据的离散化处理。
- 要求学生了解哑变量处理类别型数据。

② 通过教材中的示例，引出轴向旋转操作。

在 Pandas 中，使用 pivot()方法可以根据指定的行索引或列索引重新组织一个 DataFrame 对象。

③ 重命名轴索引的方法。

在 Pandas 中，使用 rename()方法可以重命名列索引或行索引。

④ 连续数据的离散化处理。

⑤ 哑变量处理类别型数据。

4.5 完成案例。

模块 5：数据分组与聚合运算。

5.1 分组与聚合。

① 明确学习目标。

- 要求学生了解分组与聚合的原理。
- 要求学生能够使用 groupby()方法将数据拆分成组。

② 分组与聚合的原理。

③ 使用 groupby()方法将数据拆分成组。

5.2 使用内置统计方法聚合数据，面向列的聚合方法。

① 明确学习目标。

- 要求学生掌握使用内置统计方法聚合数据的方法。
- 要求学生掌握面向列的聚合方法。

② 教师通过演示示例代码，讲解使用内置统计方法聚合数据的方法。

③ 教师通过演示示例代码，讲解面向列的聚合方法。

5.3 数据转换、数据应用。

① 明确学习目标。

- 要求学生掌握数据转换操作。
- 要求学会掌握数据应用操作。

② 数据转换操作。

③ 数据应用操作。

5.4 完成案例。

模块 6：数据可视化。

6.1 常见的图表类型，数据可视化的工具。

① 明确学习目标。

- 要求学生了解数据可视化的概念。
- 要求学生熟悉常见的图表类型。
- 要求学生了解数据可视化的工具。

② 数据可视化的概念。

数据可视化是指以图表的形式表示数据，并且利用数据分析和开发工具发现其中隐藏的信息。

③ 常见的图表类型。

常见的图表类型包括直方图、折线图、条形图、饼图、散点图、箱线图。

④ 数据可视化的工具。

常用的数据可视化工具有 Matplotlib 库、Seaborn 库、Bokeh 库。

6.2　Matplotlib 2D 绘图库。

① 明确学习目标。

- 要求学生了解 pyplot 模块中的 figure()函数。
- 要求学生掌握使用 subplot()函数创建单个子图的方法。
- 要求学生掌握使用 subplots()函数创建多个子图的方法。
- 要求学生掌握使用 add_subplot()函数添加和选中子图的方法。

② figure()函数的使用方法。

③ 使用 subplot()函数创建单个子图。

④ 使用 subplots()函数创建多个子图。

⑤ 使用 add_plot()函数添加和选中子图。

6.3　添加各类标签，绘制常见的图表，本地保存图形。

① 明确学习目标。

- 要求学生掌握添加各类标签的方法。
- 要求学生掌握绘制常见图表的方法。
- 要求学生掌握本地保存图形的方法。

② 添加各类标签。

③ 绘制常见的图表。

利用 Matplotlib.pyplot 模块中的函数快速生成多种图表。

④ 本地保存图形。

使用 savefig()函数可以将生成的图表保存到本地。

6.4　Seaborn——统计数据的可视化库，Bokeh——交互式可视化库。

① 明确学习目标。

- 要求学生了解可视化数据的分布情况。
- 要求学生熟悉分类数据绘图的方法。
- 要求学生了解 Bokeh 库。
- 要求学生熟悉利用 plotting 模块绘制图形的方法。

② Seaborn 库概述。

③ 可视化数据的分布情况。

④ 分类数据绘图。

⑤ Bokeh 库概述。

⑥ 利用 plotting 模块绘制图形的操作。

6.5　完成案例。

模块 7：时间序列数据分析。

7.1　时间序列的基本操作。

① 明确学习目标。

- 要求学生掌握创建时间序列的方法。

- 要求学生熟悉使用时间戳索引选取子集的方法。
- 要求学生掌握创建固定频率时间序列的方法。
- 要求学生掌握时间序列的频率、偏移量。

② 时间序列概述。

时间序列是指在多个时间点上形成的数值序列，它既可以是定期出现的，又可以是不定期出现的。

③ 创建时间序列的方法。

④ 使用时间戳索引选取子集的方法。

⑤ 创建固定频率时间序列的方法。

Pandas 提供了一个 date_range()函数，主要用于生成一个具有固定频率的 DatetimeIndex 对象。

⑥ 时间序列的频率、偏移量。

7.2 时间序列的移动，时间周期及计算。

① 明确学习目标。

- 要求学生掌握时间序列的频率、偏移量。
- 要求学生掌握创建时期对象的方法。
- 要求学生掌握时期频率转换的方法。

② 时间序列的移动及时间序列移动函数 shift()。

③ 时间周期及计算中的时期对象 Period。

④ 时期频率转换函数 asfreq()。

7.3 重采样。

① 明确学习目标。

- 要求学生掌握重采样函数 resample()。
- 要求学生掌握降采样。
- 要求学生掌握升采样。

② 重采样函数 resample()。

Pandas 中的 resample()函数是进行常规时间序列数据重采样和频率转换的便捷方法，可以对原样本进行重新处理。

③ 降采样。

④ 升采样。

7.4 数据统计——滑动窗口，时间模型——ARIMA。

① 明确学习目标。

- 要求学生掌握数据统计——滑动窗口。
- 要求学生了解时间模型——ARIMA。

② 数据统计——滑动窗口。

可以使用 Pandas 中的 rolling()方法滑动窗口。

③ 时间模型——ARIMA。

7.5 完成案例。

模块 8：文本数据分析。

8.1　文本数据分析工具。

① 明确学习目标。

- 要求学生了解 NLTK 库与 jieba 库。
- 要求学生掌握安装 NLTK 库和下载语料库的方法。
- 要求学生掌握 jieba 库的安装方法。

② NLTK 库与 jieba 库。

③ 安装 NLTK 库和下载语料库的方法。

④ jieba 库的安装方法。

jieba 库的安装方法比较简单，可以直接使用 pip 命令进行安装。

8.2　文本预处理。

① 明确学习目标。

- 要求学生掌握文本预处理的流程。
- 要求学生掌握分词。
- 要求学生掌握词性标注。

② 文本预处理的流程。

文本预处理的流程一般包括分词、词性归一化、删除停用词。

③ 文本预处理中的分词。

④ 词性标注的概念。

8.3　文本情感分析。

① 明确学习目标。

- 要求学生掌握词性归一化的方法。
- 要求学生掌握删除停用词的方法。
- 要求学生了解文本情感分析的相关概念。

② 词形归一化的方法。

③ 删除停用词的方法。

④ 文本情感分析的相关概念。

8.4　文本相似度，文本分类。

① 明确学习目标。

- 要求学生了解文本相似度的相关概念。
- 要求学生了解文本分类的相关概念。

② 文本相似度的相关概念。

③ 文本分类的相关概念。

8.5　完成案例。

### 6. 考核方案

“Python 数据分析” 课程的考核方案分为两种，分别是职业能力目标考核方案、通用能力与职业素质目标考核方案。

1）职业能力目标考核方案

“Python 数据分析”课程注重对学生学习过程的考评，会对各个模块分别进行考评。每个模块均要提交过程文档、成果代码。职业能力总评成绩的计算公式如下：

总评成绩=模块成绩×50%+考试成绩×50%

2）通用能力与职业素质目标考核方案

通用能力与职业素质的 5 个测评点分别为信息处理能力、自主学习能力、与人合作能力、环保意识和批判性思维。将通用能力与职业素质分解到各个模块中进行考核，在每个模块中，每项通用能力和职业素质均占 20%。将学生各个模块的完成情况、整个项目的最终成果和答辩成绩作为本课程评价的依据。

在平台开发方向，“Python 数据分析”课程的通用能力与职业素质目标考核方案如表 3-17 所示。

表 3-17 “Python 数据分析”课程的通用能力与职业素质目标考核方案

| 通用能力与职业素质 | 模块比例 | | | | | | | |
|---|---|---|---|---|---|---|---|---|
| | 模块 1 | 模块 2 | 模块 3 | 模块 4 | 模块 5 | 模块 6 | 模块 7 | 模块 8 |
| 信息处理能力 | 20% | 20% | 20% | 20% | 20% | 20% | 20% | 20% |
| 自主学习能力 | 20% | 20% | 20% | 20% | 20% | 20% | 20% | 20% |
| 与人合作能力 | 20% | 20% | 20% | 20% | 20% | 20% | 20% | 20% |
| 环保意识 | 20% | 20% | 20% | 20% | 20% | 20% | 20% | 20% |
| 批判性思维 | 20% | 20% | 20% | 20% | 20% | 20% | 20% | 20% |

### 7．教学文件资源的开发意见

1）课程教学设计方案的编写意见

总体设计方案：主要描述本课程的相关内容，应该阐明课程性质、课程设计思路，对课程标准中的能力目标和本课程的学习成果进行详细说明。

模块设计方案：主要描述每个模块的相关内容，需要对各模块内容进行详细描述，并且指定相应的能力目标，确定各模块需要的知识和本课程要介绍的新知识；确定各模块需要的学习环境、教务方法及评价标准。

学习活动设计方案：在整个教学过程中，理论知识的学习要伴随模块的实施，课堂活动应体现融教、学、做于一体的教学思路。参照企业岗位的工作过程，教学活动主要按照以下 6 个教学步骤进行设计，使学生了解工作过程的规律，在完成模块的同时掌握工作方法。

（1）获取信息，明确模块。

（2）制订计划，安排进度。

（3）选择方案，做出决策。

（4）模块实施，完成工作。

（5）对照要求，检查控制。

（6）总结评估，进行改进。

2）教学资料的开发思路与意见

“Python 数据分析”课程的教学资料包括项目指导书（教学案例集）、校本教材等。

项目指导书：应该针对每个模块中容易出现的问题及相应的解决方法给学生提供指导。

校本教材：应该以项目为载体，按照模块进行编写。在编写过程中，应该包含必要的理论知识、具体操作实例和步骤。理论知识应尽量简练，注重对操作的描述，并且对操作过程中容易出现的问题进行必要的讲解。

3）网络课程相关文件的开发思路与意见

网络课程的相关文件包括课程设置、教学内容、教学方法、实践教学、教学效果、特色创新、课程的相关学习资源（如 PPT、学习资料、习题、试题、工程案例）等。

网络课程的相关文件要有清晰的教学目标、完整的知识体系、有效的作业和练习、合理的评价方式。在网络课程中，要对学习内容进行归类、分解和类型定义。网络课程要设计问题情境，用于引起学生的兴趣。问题情境包括疑问、项目、课题和分歧等。学生在问题情境中参与活动的目标包括解答疑问、阐明问题、完成项目或课题、解决分歧等，帮助学生更好地掌握学习内容。网络课程中的学习资源包括支持本课程的所有材料，除了课程本身的内容，还包括从网上获取的相关资料。

#### 8．教学资源的使用建议

1）教学设施资源的使用建议

教学组织：

- 采用项目教学法，融教、学、做于一体。
- 理论与实践教学的比例大致为 1∶6。
- 理论授课每班安排一名教师，部分课时由企业兼职教师主讲。
- 一般每周 4 学时。

学习环境：专用的在线教学平台、实训室。

使用设备：数据库服务器、网络环境、各种相关软件等。

2）教学文件资源的使用建议

在项目开始前，给学生讲解课程安排、课程定位、课程目标，发放指导书等资料，以便学生查阅资料，明确前、后续课程之间的关系。

### 3.1.2 大数据基础

#### 1．课程标准

学分：4 学分。

参考学时：64 学时。

#### 2．课程概述

1）课程性质

“大数据基础”课程以 Hadoop 框架为基础，全面介绍大数据的关键技术，旨在培养学生的大数据思维，让学生能够使用大数据分析技术解决特定业务领域的问题，并且通过编程练习和典型的应用实例加深理解；对 Hadoop 平台应用与开发的一般理论有所了解，如分布式数据收集、分布式数据存储、分布式数据计算、分布式数据展示。本课程的先修课程有“Java 编程基础”“Linux 操作系统”“计算机信息处理技术”等。在完成对本课程学习后，要求学生能够熟练地应用大数据技术解决企业中的实际生产问题。本课程的后续课程有“Python 数据分析”“数据挖掘应用”“分布式数据库”等，这些课程是大数据技术专业课程体系中的核心课程。

2）设计思路

“大数据基础”课程主要培养学生的大数据环境搭建能力、Hadoop 大数据平台的构建能力，以及进行数据采集、数据存储、数据处理、数据分析和数据可视化的能力。

本课程需要完成以下 8 个项目。

- 项目 1：初识 Hadoop。
- 项目 2：搭建 Hadoop 集群。
- 项目 3：HDFS 分布式文件系统。
- 项目 4：MapReduce 分布式计算框架。
- 项目 5：ZooKeeper 分布式协调服务。
- 项目 6：Hive 数据仓库。
- 项目 7：Flume 日志采集系统。
- 项目 8：Sqoop 数据迁移。

### 3. 课程目标

1）知识目标

- 项目 1：大数据的概念、特征和应用场景，Hadoop 的优势、发展历史和版本，Hadoop 生态系统的组成。
- 项目 2：虚拟机的基本概念，网络配置各项参数的含义，SSH 服务的定义和应用，JDK 的应用，Hadoop 的基本构成。
- 项目 3：HDFS 的基本概念、特点、架构和原理，HDFS Shell 的基本应用。
- 项目 4：MapReduce 的核心思想、编程模型、工作过程，MapTask 的工作原理，ReduceTask 的工作原理，Shuffle 的工作原理。
- 项目 5：ZooKeeper 的简介、特性、集群角色和数据模型，ZooKeeper Shell 的基本应用。
- 项目 6：数据仓库的结构和数据模型，Hive 的系统架构、工作原理和数据模型。
- 项目 7：Flume 的概念、运行机制和系统结构，Flume 的基本使用方法。
- 项目 8：Sqoop 的概念、导入/导出的工作原理，Sqoop 的指令含义。

2）职业能力目标

- 项目 1：能够理解 Hadoop 的生态系统。
- 项目 2：能够搭建 Hadoop 集群。
- 项目 3：能够搭建 HDFS 架构并进行 Shell 操作和 Java API 操作。
- 项目 4：能够理解 MapReduce 的编程模型并进行数据处理。

- 项目 5：能够安装和部署 ZooKeeper。
- 项目 6：能够安装、部署和使用 Hive。
- 项目 7：能够安装和部署 Flume 日志采集系统。
- 项目 8：能够安装 Sqoop 并完成数据迁移。

### 4．职业能力解析表

“大数据基础”课程各项目的职业能力解析表如表 3-18～表 3-25 所示。

表 3-18　“初识 Hadoop”项目的职业能力解析表

| | |
|---|---|
| 职业能力目标 | 能够理解 Hadoop 的生态系统 |
| 编号 | 1 |
| 具体描述 | 大数据的概念和特征，大数据的典型应用，Hadoop 的生态系统 |
| 步骤 | 1．大数据的概念和特征 |
| | 2．大数据的典型应用 |
| | 3．Hadoop 的生态系统 |
| 工具与设备 | 可以正常运行的计算机操作系统（如 Windows 7 操作系统）、网络、虚拟机 |
| 知识基础 | 了解数据库的基本概念，具有数据库的基本规划与实施能力、Web 信息检索能力、基本的数据分析能力和自学能力 |
| 态度、素质 | 1．认真细致的工作态度 |
| | 2．遵守操作规范 |
| 考核标准 | 1．良好<br>• 基本能够独立完成信息资料的搜集、整理工作。<br>• 具有较强的分析和归纳能力，基本能够按要求独立完成文档的撰写工作。<br>• 能够按时完成文档，并且文档的结构完整、条理清晰。<br>• 能够正确回答问题，并且表述清楚 |
| | 2．优秀<br>在达到良好的基础上，具备以下条件。<br>• 具有较强的团队合作精神和沟通能力。<br>• 能够独立完成任务。<br>• 能够客观地进行自我评价、分析判断并论证各种信息 |
| | 3．合格<br>• 基本能够完成信息资料的搜集、整理工作，但有个别问题不能独立解决。<br>• 能够自主进行分析和归纳，但出现问题不能独立解决。<br>• 能够自主完成文档的撰写工作，但文档缺陷较明显。<br>• 能够按时完成文档，并且文档的结构和内容基本完整 |
| | 4．不合格<br>如果有下列情况之一，则表示不合格。<br>• 未能按时提交文档。<br>• 文档存在抄袭现象。<br>• 未达到合格条件。<br>如果不合格，则需要重做 |

表 3-19 “搭建 Hadoop 集群”项目的职业能力解析表

| | |
|---|---|
| 职业能力目标 | 能够搭建 Hadoop 集群 |
| 编号 | 2 |
| 具体描述 | Linux 操作系统的网络配置和 SSH 配置，Hadoop 集群的搭建和配置，Hadoop 集群测试 |
| 步骤 | 1．Hadoop 大数据平台的基本内容 |
| | 2．Hadoop 各组件的功能与联系 |
| 工具与设备 | 可以正常运行的计算机操作系统（如 Windows 7 操作系统）、网络、虚拟机 |
| 知识基础 | 大数据的概念和特征，大数据处理与分析的流程 |
| 态度、素质 | 1．动手能力 |
| | 2．总结、分析能力 |
| | 3．认真细致的工作态度 |
| | 4．遵守操作规范 |
| 考核标准 | 1．良好<br>• 基本能够独立完成信息资料的搜集、整理工作。<br>• 具有较强的分析和归纳能力，基本能够按要求独立完成文档的撰写工作。<br>• 能够按时完成文档，并且文档的结构完整、条理清晰。<br>• 能够正确回答问题，并且表述清楚 |
| | 2．优秀<br>在达到良好的基础上，具备以下条件。<br>• 具有较强的团队合作精神和沟通能力。<br>• 能够独立完成任务。<br>• 能够客观地进行自我评价、分析判断并论证各种信息 |
| | 3．合格<br>• 基本能够完成信息资料的搜集、整理工作，但有个别问题不能独立解决。<br>• 能够自主进行分析和归纳，但出现问题不能独立解决。<br>• 能够自主完成文档的撰写工作，但文档缺陷较明显。<br>• 能够按时完成文档，并且文档的结构和内容基本完整 |
| | 4．不合格<br>如果有下列情况之一，则表示不合格。<br>• 未能按时提交文档。<br>• 文档存在抄袭现象。<br>• 未达到合格条件。<br>如果不合格，则需要重做 |

表 3-20 “HDFS 分布式文件系统”项目的职业能力解析表

| | |
|---|---|
| 职业能力目标 | 能够搭建 HDFS 架构并进行 Shell 操作和 Java API 操作 |
| 编号 | 3 |
| 具体描述 | HDFS 的架构和原理，HDFS 的 Shell 操作和 Java API 操作 |
| 步骤 | 1．HDFS 的架构和原理 |
| | 2．进行 HDFS 的 Shell 操作和 Java API 操作 |
| 工具与设备 | 可以正常运行的计算机操作系统（如 Windows 7 操作系统）、网络、虚拟机 |
| 知识基础 | Hadoop 大数据平台的基本内容，Hadoop 各组件的功能与联系 |

续表

| | |
|---|---|
| 态度、素质 | 1．动手能力 |
| | 2．总结、分析能力 |
| | 3．认真细致的工作态度 |
| | 4．遵守操作规范 |
| 考核标准 | 1．良好<br>● 基本能够独立完成信息资料的搜集、整理工作。<br>● 具有较强的分析和归纳能力，基本能够按要求独立完成文档的撰写工作。<br>● 能够按时完成文档，并且文档的结构完整、条理清晰。<br>● 能够正确回答问题，并且表述清楚 |
| | 2．优秀<br>在达到良好的基础上，具备以下条件。<br>● 具有较强的团队合作精神和沟通能力。<br>● 能够独立完成任务。<br>● 能够客观地进行自我评价、分析判断并论证各种信息 |
| | 3．合格<br>● 基本能够完成信息资料的搜集、整理工作，但有个别问题不能独立解决。<br>● 能够自主进行分析和归纳，但出现问题不能独立解决。<br>● 能够自主完成文档的撰写工作，但文档缺陷较明显。<br>● 能够按时完成文档，并且文档的结构和内容基本完整 |
| | 4．不合格<br>如果有下列情况之一，则表示不合格。<br>● 未能按时提交文档。<br>● 文档存在抄袭现象。<br>● 未达到合格条件。<br>如果不合格，则需要重做 |

**表 3-21　“MapReduce 分布式计算框架”项目的职业能力解析表**

| | |
|---|---|
| 职业能力目标 | 能够理解 MapReduce 的编程模型并进行数据处理 |
| 编号 | 4 |
| 具体描述 | MapReduce 分布式计算框架 |
| 步骤 | 1．MapReduce 的编程模型 |
| | 2．MapReduce 的工作原理 |
| | 3．MapReduce 常见编程组件的使用方法 |
| 工具与设备 | 可以正常运行的计算机操作系统（如 Windows 7 操作系统）、网络、虚拟机 |
| 知识基础 | HDFS 的基础架构、Java 程序设计基础 |
| 态度、素质 | 1．动手能力 |
| | 2．总结、分析能力 |
| | 3．认真细致的工作态度 |
| | 4．遵守操作规范 |

续表

| | |
|---|---|
| 考核标准 | 1．良好<br>• 基本能够独立完成信息资料的搜集、整理工作。<br>• 具有较强的分析和归纳能力，基本能够按要求独立完成文档的撰写工作。<br>• 能够按时完成文档，并且文档的结构完整、条理清晰。<br>• 能够正确回答问题，并且表述清楚 |
| | 2．优秀<br>在达到良好的基础上，具备以下条件。<br>• 具有较强的团队合作精神和沟通能力。<br>• 能够独立完成任务。<br>• 能够客观地进行自我评价、分析判断并论证各种信息 |
| | 3．合格<br>• 基本能够完成信息资料的搜集、整理工作，但有个别问题不能独立解决。<br>• 能够自主进行分析和归纳，但出现问题不能独立解决。<br>• 能够自主完成文档的撰写工作，但文档缺陷较明显。<br>• 能够按时完成文档，并且文档的结构和内容基本完整 |
| | 4．不合格<br>如果有下列情况之一，则表示不合格。<br>• 未能按时提交文档。<br>• 文档存在抄袭现象。<br>• 未达到合格条件。<br>如果不合格，则需要重做 |

**表 3-22 “ZooKeeper 分布式协调服务”项目的职业能力解析表**

| 职业能力目标 | 能够安装和部署 ZooKeeper |
|---|---|
| 编号 | 5 |
| 具体描述 | ZooKeeper 是一个分布式的、开放源码的分布式应用程序协调服务，是 Google 的 Chubby 的一个开源实现，是 Hadoop 和 Hbase 的重要组件 |
| 步骤 | 1．ZooKeeper 的基本概念 |
| | 2．ZooKeeper 的安装和部署 |
| | 3．ZooKeeper Shell 操作 |
| 工具与设备 | 可以正常运行的计算机操作系统（如 Windows 7 操作系统）、网络、虚拟机 |
| 知识基础 | HDFS 的基础架构、Java 程序设计基础 |
| 态度、素质 | 1．动手能力 |
| | 2．总结、分析能力 |
| | 3．认真细致的工作态度 |
| | 4．遵守操作规范 |
| 考核标准 | 1．良好<br>• 基本能够独立完成信息资料的搜集、整理工作。<br>• 具有较强的分析和归纳能力，基本能够按要求独立完成文档的撰写工作。<br>• 能够按时完成文档，并且文档的结构完整、条理清晰。<br>• 能够正确回答问题，并且表述清楚 |

续表

| | |
|---|---|
| 考核标准 | 2．优秀<br>在达到良好的基础上，具备以下条件。<br>• 具有较强的团队合作精神和沟通能力。<br>• 能够独立完成任务。<br>• 能够客观地进行自我评价、分析判断并论证各种信息 |
| | 3．合格<br>• 基本能够完成信息资料的搜集、整理工作，但有个别问题不能独立解决。<br>• 能够自主进行分析和归纳，但出现问题不能独立解决。<br>• 能够自主完成文档的撰写工作，但文档缺陷较明显。<br>• 能够按时完成文档，并且文档的结构和内容基本完整。 |
| | 4．不合格<br>如果有下列情况之一，则表示不合格。<br>• 未能按时提交文档。<br>• 文档存在抄袭现象。<br>• 未达到合格条件。<br>如果不合格，则需要重做 |

**表 3-23　“Hive 数据仓库”项目的职业能力解析表**

| | |
|---|---|
| 职业能力目标 | 能够安装、部署和使用 Hive |
| 编号 | 6 |
| 具体描述 | Hive 的简单安装和配置，HiveQL 的相关操作 |
| 步骤 | 1．Hive 的相关功能和特点 |
| | 2．Hive 的安装和配置 |
| | 3．HiveQL 的相关操作 |
| 工具与设备 | 可以正常运行的计算机操作系统（如 Windows 7 操作系统）、网络、虚拟机 |
| 态度、素质 | 1．动手能力 |
| | 2．总结、分析能力 |
| | 3．认真细致的工作态度 |
| | 4．遵守操作规范 |
| 知识基础 | MapReduce 计算框架，Hive 内部读/写流程 |
| 考核标准 | 1．良好<br>• 基本能够独立完成信息资料的搜集、整理工作。<br>• 具有较强的分析和归纳能力，基本能够按要求独立完成文档的撰写工作。<br>• 能够按时完成文档，并且文档的结构完整、条理清晰。<br>• 能够正确回答问题，并且表述清楚 |
| | 2．优秀<br>在达到良好的基础上，具备以下条件。<br>• 具有较强的团队合作精神和沟通能力。<br>• 能够独立完成任务。<br>• 能够客观地进行自我评价、分析判断并论证各种信息 |

续表

| | |
|---|---|
| 考核标准 | 3．合格<br>• 基本能够完成信息资料的搜集、整理工作，但有个别问题不能独立解决。<br>• 能够自主进行分析和归纳，但出现问题不能独立解决。<br>• 能够自主完成文档的撰写工作，但文档缺陷较明显。<br>• 能够按时完成文档，并且文档的结构和内容基本完整 |
| | 4．不合格<br>如果有下列情况之一，则表示不合格。<br>• 未能按时提交文档。<br>• 文档存在抄袭现象。<br>• 未达到合格条件。<br>如果不合格，则需要重做 |

**表 3-24 "Flume 日志采集系统"项目的职业能力解析表**

| | |
|---|---|
| 职业能力目标 | 能够安装和部署 Flume 日志采集系统 |
| 编号 | 7 |
| 具体描述 | Flume 日志采集系统的使用方法和案例 |
| 步骤 | 1．Flume 简介 |
| | 2．Flume 日志采集系统的基本使用方法 |
| | 3．Flume 日志采集系统案例 |
| 工具与设备 | 可以正常运行的计算机操作系统（如 Windows 7 操作系统）、网络、虚拟机 |
| 知识基础 | Linux 解压、安装和配置命令 |
| 态度、素质 | 1．动手能力 |
| | 2．总结、分析能力 |
| | 3．认真细致的工作态度 |
| | 4．遵守操作规范 |
| 考核标准 | 1．良好<br>• 基本能够独立完成信息资料的搜集、整理工作。<br>• 具有较强的分析和归纳能力，基本能够按要求独立完成文档的撰写工作。<br>• 能够按时完成文档，并且文档的结构完整、条理清晰。<br>• 能够正确回答问题，并且表述清楚 |
| | 2．优秀<br>在达到良好的基础上，具备以下条件。<br>• 具有较强的团队合作精神和沟通能力。<br>• 能够独立完成任务。<br>• 能够客观地进行自我评价、分析判断并论证各种信息 |
| | 3．合格<br>• 基本能够完成信息资料的搜集、整理工作，但有个别问题不能独立解决。<br>• 能够自主进行分析和归纳，但出现问题不能独立解决。<br>• 能够自主完成文档的撰写工作，但文档缺陷较明显。<br>• 能够按时完成文档，并且文档的结构和内容基本完整 |

续表

| | |
|---|---|
| 考核标准 | 4．不合格<br>如果有下列情况之一，则表示不合格。<br>• 未能按时提交文档。<br>• 文档存在抄袭现象。<br>• 未达到合格条件。<br>如果不合格，则需要重做 |

**表 3-25　“Sqoop 数据迁移”项目的职业能力解析表**

| | |
|---|---|
| 职业能力目标 | 能够安装 Sqoop 并完成数据迁移 |
| 编号 | 8 |
| 具体描述 | Sqoop 的安装和配置，使用 Sqoop 导入/导出数据 |
| 步骤 | 1．Sqoop 的基本概念 |
| | 2．Sqoop 的安装和配置 |
| | 3．使用 Sqoop 导入/导出数据 |
| 工具与设备 | 可以正常运行的计算机操作系统（如 Windows 7 操作系统）、网络、虚拟机 |
| 知识基础 | Linux 解压、安装和配置命令 |
| 态度、素质 | 1．动手能力 |
| | 2．总结、分析能力 |
| | 3．认真细致的工作态度 |
| | 4．遵守操作规范 |
| 考核标准 | 1．良好<br>• 基本能够独立完成信息资料的搜集、整理工作。<br>• 具有较强的分析和归纳能力，基本能够按要求独立完成文档的撰写工作。<br>• 能够按时完成文档，并且文档的结构完整、条理清晰。<br>• 能够正确回答问题，并且表述清楚 |
| | 2．优秀<br>在达到良好的基础上，具备以下条件。<br>• 具有较强的团队合作精神和沟通能力。<br>• 能够独立完成任务。<br>• 能够客观地进行自我评价、分析判断并论证各种信息 |
| | 3．合格<br>• 基本能够完成信息资料的搜集、整理工作，但有个别问题不能独立解决。<br>• 能够自主进行分析和归纳，但出现问题不能独立解决。<br>• 能够自主完成文档的撰写工作，但文档缺陷较明显。<br>• 能够按时完成文档，并且文档的结构和内容基本完整。 |
| | 4．不合格<br>如果有下列情况之一，则表示不合格。<br>• 未能按时提交文档。<br>• 文档存在抄袭现象。<br>• 未达到合格条件。<br>如果不合格，则需要重做 |

5. 课程内容

1）基本框架

“大数据基础”课程各项目的基本框架如表 3-26～表 3-33 所示。

表 3-26 “初识 Hadoop”项目的基本框架

| 序号 | 教学项目 | 教学活动 | 教学方法 | 参考学时 |
| --- | --- | --- | --- | --- |
| 1 | 初识 Hadoop | 1.1 大数据的特征、意义及应用领域 | 讲授和学生自学相结合 | 2 |
| | | 1.2 Hadoop 的发展、优势、生态系统和版本 | 讲授和学生自学相结合 | 2 |
| 合计 | | | | 4 |

表 3-27 “搭建 Hadoop 集群”项目的基本框架

| 序号 | 教学项目 | 教学活动 | 教学方法 | 参考学时 |
| --- | --- | --- | --- | --- |
| 2 | 搭建 Hadoop 集群 | 2.1 虚拟机的安装与克隆 | 讲授和学生自学、项目制作相结合 | 2 |
| | | 2.2 Linux 操作系统的网络配置和 SSH 服务配置 | 讲授和学生自学、项目制作相结合 | 2 |
| | | 2.3 安装 JDK 和安装 Hadoop | 讲授和学生自学、项目制作相结合 | 2 |
| | | 2.4 Hadoop 集群配置，格式化文件系统，启动和关闭 Hadoop 集群 | 讲授和学生自学、项目制作相结合 | 2 |
| | | 2.5 查看 Hadoop 集群的运行状态，Hadoop 集群初体验 | 讲授和学生自学、项目制作相结合 | 2 |
| 合计 | | | | 10 |

表 3-28 “HDFS 分布式文件系统”项目的基本框架

| 序号 | 教学项目 | 教学活动 | 教学方法 | 参考学时 |
| --- | --- | --- | --- | --- |
| 3 | HDFS 分布式文件系统 | 3.1 HDFS 的特点，HDFS 的存储架构，HDFS 文件的读/写原理 | 讲授和学生自学、项目制作相结合 | 2 |
| | | 3.2 HDFS Shell 简介，案例——使用 Shell 命令定时采集数据到 HDFS 中 | 讲授和学生自学、项目制作相结合 | 4 |
| | | 3.3 HDFS Java API 简介，案例——使用 Java API 操作 HDFS | 讲授和学生自学、项目制作相结合 | 4 |
| | | 3.4 上机综合练习 | 讲授和学生自学、项目制作相结合 | 4 |
| 合计 | | | | 14 |

表 3-29 “MapReduce 分布式计算框架”项目的基本框架

| 序号 | 教学项目 | 教学活动 | 教学方法 | 参考学时 |
| --- | --- | --- | --- | --- |
| 4 | MapReduce 分布式计算框架 | 4.1 MapReduce 的核心思想、编程模型 | 讲授和学生自学、项目制作相结合 | 2 |

续表

| 序号 | 教学项目 | 教学活动 | 教学方法 | 参考学时 |
|---|---|---|---|---|
| 4 | MapReduce 分布式计算框架 | 4.2 Mapper 组件 | 讲授和学生自学、项目制作相结合 | 2 |
| | | 4.3 Reducer 组件 | 讲授和学生自学、项目制作相结合 | 2 |
| | | 4.4 MapReduce 经典案例——倒排索引 | 讲授和学生自学、项目制作相结合 | 2 |
| | | 4.5 MapReduce 经典案例——数据去重 | 讲授和学生自学、项目制作相结合 | 2 |
| | | 4.6 MapReduce 经典案例——TopN | 讲授和学生自学、项目制作相结合 | 2 |
| 合计 | | | | 12 |

表 3-30　“ZooKeeper 分布式协调服务”项目的基本框架

| 序号 | 教学项目 | 教学活动 | 教学方法 | 参考学时 |
|---|---|---|---|---|
| 5 | ZooKeeper 分布式协调服务 | 5.1 ZooKeeper 的概念、安装和部署 | 讲授和学生自学、项目制作相结合 | 2 |
| | | 5.2 ZooKeeper Shell 操作 | 讲授和学生自学、项目制作相结合 | 4 |
| 合计 | | | | 6 |

表 3-31　“Hive 数据仓库”项目的基本框架

| 序号 | 教学项目 | 教学活动 | 教学方法 | 参考学时 |
|---|---|---|---|---|
| 6 | Hive 数据仓库 | 6.1 数据仓库简介和 Hive 的工作原理 | 讲授和学生自学、项目制作相结合 | 2 |
| | | 6.2 Hive 的安装模式，Hive 嵌入模式，Hive 本地模式 | 讲授和学生自学、项目制作相结合 | 2 |
| | | 6.3 Hive 的连接方式，Hive 的内置数据类型 | 讲授和学生自学、项目制作相结合 | 2 |
| | | 6.4 Hive 数据库操作 | 讲授和学生自学、项目制作相结合 | 2 |
| | | 6.5 Hive 数据操作 | 讲授和学生自学、项目制作相结合 | 2 |
| 合计 | | | | 10 |

表 3-32　“Flume 日志采集系统”项目的基本框架

| 序号 | 教学项目 | 教学活动 | 教学方法 | 参考学时 |
|---|---|---|---|---|
| 7 | Flume 日志采集系统 | 7.1 Flume 简介与 Flume 的安装 | 讲授和学生自学、项目制作相结合 | 2 |
| | | 7.2 Flume 日志采集系统案例 | 讲授和学生自学、项目制作相结合 | 2 |
| 合计 | | | | 4 |

表 3-33 “Sqoop 数据迁移”项目的基本框架

| 序号 | 教学项目 | 教学活动 | 教学方法 | 参考学时 |
|---|---|---|---|---|
| 8 | Sqoop 数据迁移 | 8.1 Sqoop 简介与 Sqoop 的安装 | 讲授和学生自学、项目制作相结合 | 2 |
| | | 8.2 Sqoop 数据的导入/导出操作案例演示 | 讲授和学生自学、项目制作相结合 | 2 |
| 合计 | | | | 4 |

2）主要内容与要求

项目 1：初识 Hadoop。

1.1 大数据的特征、意义及应用领域。

① 什么是大数据、大数据的特征。

② 研究大数据的意义。

③ 大数据的应用场景。

1.2 Hadoop 的发展、优势、生态系统和版本。

① Hadoop 的发展和优势。

② Hadoop 的生态系统和版本。

项目 2：搭建 Hadoop 集群。

2.1 虚拟机的安装与克隆。

① 虚拟机的安装。

② 虚拟机的克隆。

2.2 Linux 操作系统的网络配置和 SSH 服务配置。

① Linux 操作系统的网络配置。

② SSH 服务配置。

2.3 安装 JDK 和安装 Hadoop。

① Hadoop 集群的部署模式。

② 安装 JDK。

③ 安装 Hadoop。

2.4 Hadoop 集群配置，格式化文件系统，启动和关闭 Hadoop 集群。

① Hadoop 集群配置。

② 格式化文件系统。

③ 启动和关闭 Hadoop 集群。

2.5 查看 Hadoop 集群的运行状态，Hadoop 集群初体验。

① 通过 UI 查看 Hadoop 集群的运行状态。

② Hadoop 集群初体验。

项目 3：HDFS 分布式文件系统。

3.1 HDFS 的特点，HDFS 的存储架构，HDFS 文件的读/写原理。

① HDFS 的演变。

② HDFS 的基本概念。

③ HDFS 的特点。

④ HDFS 的存储架构。

⑤ HDFS 文件的读/写原理。

3.2　HDFS Shell 简介，案例——使用 Shell 命令定时采集数据到 HDFS 中。

① HDFS Shell 简介。

② 案例——使用 Shell 命令定时采集数据到 HDFS 中。

3.3　HDFS Java API 简介，案例——使用 Java API 操作 HDFS。

① HDFS Java API 简介。

② 案例——使用 Java API 操作 HDFS。

3.4　上机综合练习。

① 使用 Shell 命令定时采集数据到 HDFS 中。

② 使用 Java API 操作 HDFS。

项目 4：MapReduce 分布式计算框架。

4.1　MapReduce 的核心思想、编程模型。

① MapReduce 的核心思想。

② MapReduce 的编程模型。

③ MapReduce 的编程实例——词频统计。

4.2　Mapper 组件。

① MapReduce 的工作过程。

② MapTask 的工作原理。

③ ReduceTask 的工作原理。

④ Shuffle 的工作原理。

⑤ InputFormat 组件及其作用。

⑥ Mapper 组件及其作用。

4.3　Reducer 组件。

① Reducer 组件及其作用。

② 通过源代码介绍 Reducer 类及其内部方法 run()、setup()、reduce()、cleanup()的使用方法。

4.4　MapReduce 经典案例——倒排索引。

① 倒排索引的定义和作用。

② 分析案例的需求。

③ 通过代码实现倒排索引功能。

4.5　MapReduce 经典案例——数据去重。

① 数据去重的作用。

② 分析案例的需求。

③ 通过代码实现数据去重功能。

4.6 MapReduce 经典案例——TopN。

① TopN 的作用。

② 分析案例的需求。

③ 通过代码实现 TopN 功能。

项目 5：ZooKeeper 分布式协调服务。

5.1 ZooKeeper 的概念、安装和部署。

① ZooKeeper 简介。

② ZooKeeper 的特性。

③ ZooKeeper 的集群角色。

④ ZooKeeper 的数据模型。

⑤ ZooKeeper 分布式集群的安装和部署。

5.2 ZooKeeper Shell 操作。

① ZooKeeper Shell 操作的相关知识。

② ZooKeeper 的典型应用场景。

项目 6：Hive 数据仓库。

6.1 数据仓库简介和 Hive 的工作原理。

① 数据仓库简介。

② 数据仓库的结构。

③ 数据仓库的数据模型。

④ Hive 的基本概念。

⑤ Hive 的工作原理。

6.2 Hive 的安装模式，Hive 嵌入模式，Hive 本地模式。

① Hive 的安装模式。

② 演示搭建 Hive 嵌入模式。

③ 演示搭建 Hive 本地模式。

6.3 Hive 的连接方式，Hive 的内置数据类型。

① Hive CLI 连接方式。

② Hive 远程连接方式。

③ Hive 的内置数据模型。

6.4 Hive 数据库操作。

① 数据库操作。

② 内部表操作。

③ 外部表操作。

④ 分区表操作。

⑤ 桶表操作。

6.5 Hive 数据操作。

Hive 查询语句。

项目 7：Flume 日志采集系统。

7.1　Flume 简介与 Flume 的安装。

① Flume 简介。

② Flume 的运行机制。

③ Flume 日志采集系统结构图。

④ Flume 的安装和配置。

7.2　Flume 日志采集系统案例。

① 案例分析。

② 案例实现。

项目 8：Sqoop 数据迁移。

8.1　Sqoop 简介与 Sqoop 的安装。

① Sqoop 简介。

② Sqoop 的原理。

③ Sqoop 的安装和配置。

④ Sqoop 的指令介绍。

8.2　Sqoop 数据的导入/导出操作案例演示。

① Sqoop 数据的导入操作案例演示。

② Sqoop 数据的导出操作案例演示。

### 6. 考核方案

"大数据基础"课程注重对学生学习过程的考评，每个小组完成一个项目。本课程分为 8 个项目，在完成每个项目后，都需要提交相关的文档资料，将学生各个项目的完成情况和最终成果展示作为本课程评价的依据。

"大数据基础"课程的考核方案如表 3-34 所示。

表 3-34　"大数据基础"课程的考核方案

| 序号 | 职业能力目标 | 考核标准 | 考核方式 | 证据材料 |
|---|---|---|---|---|
| 1 | 能够理解 Hadoop 的生态系统 | 1. 了解大数据的概念和特征 | 项目制作 | 研究大数据的意义和 Hadoop 生态系统的课业 |
| | | 2. 熟悉大数据的典型应用 | | |
| | | 3. Hadoop 的生态系统 | | |
| 2 | 能够搭建 Hadoop 集群 | 1. 了解虚拟机的安装和克隆方法 | 项目制作 | 搭建 Hadoop 集群的课业 |
| | | 2. 熟悉 Linux 操作系统的网络配置和 SSH 服务配置 | | |
| | | 3. 掌握 Hadoop 集群的搭建和配置方法 | | |
| | | 4. 掌握 Hadoop 集群的测试方法 | | |
| | | 5. 熟悉 Hadoop 集群的操作方法 | | |
| 3 | 能够搭建 HDFS 框架并进行 Shell 操作和 Java API 操作 | 1. 了解 HDFS 的演变过程 | 项目制作 | HDFS 的 Shell 操作和 Java API 操作的课业 |
| | | 2. 掌握 HDFS 的特点 | | |
| | | 3. 掌握 HDFS 的架构和原理 | | |
| | | 4. 掌握 HDFS 的 Shell 操作和 Java API 操作 | | |

续表

| 序号 | 职业能力目标 | 考核标准 | 考核方式 | 证据材料 |
|---|---|---|---|---|
| 4 | 能够理解MapReduce的编程模型并进行数据处理 | 1. 理解 MapReduce 的核心思想 | 项目制作 | 倒排索引、数据去重、TopN 的课业 |
| | | 2. 掌握 MapReduce 的编程模型 | | |
| | | 3. 掌握 MapReduce 的工作原理 | | |
| | | 4. 掌握 MapReduce 常见编程组件的使用方法 | | |
| 5 | 能够安装和部署 ZooKeeper | 1. 理解 ZooKeeper 的基本概念 | 项目制作 | ZooKeeper 的安装和部署的课业 |
| | | 2. 掌握 ZooKeeper 的安装和部署方法 | | |
| | | 3. 掌握 ZooKeeper Shell 的操作方法 | | |
| 6 | 能够安装、部署和使用 Hive | 1. 了解 Hive 的相关功能和特点 | 项目制作 | Hive 的安装和操作的课业 |
| | | 2. 熟悉 Hive 的简单安装和配置方法 | | |
| | | 3. 掌握 HiveQL 的相关操作方法 | | |
| 7 | 能够安装和部署 Flume 日志采集系统 | 1. 了解 Flume 的作用 | 项目制作 | Flume 的安装和部署的课业 |
| | | 2. 熟悉 Flume 的运行机制 | | |
| | | 3. 掌握 Flume 的安装的部署方法 | | |
| 8 | 能够安装 Sqoop 并完成数据迁移 | 1. 了解 Sqoop 的基本概念 | 项目制作 | Sqoop 的安装和应用的课业 |
| | | 2. 掌握 Sqoop 的安装和配置方法 | | |
| | | 3. 熟悉 Sqoop 的常用指令 | | |
| | | 4. 掌握使用 Sqoop 导入/导出数据的方法 | | |

总评成绩的计算公式如下：

总评成绩=平时成绩×60%+期中成绩×20%+期末成绩×20%

平时成绩：考核项目包括考勤、课堂讨论、网络课程资源学习、章节测验、课后作业。

期中成绩：主要测试期中考试之前的知识点。

期末成绩：主要测试本课程的所有知识点。

“大数据基础”课程的具体考核情况如表 3-35 所示。

**表 3-35 “大数据基础”课程的具体考核情况**

| 项目 | 内容 | 项目所占比例 | 占总评成绩的比例 |
|---|---|---|---|
| 平时成绩 | 考勤 | 10% | 60% |
| | 课堂讨论 | 10% | |
| | 网络课程资源学习 | 10% | |
| | 章节测验 | 10% | |
| | 课后作业 | 20% | |
| 期中成绩 | 在网上测试期中考试之前的知识点 | 20% | 20% |
| 期末成绩 | 本课程的所有知识点 | 20% | 20% |

“大数据基础”课程的评价标准如表 3-36 所示。

表 3-36　“大数据基础”课程的评价标准

| 考核点 | 考核比例 | 评价标准 | | | |
|---|---|---|---|---|---|
| | | 优秀（86～100 分） | 良好（70～85 分） | 及格（60～69 分） | 不及格（60 分以下） |
| 考勤 | 10% | 按要求参与学习，不迟到、不早退、不旷课，缺勤率不高于 5%，缺勤包括事假、病假和旷课，3 次迟到或早退视为 1 次旷课 | 按要求参与学习，有迟到、有早退、无旷课，缺勤率为 5%～10%（不包含 5%），缺勤包括事假、病假和旷课，3 次迟到或早退视为 1 次旷课 | 按要求参与学习，有迟到、有早退、有旷课，缺勤率为 10%～20%（不包含 10%），缺勤包括事假、病假和旷课，3 次迟到或早退视为 1 次旷课 | 不按要求参与学习，有迟到、有早退、有旷课，缺勤率不高于 20%，缺勤包括事假、病假和旷课，3 次迟到或早退视为 1 次旷课 |
| 课堂讨论 | 10% | 积极参与课堂讨论，每个课堂讨论的回帖次数不少于 3 次 | 积极参与课堂讨论，每个课堂讨论的回帖次数不少于 2 次 | 积极参与课堂讨论，每个课堂讨论的回帖次数不少于 1 次 | 不能积极参与课堂讨论，总回帖次数未超过 6 次 |
| 网络课程资源学习 | 10% | 认真学习网络课程资源，学习完成率不低于 95% | 认真学习网络课程资源，学习完成率为 75%～95%（不包含 95%） | 认真学习网络课程资源，学习完成率为 60%～75%（不包含 75%） | 不能认真学习网络课程资源，学习完成率低于 60%。 |
| 章节测验 | 10% | 章节测验平均分不低于 86 分 | 章节测验平均分为 70～86 分（不包含 86 分） | 章节测验平均分为 60～70 分（不包含 70 分） | 章节测验平均分低于 60 分 |
| 课后作业 | 20% | 作业平均分不低于 86 分 | 作业平均分为 70～86 分（不包含 86 分） | 作业平均分为 60～70 分（不包含 70 分） | 作业平均分低于 60 分 |
| 期中考核 | 20% | 期中成绩不低于 86 分 | 期中成绩为 70～86 分（不包含 86 分） | 期中成绩为 60～70 分（不包含 70 分） | 期中成绩低于 60 分 |
| 期末考核 | 20% | 期末成绩不低于 86 分 | 期末成绩为 70～86 分（不包含 86 分） | 期末成绩为 60～70 分（不包含 70 分） | 期末成绩低于 60 分 |

## 7．教学文件资源的开发意见

1）讲义的编写意见

按照“大数据基础”课程的标准编写讲义。

- 讲义的结构不再按照章节编排，而是按照教学任务的编排。
- 以真实的工作任务为依据，遵循教学规律，精选教学内容。
- 聘请企业技术人员参与讲义的编写工作。

2）教学文件的开发思路与意见

教学文件包括项目任务书、案例教学方案、项目指导书、课堂活动方案等。“大数据基础”课程采用项目教学法，主要开发项目任务书和项目指导书。

① 项目任务书的开发思路与意见。

- 项目任务书中要明确给出项目名称、应达到的能力目标、时间进度要求。
- 项目任务书中要明确给出任务的主要技术指标、任务内容、任务要求。
- 以真实的工作任务为依据，遵循教学规律，精选教学内容。
- 聘请企业技术人员参与项目任务书的开发工作。

- 明确考核要求和考核标准。

② 项目指导书的开发思路与意见。

项目指导书应在学习内容、Hadoop 的安装和配置、词频统计、HBase 应用、Hive 应用、容易出现的问题及如何解决等方面为学生提供指导。

**8. 教学资源的使用建议**

1）教学设施资源的使用建议

① 教学组织。

采用项目教学法，融教、学、做于一体。

理论授课：实践教学=1：1，学生以小组的形式组织教学，每个小组 4～5 人，每个教师辅导 3～4 组。每周 4 学时，安排一个上午，建设连排。

② 学习环境。

理论教学场地：相应的教室。

实操场地：相应的实训室。

③ 使用设备。

计算机、良好的网络环境。

2）教学文件资源的使用建议

在项目开始前，给学生发放项目任务书和项目指导书，以便学生明确任务要求，做好各项准备工作。

## 3.1.3 数据采集与网络爬虫

**1. 课程标准**

学分：4 学分。

参考学时：64 学时。

**2. 课程概述**

1）课程性质

“数据采集与网络爬虫”课程是大数据技术专业的一门专业核心课程。本课程是在学生前期完成“Java 编程基础”“Python 编程基础”“大数据基础”等课程后学习的。通过学习本课程，学生可以掌握基于大数据的各种数据采集技术，具备利用爬虫技术对网络数据进行采集、去重、存储、语义分析的能力，熟悉网络数据采集的整个工作流程，具备编写简单的 Java 爬虫程序及 Python 爬虫程序的能力。本课程实践性非常强，注重培养学生的实操能力，为学生学习后续课程“数据分析与可视化”“数据挖掘应用”奠定基础。

2）设计思路

“数据采集与网络爬虫”课程全面讲述数据采集原理、采集策略、采集解析，以及简单的 Java 爬虫程序和 Python 爬虫程序的编写方法，从专业的角度讲解数据采集与网络数据抓取的主流方法，包括数据采集概述、数据采集的基本原理、基于 Java 的数据采集与网络爬虫、基于 Python 的数据采集与网络爬虫等内容，使学生掌握数据采集技术，培养学生基本的网络爬虫程序编写能力和从容面对数据采集应用场景的能力。

"数据采集与网络爬虫"课程需要完成 4 个模块。

- 模块 1：数据采集。
- 模块 2：网络数据采集。
- 模块 3：基于 Java 的数据采集与网络爬虫。
- 模块 4：基于 Python 的数据采集与网络爬虫。

### 3. 课程目标

在学习完"数据采集与网络爬虫"课程后，学生应该掌握基于大数据的主流数据采集技术，具备利用爬虫技术对网络数据进行采集和分析的能力，熟悉网络数据采集的工作过程，具备编写简单的 Java 爬虫程序及 Python 爬虫程序的能力。

"数据采集与网络爬虫"课程的知识目标如下。

- 模块 1：了解网络数据采集的概念、方式和发展趋势，熟悉网络数据采集的主要技术和工具。
- 模块 2：理解并掌握网络数据采集的基本结构和工作流程，掌握网络数据抓取策略和数据采集分类，掌握网络数据采集的工作方式。
- 模块 3：了解数据采集的基本概念，掌握基于 Java 的数据采集的常用方法，能够对采集的数据进行采集解析，掌握简单的 Java 爬虫程序的编写方法。
- 模块 4：熟练掌握 Python 数据采集的基础编程方法，了解爬虫的基本概念、基本工作流程及 Python 爬虫工具；掌握使用 BeautifulSoup 抓取数据的基本方法及程序编写方法。

### 4. 课程内容和教学模式

1）基本框架

"数据采集与网络爬虫"课程的基本框架如表 3-37 所示。

**表 3-37　"数据采集与网络爬虫"课程的基本框架**

| 序号 | 教学模块 | 教学活动 | 教学方法 | 参考学时 |
|---|---|---|---|---|
| 1 | 数据采集 | 1.1 网络信息资源概述 | 讲授、演示 | 1 |
| | | 1.2 网络数据采集的方式 | 讲授、演示 | 0.5 |
| | | 1.3 网络数据采集的发展趋势 | 讲授、演示 | 0.5 |
| | | 1.4 网络数据采集的主要技术和工具 | 讲授、演示、讨论 | 2 |
| 2 | 网络数据采集 | 2.1 网络数据采集的基本结构和工作流程 | 讲授、演示 | 1 |
| | | 2.2 网络数据抓取策略 | 讲授、演示 | 1 |
| | | 2.3 数据采集分类 | 讲授、演示 | 1 |
| | | 2.4 网络数据采集的工作方式 | 讲授、演示 | 1 |
| 3 | 基于 Java 的数据采集与网络爬虫 | 3.1 基于 Java 的数据采集的基本概念 | 讲授、演示 | 4 |
| | | 3.2 基于 Java 的数据采集的常用方法 | 讲授、演示、实操 | 4 |
| | | 3.3 采集解析 | 讲授、演示、实操 | 4 |
| | | 3.4 基于 Java 的数据采集综合案例 | 讲授、演示、实操 | 8 |

续表

| 序号 | 教学模块 | 教学活动 | 教学方法 | 参考学时 |
|---|---|---|---|---|
| 4 | 基于Python的数据采集与网络爬虫 | 4.1 基于 Python 的数据采集的基本概念 | 讲授、演示、实操 | 12 |
| | | 4.2 Python 爬虫 | 讲授、演示 | 4 |
| | | 4.3 使用 BeautifulSoup 抓取数据 | 讲授、演示、实操 | 12 |
| | | 4.4 使用 Python 框架抓取数据及综合案例 | 讲授、演示、实操 | 4 |
| 5 | 复习 | | | 2 |
| 6 | 项目考核 | | | 2 |
| 合计 | | | | 64 |

2）主要内容与要求

模块 1：数据采集。

1.1 网络信息资源概述。

① 网络信息资源的概念。

② 网络信息资源的特点。

③ 网络信息资源的类型。

1.2 网络数据采集的方式。

① 人工采集。

② 自动采集。

1.3 网络数据采集的发展趋势。

1.4 网络数据采集的主要技术和工具。

① 网页采集技术。

② 信息过滤技术。

③ 自动文摘技术。

④ 主要的采集工具。

模块 2：网络数据采集。

2.1 网络数据采集的基本结构和工作流程。

① 网络数据采集的总体架构。

② 网络数据采集的产品架构。

③ 网络数据采集的工作流程。

2.2 网络数据抓取策略。

① 深度优先遍历策略。

② 宽度优先遍历策略。

③ 反向链接数策略。

④ 非完全 PageRank 策略。

2.3 数据采集分类。

① 批量型数据采集。

② 增量型数据采集。

③ 垂直型数据采集。
④ 元搜索的爬行器。
2.4　网络数据采集的工作方式。
① 主从式分布数据采集。
② 对等式分布数据采集。
模块 3：基于 Java 的数据采集与网络爬虫。
3.1　基于 Java 的数据采集的基本概念。
① 结构化数据与非结构化数据。
② 网页 DOM 结构。
③ URL 详解。
④ Robots 协议。
⑤ POST 和 GET。
⑥ 网页编码处理。
3.2　基于 Java 的数据采集的常用方法。
① 下载网页的基本方法。
② 网页图片采集。
③ 网络数据采集 HttpClient。
④ 网络数据采集 URLConnection。
⑤ 网络数据采集 HtmlUnit。
3.3　采集解析。
① 正则表达式。
② 采集解析——XPath。
③ 数据解析——jsoup。
3.4　基于 Java 的数据采集综合案例。
模块 4：基于 Python 的数据采集与网络爬虫。
4.1　基于 Python 的数据采集的基本概念。
① 获取网页代码中指定字符数的内容及长度。
② Python 文件操作。
③ 在 Python 中利用字典和列表进行数据抓取操作。
4.2　Python 爬虫。
① 爬虫的基本概念。
② 爬虫的基本工作流程。
③ Python 爬虫工具。
4.3　使用 BeautifulSoup 抓取数据。
① BeautifulSoup 的功能介绍。
② BeautifulSoup 的环境搭建。
③ BeautifulSoup 的爬虫实践。
④ BeautifulSoup 的 4 种解析方式。

⑤ BeautifulSoup 的代码案例。

4.4　使用 Python 框架抓取数据及综合案例。

① Scrapy 框架简介。

② 基于 Scrapy 框架的数据采集。

### 5. 考核方案

“数据采集与网络爬虫”课程的考核方案如表 3-38 所示。

表 3-38　“数据采集与网络爬虫”课程的考核方案

| 序号 | 教学目标 | 考核标准 | 考核形式 |
|---|---|---|---|
| 1 | 了解网络数据采集的概念、方式和发展趋势，熟悉网络数据采集的主要技术和工具 | 1. 了解网络数据采集的概念、特点及类型<br>2. 了解网络数据采集的方式<br>3. 了解网络数据采集的发展趋势<br>4. 理解并熟悉网络数据采集的主要技术<br>5. 了解网络数据采集的主要工具 | 理论考核 |
| 2 | 理解并掌握网络数据采集的基本结构和工作流程，掌握网络数据抓取策略和数据采集分类，掌握网络数据采集的工作方式 | 1. 理解网络数据采集的基本结构和工作流程<br>2. 掌握网络数据抓取策略<br>3. 掌握数据采集分类<br>4. 掌握网络数据采集的工作方式 | 理论考核+上机实践 |
| 3 | 了解数据采集的基本概念，掌握基于 Java 的数据采集的常用方法，能够对采集的数据进行采集解析，掌握简单的 Java 爬虫程序的编写方法 | 1. 了解数据采集的基本概念<br>2. 掌握基于 Java 的数据采集的常用方法<br>3. 能够对采集的数据进行采集解析<br>4. 掌握简单的 Java 爬虫程序的编写方法 | 理论考核+上机实践 |
| 4 | 熟练掌握 Python 数据采集的基础编程方法，了解爬虫的基本概念、基本工作流程及 Python 爬虫工具，掌握使用 BeautifulSoup 抓取数据的基本方法及程序编写方法 | 1. 熟练掌握 Python 数据采集的基础编程方法<br>2. 了解爬虫的基本概念、基本工作流程及 Python 爬虫工具<br>3. 掌握使用 BeautifulSoup 抓取数据的基本方法及程序编写方法 | 理论考核+上机实践 |
| 5 | 通过复习把握知识脉络，巩固所学的知识 | 1. 能够掌握课程的整体脉络<br>2. 深入理解相关概念<br>3. 熟练编写简单的爬虫程序 | 理论复习+上机巩固 |
| 6 | 通过课程考核检验知识掌握程度 | 能够理解课程要求并完成考核 | 上机考核 |

### 6. 教学资源的使用建议

1）教学设施资源的使用建议

学习环境如下。

- 建议实训室开通局域网。
- 建议实训室开通互联网。
- 建议实训室在学生自习时间开放。

使用设备：计算机、网络及相关软件。

2）教学文件资源的使用建议

“数据采集与网络爬虫”课程可以利用教学 PPT、教学视频、教学文本资料，以便学生查阅资料，明确前、后续课程之间的关系，为课程学习做准备。

建议按照教学进程，在每个阶段都使用相应的参考教学资源，如参考网址等。

### 3.1.4　数据预处理

**1. 课程标准**

学分：4 学分。

参考学时：64 学时。

**2. 课程概述**

1）课程性质

“数据预处理”课程是大数据技术专业中的专业支撑课程之一，是在学生学习了“数据采集与网络爬虫”的基础之上，为进一步提高学生处理大数据的能力而设置的。本课程的前导课程为“Python”“数据采集与网络爬虫”，前期已经学习了一些基本的编程语言和大数据的采集操作，掌握了一些编程技巧和数据的采集技能。通过学习本课程，学生可以利用 Excel、Kettle 工具及 Python 语言对采集的数据进行输入、输出、清洗、转换和装载，提高对大量数据的处理能力，为今后胜任大数据处理工作做好准备。

2）设计思路

随着信息技术的发展，人类步入了大数据时代。大数据由大量结构化、半结构化和非结构化的数据组成，它需要经过采集、清洗、存储、分析、建模、可视化等处理过程，才能真正产生价值。数据预处理是大数据技术中不可缺少的环节，主要用于发现并纠正数据中可能存在的错误，针对数据审查过程中发现的错误值、缺失值、异常值、可疑数据，使用适当的方法对其进行清洗，把“脏数据”变为“干净数据”。

“数据预处理”课程主要讲解利用 Excel、Kettle 工具和 Python 语言进行数据预处理的相关知识，以 Kettle 工具为主，以 Excel 和 Python 语言为辅。此外，本课程会针对工作、学习、生活中经常遇到的实际案例进行案例教学。在教学过程中，本课程采用“教、学、做一体化”教学方法，以教师为主导，以学生为主体，理论结合实际，提高学生的动手能力，使学生能够熟练掌握数据预处理的方法，并且提高学生独立分析问题、解决问题的能力。

“数据预处理”课程需要完成以下 8 个项目。

- 项目 1：数据预处理的基本概念。
- 项目 2：Kettle 数据抽取。
- 项目 3：Kettle 数据清洗。
- 项目 4：Kettle 数据转换。
- 项目 5：Kettle 作业设计。
- 项目 6：Python 数据清洗的概念。
- 项目 7：Pandas 数据读/写。
- 项目 8：Pandas 数据清洗。

### 3. 课程目标（职业能力目标）

“数据预处理”课程的主要目标（职业能力目标）如下。

- 能够熟练下载、安装、配置数据采集和数据处理应用软件。
- 能够正确使用数据处理工具对数据进行抽取。
- 能够熟练使用数据处理工具对数据进行清洗。
- 能够熟练使用数据处理工具对数据进行转换。
- 能够根据实际需求，对数据进行作业设置。
- 能够正确使用 Pandas 对数据进行抽取。
- 能够正确使用 Pandas 对数据进行清洗、转换和装载等操作。
- 能够根据实际需求，熟练使用不同的工具进行数据处理。

### 4. 课程内容与要求

1）基本框架

“数据预处理”课程的基本框架如表 3-39 所示。

表 3-39 “数据预处理”课程的基本框架

| 序号 | 教学项目 | 教学活动 | 教学方法 | 参考学时 |
|---|---|---|---|---|
| 1 | 数据预处理的基本概念 | 1. 数据清洗的概念 | 讲授、练习 | 8 |
| | | 2. ETL 的基本概念 | | |
| | | 3. 常用工具的安装、设置和使用 | | |
| | | 4. 数据格式及编码 | | |
| 2 | Kettle 数据抽取 | 1. 文本文件数据的抽取 | 讲授、练习 | 18 |
| | | 2. Web 数据的抽取 | | |
| | | 3. 数据库数据的抽取 | | |
| 3 | Kettle 数据清洗 | 1. 字符串清洗 | 讲授、练习 | 14 |
| | | 2. 字段清洗 | | |
| | | 3. 行列互换 | | |
| | | 4. 参照物清洗 | | |
| 4 | Kettle 数据转换 | 1. 数据校验 | 讲授、练习 | 4 |
| | | 2. 数据排重 | | |
| 5 | Kettle 作业设计 | 1. 作业的基本概念 | 讲授、练习 | 4 |
| | | 2. 作业的执行方式 | | |
| | | 3. 作业设计 | | |
| 6 | Python 数据清洗的概念 | 1. Numpy 概述 | 讲授、练习 | 2 |
| | | 2. Pandas 概述 | | |
| | | 3. Pandas 的数据结构 | | |
| 7 | Pandas 数据读/写 | 1. 文本文件数据的读/写 | 讲授、练习 | 2 |
| | | 2. Web 数据的读/写 | | |
| | | 3. 数据库数据的读/写 | | |
| 8 | Pandas 数据清洗 | 1. 数据准备 | 讲授、练习 | 4 |
| | | 2. 数据拼接、组合 | | |
| | | 3. 数据轴向旋转、删除 | | |

续表

| 序号 | 教学项目 | 教学活动 | 教学方法 | 参考学时 |
|---|---|---|---|---|
| 9 | 综合练习 | 综合练习 | 练习 | 4 |
| 10 | 期中复习、期末复习 | 复习 | 复习 | 4 |
| 合计 | | | | 64 |

2）主要内容与要求

项目 1：数据预处理的基本概念。

- 掌握数据清洗的概念。
- 掌握 ETL 的基本概念。
- 了解 ETL 多种常用工具的安装、设置和使用方法，能够自主安装 Kettle 工具和 Python 集成开发环境。
- 掌握数据格式及编码的使用方法。

项目 2：Kettle 数据抽取。

- 掌握文本文件数据的抽取操作，熟练使用 TXT 文件、CSV 文件、Excel 文件进行数据的导入/导出操作，熟练使用自动生成记录，等等。
- 掌握 Web 数据的抽取操作，熟练使用 HTML 文件、JSON 文件、XML 文件进行数据的导入/导出操作，掌握基于 HttpGet 的数据导入/导出方法。
- 掌握数据库数据的抽取操作，熟练使用关系型数据库进行数据的导入/导出操作，掌握 MySQL 数据库连接操作，以及 MySQL 数据库数据的导入/导出、查询、插入、更新和删除操作。
- 掌握基于 CDC 变更数据的导入/导出操作。

项目 3：Kettle 数据清洗。

- 掌握字符串清洗的方法，熟练利用字符串剪切、替换等操作进行数据清洗。
- 掌握字段清洗的方法，熟练利用拆分字段、合并字段、选择字段等操作进行数据清洗。
- 掌握数据行列互换的方法，熟练利用列转行、行转列、行扁平化等操作进行数据清洗。
- 掌握使用参照表进行数据清洗的方法，熟练利用流查询、计算器等进行数据清洗。

项目 4：Kettle 数据转换。

- 掌握数据校验的方法，熟练利用信用卡校验、电子邮箱校验、XML 文件校验等操作进行数据转换。
- 掌握数据排重的方法，熟练利用记录排序、去重、模糊匹配、过滤记录等操作进行数据转换。

项目 5：Kettle 作业设计。

- 了解作业的基本概念及组成。
- 了解作业的执行方式。
- 掌握作业的创建方法及常用的作业项。
- 掌握作业中常用的变量、日志及邮件的使用方法。
- 能够熟练使用作业完成数据处理操作。

项目 6：Python 数据清洗的概念。

- 了解 Numpy 库的基本概念。
- 了解 Pandas 的基本概念。
- 掌握 Pandas 的数据结构，能够熟练使用 Series 对象和 DataFrame 对象进行简单的数据处理。

项目 7：Pandas 数据读/写。

- 掌握文本文件数据的读/写方法，熟练使用 TXT 文件、CSV 文件、Excel 文件进行数据的导入/导出操作。
- 掌握 Web 数据的读/写方法，熟练使用 HTML 文件、JSON 文件、XML 文件进行数据的导入/导出操作。
- 掌握数据库数据的读/写方法，熟练使用关系型数据库进行数据的导入/导出操作，熟练使用 MySQL 数据库进行数据的导入/导出操作。

项目 8：Pandas 数据清洗。

- 掌握数据准备的相关知识。
- 掌握数据拼接、数据组合操作。
- 掌握行列互换、数据删除等操作。
- 掌握删除重复元素、补充缺失值、数据映射等操作。
- 掌握字符串处理、数据排序操作。
- 掌握数据分类、异常值检测等操作。

### 5. 考核方案

1）职业能力目标考核方案

“数据预处理”课程的职业能力目标考核方案如表 3-40 所示。

表 3-40 “数据预处理”课程的职业能力目标考核方案

| 序号 | 职业能力目标 | 考核标准 | 考核方式 | 证据材料 |
|---|---|---|---|---|
| 1 | 能够熟练下载、安装、配置数据采集和数据处理应用软件 | 1. 能够理解数据清洗和 ETL 的基本概念 | 作业、练习 | 成绩记录 |
| | | 2. 能够自主安装 Kettle 工具和 Python 集成开发环境 | | |
| | | 3. 能够正确使用数据格式及编码 | | |
| 2 | 能够正确使用数据处理工具对数据进行抽取 | 1. 能够熟练地对文本文件数据进行抽取 | 作业、练习 | 成绩记录 |
| | | 2. 能够熟练地对 Web 数据进行抽取 | | |
| | | 3. 能够熟练地对数据库数据进行抽取 | | |
| 3 | 能够熟练使用数据处理工具对数据进行清洗 | 1. 能够熟练利用字符串剪切、替换等操作进行数据清洗 | 作业、练习 | 成绩记录 |
| | | 2. 能够熟练利用拆分字段、合并字段、选择字段等操作进行数据清洗 | | |
| | | 3. 能够熟练利用列转行、行转列、行扁平化等操作进行数据清洗 | | |
| | | 4. 能够熟练利用流查询、计算器等进行数据清洗 | | |

续表

| 序号 | 职业能力目标 | 考核标准 | 考核方式 | 证据材料 |
|---|---|---|---|---|
| 4 | 能够熟练使用数据处理工具对数据进行转换 | 1．能够熟练利用信用卡校验、电子邮箱校验、XML 文件校验等操作进行数据转换 | 作业、练习 | 成绩记录 |
| | | 2．能够熟练利用记录排序、去重、模糊匹配、过滤记录等操作进行数据转换 | | |
| 5 | 能够根据实际需求，对数据进行作业设置 | 1．能够掌握作业的创建及执行方法 | 作业、练习 | 成绩记录 |
| | | 2．能够熟练使用作业中的变量、日志及邮件 | | |
| | | 3．能够熟练使用作业完成数据处理操作 | | |
| 6 | 能够正确使用 Pandas 对数据进行抽取 | 1．能够熟练使用 Pandas 进行文本文件数据的读/写操作 | 作业、练习 | 成绩记录 |
| | | 2．能够熟练使用 Pandas 进行 Web 数据的读/写操作 | | |
| | | 3．能够熟练使用 Pandas 进行数据库数据的读/写操作 | | |
| 7 | 能够正确使用 Pandas 对数据进行清洗、转换和装载等操作 | 1．能够熟练使用 Pandas 进行数据准备 | 作业、练习 | 成绩记录 |
| | | 2．能够熟练使用 Pandas 进行数据拼接、数据组合操作 | | |
| | | 3．能够熟练使用 Pandas 进行行列互换、数据删除等操作 | | |
| | | 4．能够熟练使用 Pandas 进行删除重复元素、补充缺失值、数据映射等操作 | 作业、练习 | 成绩记录 |
| | | 5．能够熟练使用 Pandas 进行字符串处理、数据排序操作 | | |
| | | 6．能够熟练使用 Pandas 进行数据分类、异常值检测等操作 | | |
| 8 | 能够根据实际需求，熟练使用不同的工具进行数据处理 | 1．能够熟练使用工具对数据进行清洗 | 练习 | 成绩记录 |
| | | 2．能够根据需求清洗出实用数据 | | |

2）通用能力与职业素质目标考核方案

“数据预处理”课程的通用能力与职业素质目标考核方案如表 3-41 所示。

**表 3-41　“数据预处理”课程的通用能力与职业素质目标考核方案**

| 分类 | | 通用能力与职业素质 | 考核标准 | 考核方式 |
|---|---|---|---|---|
| A | A1 | 爱心意识 | 1．懂得感恩，有同情心 | 学生互评 |
| | | | 2．有羞耻感，学会自尊、自强 | |
| | | | 3．能够自觉遵守公民道德规范 | |
| | A2 | 责任意识 | 1．能够自觉遵守法律法规和社会规范 | 学生互评 |
| | | | 2．在学习和工作中，遵守各项规章制度 | |
| | | | 3．履行职责，既能够对自己负责，又能够主动服务团队和集体 | |

续表

| 分类 | | 通用能力与职业素质 | 考核标准 | 考核方式 |
|---|---|---|---|---|
| B | B1 | 身体健康 | 1. 合理安排作息时间 | 学生互评 |
| | | | 2. 养成锻炼身体的习惯 | |
| | | | 3. 养成科学的饮食习惯 | |
| | B2 | 情绪调控能力 | 1. 能够正常表达自己的情感 | 学生互评 |
| | | | 2. 面对突发事件，能够有效控制情绪 | |
| | | | 3. 学会正确的心理调适方法 | |
| C | C1 | 语言文字能力 | 1. 发音准确，口头表达条理清晰 | 教师评价 |
| | | | 2. 书面表达字迹工整、语句通顺、含义清楚 | |
| | | | 3. 书面文体符合规范 | |
| | C2 | 信息处理能力 | 1. 能够借助图书、互联网等传媒有效地获取信息 | 作业 |
| | | | 2. 能够借助团队或他人有效地获取信息 | |
| | | | 3. 能够对信息进行加工整理，并且合理使用 | |
| D | D1 | 科学思维能力 | 1. 能够运用逻辑思维方法进行问题研究 | 实训操作 |
| | | | 2. 能够运用数学方法进行基本计算和定量分析 | |
| | | | 3. 能够针对问题提出合理、有效的解决方案 | |
| | D2 | 自主学习能力 | 1. 能够合理制订学习计划 | 教师评价 |
| | | | 2. 能够有效地执行学习计划，并且根据实际情况进行调整 | |
| | | | 3. 能够不断改进学习方法 | |
| E | E1 | 沟通交流能力 | 1. 养成认真倾听的习惯 | 教师评价、学生互评 |
| | | | 2. 能够正确理解他人的问题 | |
| | | | 3. 能够正确表达自己的意见 | |
| | E2 | 与人合作能力 | 1. 尊重他人 | 实训操作 |
| | | | 2. 能够与他人有效地进行沟通 | |
| | | | 3. 作为团队成员，能够主动履职、互相配合 | |
| F | F1 | 安全意识 | 1. 能够在工作场所按照安全规范穿戴和使用劳动防护用品 | 教师评价、学生互评 |
| | | | 2. 具有安全操作意识，能够按照安全规范使用各种工具及设备 | |
| | | | 3. 具备对触电、起火、雷击等事故的应急处理能力 | |
| | F2 | 环保意识 | 1. 能够自觉保持、主动维护学习和工作场所的环境卫生 | 教师评价、学生互评 |
| | | | 2. 能够自觉保持工作服装等用品的卫生整洁 | |
| | | | 3. 在学习和工作中，表现出节能、环保意识 | |
| G | G1 | 批判性思维 | 1. 勇于质疑和表达观点 | 实训操作 |
| | | | 2. 在质疑的同时，能够进一步提出建设性意见 | |
| | G2 | 就业与创业意识 | 1. 对自己的职业生涯有明确的认识 | 教师评价 |
| | | | 2. 能够为将来的就业与创业做积极准备 | |

“数据预处理”课程注重对学生学习过程的考评，重点考核学生的动手操作能力。期中、期末各有一次实操性考核，用于考查学生学习本课程的效果。在本课程结束后，对学生的成绩和各项素质进行全面评价。

总评成绩的计算公式如下：

总评成绩=期中成绩×20%+期末成绩×30%+平时成绩×50%

#### 6. 教学文件资源的开发意见

1）授课计划、教案等教学文件的编写意见

可以根据课程内容编写授课计划、教案等教学文件，以 2 课时或 4 课时为一个单位。

2）实验指导书、实训指导书、校本教材等教学资料的开发意见

开发若干个教学案例，以简单易懂的案例为主，从能力目标出发，与课程内容紧密相连，可以参考使用。

可以根据实际情况自主开发实验指导书和实训指导书。

3）其他教学文件资料的开发意见

开发学习指南及网络课程资源，以便学生自学。

#### 7. 教学资源的使用建议

1）教学设施资源的使用建议

“数据预处理”课程以操作为主，所有课程均需要在机房完成，可以利用的设施资源主要是机房。

2）教学文件资源的使用建议

教学文件资源包括 PPT、Word 文档、视频、微课、习题、案例素材等，可以根据实际情况选择使用。

### 3.1.5　数据挖掘应用

#### 1. 课程标准

学分：4 学分。

参考学时：64 学时。

#### 2. 课程概述

1）说明

数据挖掘又称为数据采矿，是数据库知识发现（KDD）的一个步骤，主要任务是从大量的数据中通过算法搜索隐藏于其中的有价值的信息。随着社会信息化的发展和数据量的激增，数据挖掘始终以独立的身份存在于大数据处理的过程中，其地位不可替代。

2）课程性质

“数据挖掘应用”课程是大数据技术专业的核心技术课程，一般设置于贯通第十学期，其先修课程包括“Java 模块开发”“Web 信息检索与数据抓取”“分布式数据库”“R 语言基础”等，同期主修课程为“大数据处理技术”“Python 编程基础”。

3）设计思路

在以核心职业能力为培养目标的课程体系中，“数据挖掘应用”课程以 IBM 公司的 SPSS Modeler 为主线，采用“任务驱动”教学方法，将理论与实践相结合，帮助学生掌握

数据挖掘的基本概念、原理、算法、分析方法、技术和应用，培养学生基于 SPSS Modeler 完成结构化数据的准备、清洗、挖掘的能力及撰写总结报告的能力，理解和掌握 SPSS Modeler 的基本算法与参数设置，为后续在相关领域开展技术技能工作打下坚实的基础。

"数据挖掘应用"课程需要完成以下 4 个项目。

- 项目 1：数据挖掘应用初识。
- 项目 2：数据加工与预处理方法。
- 项目 3：数据挖掘算法。
- 项目 4：数据挖掘工具。

### 3. 课程目标（职业能力目标）

1）说明

"数据挖掘应用"课程将从预测任务和知识发现两方面介绍数据挖掘的相关知识，预测任务是指根据其他属性的值预测特定属性的值，知识发现是指导出概括数据中潜在联系的模式。本课程重点讲解数据挖掘中的分类技术、聚类分析等算法。

2）主要目标

"数据挖掘应用"课程的主要目标（职业能力目标）如下。

- 项目 1：了解数据挖掘技术的由来与演变，了解数据挖掘的过程与常用算法。
- 项目 2：理解数据预处理工作的主要任务，并且能够使用 SPSS Modeler 完成数据准备工作。
- 项目 3：熟练掌握数据挖掘的分类、聚类、关联、预测的理论和方法，根据需求选择合适的数据挖掘算法。
- 项目 4：熟练掌握基于 SPSS Modeler 的聚类分析方法，包括 K-means 算法与离群点检测方法；熟练掌握基于 SPSS Modeler 的各种分类、聚类、关联、预测的方法，包括贝叶斯网络、人工神经网络等；熟练掌握基于 SPSS Modeler 的关联分析方法。

### 4. 职业能力解析表

"数据挖掘应用"课程各项目的职业能力解析表如表 3-42～表 3-45 所示。

表 3-42 "数据挖掘应用初识"项目的职业能力解析表

| 职业能力目标 | 了解数据挖掘技术的由来与演变，了解数据挖掘的过程与常用算法 |
|---|---|
| 编号 | 1 |
| 具体描述 | 数据挖掘的由来与演变，数据挖掘的常用算法、数据仓库、数据立方体、数据预处理，数据挖掘的第一个应用实践 |
| 步骤 | 1. 数据挖掘导论 |
| | 2. 大数据时代的常见技术特征 |
| | 3. 数据挖掘的过程与算法简介 |
| | 4. 第一个数据挖掘应用 |
| 工具与设备 | 1. 计算机、办公软件、投影仪 |
| | 2. 打印机 |

续表

| | |
|---|---|
| 知识基础 | 1．大数据技术的应用与常见技术特征 |
| | 2．数据挖掘技术的分类 |
| | 3．数据仓库的基本概念 |
| | 4．SPSS Modeler 的基本安装及使用方法 |
| 通用能力与职业素质 | 1．数据挖掘的基本理论 |
| | 2．与人合作能力 |
| | 3．科学思维能力 |
| 考核标准 | 1．能够正确地解释数据挖掘的基本理论 |
| | 2．能够解释数据挖掘的过程与算法分类 |
| | 3．能够完成数据挖掘应用 |

**表 3-43　“数据加工与预处理方法”项目的职业能力解析表**

| 职业能力目标 | 理解数据预处理工作的主要任务，并且能够使用 SPSS Modeler 完成数据准备工作 |
|---|---|
| 编号 | 2 |
| 具体描述 | 对获取的数据进行清洗，处理异常数据，对数据进行转换、计算、排序 |
| 步骤 | 1．处理重复、不完整、格式错误的数据 |
| | 2．计算数据，拆分、合并数据 |
| | 3．简单的数据分析 |
| | 4．数据透视与精简 |
| 工具与设备 | 1．计算机、办公软件、投影仪 |
| | 2．打印机 |
| 知识基础 | 1．数据的预处理 |
| | 2．数据的准备方法 |
| | 3．数据的基本分析方法 |
| | 4．数据的精简方法 |
| 通用能力与职业素质 | 1．数据的加工、预处理能力 |
| | 2．与人合作能力 |
| | 3．科学思维能力 |
| | 4．批判性思维能力 |
| 考核标准 | 1．能够正确甄别和处理重复数据、不完整数据、异常值等 |
| | 2．能够通过计算、拆分、合并等方法处理数据 |
| | 3．能够使用工具生成数据透视图 |

**表 3-44　“数据挖掘算法”项目的职业能力解析表**

| 职业能力目标 | 熟练掌握数据挖掘的分类、聚类、关联、预测的理论和方法，根据需求选择合适的数据挖掘算法 |
|---|---|
| 编号 | 3 |
| 具体描述 | 掌握常用的数据挖掘算法的理论基础；在实践中，能够根据需求选择合适的数据挖掘算法 |
| 步骤 | 1．分析行业背景和数据特点 |
| | 2．任务分析 |
| | 3．根据任务需求选择合适的数据挖掘算法 |

续表

| | |
|---|---|
| 工具与设备 | 1．计算机、投影仪 |
| | 2．互联网、办公软件 |
| 知识基础 | 1．行业背景知识 |
| | 2．C5.0 算法、K-means 算法、Apriori 算法、AdaBoost 算法、KNN 算法、CART 算法 |
| | 3．信息描述方法 |
| 通用能力与职业素质 | 1．统计学知识、常用的数据挖掘算法 |
| | 2．与人合作能力 |
| | 3．科学思维能力 |
| 考核标准 | 1．能够根据任务需求选择合适的数据挖掘算法 |
| | 2．能够对常用的数据挖掘算法进行准确解释 |
| | 3．能够对数据挖掘算法的参数进行准确设置 |

**表 3-45 “数据挖掘工具”项目的职业能力解析表**

| | |
|---|---|
| 职业能力目标 | 熟练掌握基于 SPSS Modeler 的聚类分析方法，包括 K-means 算法与离群点检测方法；熟练掌握基于 SPSS Modeler 的各种分类、聚类、关联、预测的方法，包括贝叶斯网络、人工神经网络等；熟练掌握基于 SPSS Modeler 的关联分析方法 |
| 编号 | 4 |
| 具体描述 | 根据任务需求，使用合适的数据分析算法对数据集进行分析 |
| 步骤 | 1．使用数据挖掘工具 |
| | 2．对数据进行预处理 |
| | 3．选择并使用数据分析算法对数据进行分析 |
| | 4．小组讨论，得出有效的数据分析结果 |
| 工具与设备 | 1．计算机、投影仪、SPSS Modeler |
| | 2．互联网、办公软件 |
| 知识基础 | 1．常用的数据分析算法 |
| | 2．行业背景知识 |
| | 3．数据挖掘工具的使用方法 |
| 通用能力与职业素质 | 1．科学思维能力 |
| | 2．与人合作能力 |
| | 3．责任意识 |
| 考核标准 | 1．能够正确、合理地使用数据挖掘工具 |
| | 2．能够根据任务需求选择合适的数据分析算法 |
| | 3．能够正确地进行参数设置 |
| | 4．能够对挖掘结果进行合理的分析 |

### 5．课程内容

1）基本框架

“数据挖掘应用”课程的基本框架如表 3-46 所示。

表 3-46 “数据挖掘应用”课程的基本框架

| 序号 | 教学项目 | 教学活动 | 教学方法 | 参考学时 |
|---|---|---|---|---|
| 1 | 数据挖掘课程导论 | 1.1 大数据时代的常见技术特征 | 讲授 | 2 |
| | | 1.2 数据挖掘初探 | 讲授 | 2 |
| | | 1.3 数据挖掘的过程与算法简介 | 讲授 | 2 |
| 2 | SPSS Modeler 简介与第一个数据挖掘应用 | 2.1 SPSS Modeler 简介 | 讲授、实验 | 2 |
| | | 2.2 第一个数据挖掘应用 | 项目制作 | 2 |
| 3 | 数据仓库与数据立方体 | 3.1 数据仓库技术 | 讲授 | 1 |
| | | 3.2 数据立方体技术 | 讲授 | 1 |
| 4 | 数据预处理技术 | 4.1 数据预处理技术概述 | 讲授、实验 | 2 |
| | | 4.2 数据预处理之数据读取 | 讲授、实验 | 2 |
| | | 4.3 数据预处理之数据理解 | 讲授、实验 | 2 |
| | | 4.4 数据预处理之数据准备 | 讲授、实验 | 4 |
| | | 4.5 数据预处理之基本分析 | 讲授、实验 | 4 |
| | | 4.6 数据预处理之数据精简 | 讲授、实验 | 4 |
| 5 | 分类预测 | 5.1 决策树的算法概述 | 讲授、实验 | 2 |
| | | 5.2 SPSS Modeler 的 C5.0 算法及应用 | 项目制作 | 2 |
| | | 5.3 SPSS Modeler 的分类回归树及应用 | 项目制作 | 2 |
| 6 | 贝叶斯网络 | 6.1 贝叶斯网络的方法概述 | 讲授、实验 | 2 |
| | | 6.2 SPSS Modeler 的贝叶斯网络应用 | 项目制作 | 2 |
| 7 | 聚类分析 | 7.1 聚类分析的基本概念 | 讲授、实验 | 2 |
| | | 7.2 聚类分析的算法 | 讲授、实验 | 4 |
| | | 7.3 聚类分析的离群点检测方法 | 讲授、实验 | 4 |
| 8 | 关联挖掘 | 8.1 关联挖掘的基本概念 | 讲授、实验 | 2 |
| | | 8.2 SPSS Modeler 的关联分析 | 项目制作 | 2 |
| 9 | 人工神经网络 | 9.1 人工神经网络概述 | 讲授、实验 | 2 |
| | | 9.2 建立人工神经网络的一般步骤 | 讲授、实验 | 2 |
| | | 9.3 B-P 反向传播网络 | 项目制作 | 2 |
| 10 | 期中考试、期末考试 | | | 4 |

2）主要内容与要求

“数据挖掘应用”课程的主要内容与要求如表 3-47 所示。

表 3-47 “数据挖掘应用”课程的主要内容与要求

| 教学项目 | 教学活动 | 主要内容与要求 |
|---|---|---|
| 1. 数据挖掘课程导论 | 1.1 大数据时代的常见技术特征 | 了解并掌握大数据技术的应用方法与常见技术特征 |
| | 1.2 数据挖掘初探 | 学习并熟练掌握数据挖掘的由来与演变、什么是数据挖掘、为什么要进行数据挖掘、数据挖掘技术的分类 |
| | 1.3 数据挖掘的过程与算法简介 | 学习并掌握知识发现的概念与过程、数据挖掘的过程、数据挖掘的基本算法 |

续表

| 教学项目 | 教学活动 | 主要内容与要求 |
| --- | --- | --- |
| 2．SPSS Modeler 简介与第一个数据挖掘应用 | 2.1 SPSS Modeler 简介 | SPSS Modeler 界面介绍，掌握 SPSS Modeler 的基本安装方法及使用方法 |
| | 2.2 第一个数据挖掘应用 | 掌握数据挖掘的基本方法，掌握数据的导入、清洗与挖掘的基本过程 |
| 3．数据仓库与数据立方体 | 3.1 数据仓库技术 | 掌握数据仓库的基本概念、数据仓库的实现及 OLAP 数据分析方法 |
| | 3.2 数据立方体技术 | 理解数据立方体的概念及常用的计算方法 |
| 4．数据预处理技术 | 4.1 数据预处理技术概述 | 了解什么是数据预处理技术、为什么要进行数据预处理、数据预处理的主要任务 |
| | 4.2 数据预处理之数据读取 | 理解并掌握数据读取的主要工作，以及 SPSS Modeler 的数据读取与集成方法 |
| | 4.3 数据预处理之数据理解 | 了解数据挖掘的主要任务，明确 SPSS Modeler 的数据理解方法 |
| | 4.4 数据预处理之数据准备 | 掌握 SPSS Modeler 的数据准备方法 |
| | 4.5 数据预处理之基本分析 | 掌握 SPSS Modeler 的基本分析方法 |
| | 4.6 数据预处理之数据精简 | 掌握 SPSS Modeler 的数据精简方法 |
| 5．分类预测 | 5.1 决策树的算法概述 | 理解决策树的概念、核心问题与修剪方法 |
| | 5.2 SPSS Modeler 的 C5.0 算法及应用 | 理解信息熵与信息增益，掌握 C5.0 算法及其基本的应用示例 |
| | 5.3 SPSS Modeler 的分类回归树及应用 | 了解分类回归树的概念、修剪过程和基本应用 |
| 6．贝叶斯网络 | 6.1 贝叶斯网络的方法概述 | 掌握贝叶斯公式与概率，了解 TAN 网络与马尔可夫毯网络 |
| | 6.2 SPSS Modeler 的贝叶斯网络应用 | SPSS Modeler 的 TAN 网络应用 |
| 7．聚类分析 | 7.1 聚类分析的基本概念 | 掌握聚类分析的概念、一般过程及参数设置方法 |
| | 7.2 聚类分析的算法 | 掌握 K-means 聚类算法、两步聚类算法及其应用：明氏距离与欧氏距离；掌握 Kohonen 网络聚类及其应用 |
| | 7.3 聚类分析的离群点检测方法 | 理解离群点的概念、类型，掌握离群点检测方法，并且能够进行基于聚类的离群点检测 |
| 8．关联挖掘 | 8.1 关联挖掘的基本概念 | 理解关联挖掘的概念，如支持度与置信度；Apriori 算法；序列关联与应用 |
| | 8.2 SPSS Modeler 的关联分析 | 掌握 SPSS Modeler 的关联分析应用 |
| 9．人工神经网络 | 9.1 人工神经网络概述 | 了解人工神经网络的基本概念、算法解析和意义 |
| | 9.2 建立人工神经网络的一般步骤 | 了解人工神经网络的数据准备、网格结构及确定网络权值的过程 |
| | 9.3 B-P 反向传播网络 | 了解 B-P 反向传播网络的特点与应用 |

## 6. 考核方案

### 1）职业能力目标考核方案

“数据挖掘应用”课程的职业能力目标考核方案如表 3-48 所示。

表 3-48　“数据挖掘应用”课程的职业能力目标考核方案

| 序号 | 职业能力目标 | 考核标准 | 考核方式 | 证据材料 |
|---|---|---|---|---|
| 1 | 了解数据挖掘技术的由来与演变，了解数据挖掘的过程与常用算法 | 1. 掌握大数据技术的应用方法与常见技术特征 | 笔试 | 试卷 |
| | | 2. 掌握什么是数据挖掘、为什么要进行数据挖掘、数据挖掘技术的分类、知识发现的概念与过程、数据挖掘的过程、数据挖掘的基本算法 | | |
| | | 3. 掌握数据挖掘的基本方法，掌握数据的导入、清洗与挖掘的基本过程 | | |
| | | 4. 理解数据立方体的概念及常用的计算方法 | | |
| 2 | 理解数据预处理工作的主要任务，并且能够使用 SPSS Modeler 完成数据准备工作 | 1. 了解什么是数据预处理技术、为什么要进行数据预处理、数据预处理的主要任务 | 现场操作 | 操作考核记录 |
| | | 2. 理解并掌握数据读取的主要工作，能够利用 SPSS Modeler 进行数据读取与集成 | | |
| | | 3. 了解数据挖掘的主要任务，能够利用 SPSS Modeler 进行数据挖掘 | | |
| | | 4. 掌握 SPSS Modeler 的数据准备方法 | | |
| | | 5. 掌握 SPSS Modeler 的基本分析方法 | | |
| | | 6. 掌握 SPSS Modeler 的数据精简方法 | | |
| 3 | 熟练掌握数据挖掘的分类、聚类、关联、预测的理论和方法，根据需求选择合适的数据挖掘算法 | 1. 理解决策树核心问题与修剪方法 | 笔试 | 试卷 |
| | | 2. 了解分类回归树的概念、修剪过程和基本应用 | | |
| | | 3. 掌握贝叶斯公式与概率，了解 TAN 网络与马尔可夫毯网络 | | |
| | | 4. 掌握聚类分析的概念、一般过程及参数设置方法 | | |
| | | 5. 掌握 K-means 聚类算法、两步聚类算法及其应用；明氏距离与欧氏距离；掌握 Kohonen 网络聚类及其应用 | | |
| | | 6. 理解关联挖掘的概念，如支持度与置信度；Apriori 算法；序列关联与应用 | | |
| | | 7. 了解人工神经网络的基本概念、算法解析和意义 | | |
| 4 | 熟练掌握基于 SPSS Modeler 的聚类分析方法，包括 K-means 算法与离群点检测方法；熟练掌握基于 SPSS Modeler 的各种分类、聚类、关联、预测的方法，包括贝叶斯网络、人工神经网络等；熟练掌握基于 SPSS Modeler 的关联分析方法 | 1. 使用 SPSS Modeler 进行分类预测 | 现场操作 | 操作考核记录 |
| | | 2. 使用 SPSS Modeler 进行聚类分析 | | |
| | | 3. 使用 SPSS Modeler 进行关联挖掘 | | |
| | | 4. 使用 SPSS Modeler 进行人工神经网络分析 | | |

2）通用能力与职业素质目标考核方案

“数据挖掘应用”课程的通用能力与职业素质目标考核方案如表 3-49 所示。

表 3-49 “数据挖掘应用”课程的通用能力与职业素质目标考核方案

| 分类 | | 通用能力与职业素质 | 考核标准 | 考核方式 |
|---|---|---|---|---|
| A | A1 | 爱心意识 | 1. 懂得感恩，有同情心 | 学生互评 |
| | | | 2. 有羞耻感，学会自尊、自强 | |
| | | | 3. 能够自觉遵守公民道德规范 | |
| | A2 | 责任意识 | 1. 能够自觉遵守法律法规和社会规范 | 学生互评 |
| | | | 2. 在学习和工作中，遵守各项规章制度 | |
| | | | 3. 履行职责，既能够对自己负责，又能够主动服务团队和集体 | |
| B | B1 | 身体健康 | 1. 合理安排作息时间 | 学生互评 |
| | | | 2. 养成锻炼身体的习惯 | |
| | | | 3. 养成科学的饮食习惯 | |
| | B2 | 情绪调控能力 | 1. 能够正常表达自己的情感 | 教师评价 |
| | | | 2. 面对突发事件，能够有效控制情绪 | |
| | | | 3. 学会正确的心理调适方法 | |
| C | C1 | 语言文字能力 | 1. 发音准确，口头表达条理清晰 | 项目制作 |
| | | | 2. 书面表达字迹工整、语句通顺、含义清楚 | |
| | | | 3. 书面文体符合规范 | |
| | C2 | 信息处理能力 | 1. 能够借助图书、互联网等传媒有效地获取信息 | 项目制作 |
| | | | 2. 能够借助团队或他人有效地获取信息 | |
| | | | 3. 能够对信息进行加工整理，并且合理使用 | |
| D | D1 | 科学思维能力 | 1. 能够运用逻辑思维方法进行问题研究 | 教师评价 |
| | | | 2. 能够运用数学方法进行基本计算和定量分析 | |
| | | | 3. 能够针对问题提出合理、有效的解决方案 | |
| | D2 | 自主学习能力 | 1. 能够合理制订学习计划 | 项目制作 |
| | | | 2. 能够有效地执行学习计划，并且根据实际情况进行调整 | |
| | | | 3. 能够不断改进学习方法 | |
| E | E1 | 沟通交流能力 | 1. 养成认真倾听的习惯 | 学生互评 |
| | | | 2. 能够正确理解他人的问题 | |
| | | | 3. 能够正确表达自己的意见 | |
| | E2 | 与人合作能力 | 1. 尊重他人 | 研讨活动 |
| | | | 2. 能够与他人有效地进行沟通 | |
| | | | 3. 作为团队成员，能够主动履职、互相配合 | |
| F | F1 | 安全意识 | 1. 能够在工作场所按照安全规范穿戴和使用劳动防护用品 | 项目制作 |
| | | | 2. 具有安全操作意识，能够按照安全规范使用各种工具及设备 | |
| | | | 3. 具备对触电、起火、雷击等事故的应急处理能力 | |
| | F2 | 环保意识 | 1. 能够自觉保持、主动维护学习和工作场所的环境卫生 | 学生互评 |
| | | | 2. 能够自觉保持工作服装等用品的卫生整洁 | |
| | | | 3. 在学习和工作中，表现出节能、环保意识 | |

续表

| 分类 | | 通用能力与职业素质 | 考核标准 | 考核方式 |
| --- | --- | --- | --- | --- |
| G | G1 | 批判性思维 | 1．勇于质疑和表达观点 | 成果汇报 |
| | | | 2．在质疑的同时，能够进一步提出建设性意见 | |
| | G2 | 就业与创业意识 | 1．对自己的职业生涯有明确的认识 | 教师评价 |
| | | | 2．能够为将来的就业与创业做积极准备 | |

说明：

① 职业能力目标考核方案。

- 对每项职业能力目标都应列举出相应的考核标准，考核标准必须是可测量、便于评分定级的。
- 核心课程的考核方式应与其“任务驱动”教学方法保持一致。常见的考核方式有项目制作、案例分析、社会实践、现场操作、笔试、口试等，相应的证据材料有项目报告、案例分析报告、调研报告或论文、操作考核记录、试卷、考试记录等。

② 通用能力与职业素质目标考核方案。

通用能力与职业素质目标的考核方案应结合本课程的教学特点，在学习过程中考核，或者与职业能力考核相结合。常见的考核方案有项目制作、研讨活动、成果汇报、项目制作等。

**7．教学文件资源的开发意见**

1）课程教学设计方案的编写意见

- “数据挖掘应用”课程可以选择一两本数据挖掘的相关教材作为参考教材。
- 建议在计算机上安装参考电子文档。
- 建议使用由中国人民大学出版社出版，由薛薇主编的《基于 SPSS Modeler 的数据挖掘》作为首选教材。
- 建议开通局域网与互联网，方便学生进行信息检索。

2）教学资料的开发思路与意见

“数据挖掘应用”课程的教学资料包括项目指导书（教学案例集）、校本教材等。

- 开发各类项目文档，应详细描述项目背景、技术指标要求、内容要点，给出总体设计和具体设计的框架，明确需要上交的相关文档，明确考核要求与标准。
- 课堂活动方案的设计难点在于要事先预测课堂上大部分学生可能遇到的难题，并且提前设计好解决办法，从而保证课程方案的顺利实施。

3）网络课程相关文件的开发思路与意见

- 建议开发校本教材。
- 使用专用的在线教学平台开展教学、考核。
- 针对教学内容进行媒体资源建设。

#### 8．教学资源的使用建议

1）教学设施资源的使用建议

- 建议在实训室附近安排统一讨论区。
- 建议实训室在学生自习时间开放。

2）教学文件资源的使用建议

建议按照项目进程，在项目的每个阶段都使用相应的参考教学资源。对于未列出的问题，学生可以自行查询相关资料。

### 3.1.6 大数据可视化技术应用

#### 1．课程标准

学分：4 学分。

参考学时：64 学时。

#### 2．课程概述

1）课程性质

“大数据可视化技术应用”课程是大数据技术专业的一门专业核心课程，处于职业能力形成阶段，学生在学习该课程之前学习了“数据采集与处理”“数据分析技术”“Python 编程基础”“大数据基础”等课程。本课程主要让学生掌握数据可视化方案的设计方法，并且结合业务场景设计出实用的可视化方案；掌握折线图、柱状图、堆积图、散点图、饼图等常见的数据呈现图表的制作方法；掌握数据可视化的规律，应用可视化方案对已采集的数据结果进行展现，使数据既直观又美观，从而提供优秀的用户体验；掌握企业级数据可视化工具，能够制作数据仪表板，并且为后续的生产性实训和上岗就业打下基础。

2）设计思路

“大数据可视化技术应用”课程主要培养学生了解和熟悉大数据可视化理念，将大数据可视化技术应用到学习和实践活动中，使学生保持浓厚的学习热情，加深对大数据可视化技术的兴趣，从而认识、理解和掌握大数据可视化技术。

“大数据可视化技术应用”课程可以让学生接触并了解大数据可视化的工作原理和使用方法，使学生具有大数据可视化的设计和开发能力，具备大数据可视化编码的基本技能，具有较强的分析问题和解决问题的能力，为将来从事大数据相关领域的工作打下坚实的基础。

“大数据可视化技术应用”课程主要需要完成以下 6 个任务。

- 任务 1：大数据可视化概念和原理。
- 任务 2：大数据可视化方法。
- 任务 3：大数据可视化工具介绍。
- 任务 4：大数据可视化工具应用。
- 任务 5：大数据可视化高级应用。
- 任务 6：大数据可视化综合应用。

### 3. 课程目标

1）知识目标

- 了解大数据可视化的概念、发展历史。
- 了解数据、图形与可视化的关系。
- 掌握大数据可视化的特征。
- 了解大数据可视化的流程。
- 了解大数据可视化的设计技巧。
- 了解大数据可视化图表的分类。
- 掌握词云和社交网络图的实现方法。
- 了解大数据可视化初级应用工具（Excel、ECharts、Tableau、D3.js）。
- 掌握 Excel 函数、Excel 图表、Excel 数据源和 Excel 可视化应用。
- 掌握 Tableau 的使用方法，并且使用 Tableau 绘制可视化图表、进行数据分析。
- 掌握 ECharts 和 Pyecharts 的使用方法。
- 掌握 Matplotlib 库、Pandas 库、Seaborn 库、Bokeh 库和 PyQtGraph 库中的绘图方法。
- 掌握商业案例中的数据分析与数据可视化方法。

2）职业能力目标

- 能够理解大数据可视化的原理、重要作用及应用领域。
- 能够理解大数据可视化图表的分类，在进行数据可视化时，能够选择合适的图表。
- 掌握各种大数据可视化工具的特点和应用，能够根据不同的用途选择合适的大数据可视化工具。
- 能够利用 Excel、Tableau 和 ECharts 进行数据可视化，并且体会改变数据形式引起的图表变化。
- 能够搭建 Python 集成开发环境，并且应用 Python 进行数据可视化。
- 能够对商业案例中的数据进行分析和可视化。

3）素质目标

- 树立正确的世界观、人生观、价值观。
- 激发学生对祖国语言的热爱，进行爱国主义思想教育。
- 尊重科学、尊重知识。
- 热爱学习、热爱读书，培养学生的创新意识。
- 自律、自强。
- 尊敬师长，懂得感恩，在家与父母和谐相处，适当分担家务。

### 4. 职业能力解析表

“大数据可视化技术应用”课程的职业能力解析表如表 3-50～表 3-55 所示。

表 3-50　职业能力解析表（1）

| 职业能力目标 | 能够理解大数据可视化的原理、重要作用及应用领域 |
|---|---|
| 编号 | 1 |

续表

| | |
|---|---|
| 具体描述 | 能够理解大数据可视化的概念、特征、原理、重要作用、流程、原则和设计技巧 |
| 步骤 | 1. 深入了解大数据可视化的概念、特征和原理 |
| | 2. 理解图表在大数据可视化中的重要作用 |
| | 3. 熟悉大数据可视化的流程、原则和设计技巧 |
| 工具与设备 | 计算机、互联网、办公软件 |
| 知识基础 | 理解数据及数据所要表达的含义、图片及图片分享的力量、大数据可视化的应用方法 |
| 态度、素质 | 1. 信息处理能力 |
| | 2. 自主学习能力 |
| | 3. 安全意识 |
| 考核标准 | 1. 了解大数据可视化的概念、发展历史 |
| | 2. 了解数据、图形与可视化之间的关系 |
| | 3. 掌握大数据可视化的特征、流程、原则和设计技巧 |

**表 3-51 职业能力解析表（2）**

| 职业能力目标 | 能够理解大数据可视化图表的分类，在进行数据可视化时，能够选择合适的图表 |
|---|---|
| 编号 | 2 |
| 具体描述 | 了解大数据可视化图表的分类、掌握词云和社交网络图的实现方法 |
| 步骤 | 1. 了解大数据可视化图表的分类 |
| | 2. 了解文本可视化的设计流程 |
| | 3. 掌握词云和社交网络图的实现方法 |
| 工具与设备 | 计算机、互联网、办公软件 |
| 知识基础 | 大数据可视化的方法和分类 |
| 态度、素质 | 1. 信息处理能力 |
| | 2. 自主学习能力 |
| | 3. 安全意识 |
| 考核标准 | 1. 熟练掌握大数据可视化图表的分类，学会选择合适的图表 |
| | 2. 熟悉文本可视化的设计流程 |
| | 3. 掌握词云和社交网络图的实现方法 |

**表 3-52 职业能力解析表（3）**

| 职业能力目标 | 掌握各种大数据可视化工具的特点和应用，能够根据不同的用途选择合适的大数据可视化工具 |
|---|---|
| 编号 | 3 |
| 具体描述 | 掌握 Excel 可视化、ECharts 可视化、Tableau 可视化、魔镜可视化和 D3.js 可视化的特点及应用 |
| 步骤 | 1. 掌握 Excel 可视化的特点及应用 |
| | 2. 掌握 ECharts 可视化的特点及应用 |
| | 3. 掌握 Tableau 可视化的特点及应用 |
| | 4. 掌握魔镜可视化和 D3.js 可视化的特点及应用 |
| 工具与设备 | 计算机、互联网、办公软件 |
| 知识基础 | 大数据可视化图表的类型及作用 |

续表

| | |
|---|---|
| 态度、素质 | 1．动手能力 |
| | 2．总结分析能力 |
| | 3．认真细致的工作态度 |
| | 4．遵守操作规范 |
| 考核标准 | 1．能够利用 Excel 制作简单的可视化图表 |
| | 2．能够利用 ECharts 制作简单的可视化图表 |
| | 3．能够利用 Tableau 制作简单的可视化图表 |
| | 4．能够利用魔镜和 D3.js 制作简单的可视化图表 |

**表 3-53　职业能力解析表（4）**

| | |
|---|---|
| 职业能力目标 | 能够利用 Excel、Tableau、ECharts 进行数据可视化，并且体会改变数据形式引起的图表变化 |
| 编号 | 4 |
| 具体描述 | 能够从官方网站上下载 Tableau 安装程序并进行安装、配置；能够应用 ECharts 及 Excel 进行数据可视化；掌握使用 Tableau 创建、设计、保存视图和数据仪表板的基本方法和主要操作步骤 |
| 步骤 | 1．下载 Tableau 安装程序并进行安装、配置 |
| | 2．熟悉 ECharts 和 Excel 电子表格软件的函数与图表功能 |
| | 3．理解数理统计中的常见统计量，掌握 Excel 数据可视化方法 |
| | 4．掌握使用 Tableau 创建、设计、保存视图和数据仪表板的基本方法和主要操作步骤 |
| 工具与设备 | 计算机、互联网、办公软件 |
| 知识基础 | 数据的采集和清洗，Excel 的函数与图表处理功能，ECharts 可视化基础理论 |
| 态度、素质 | 1．动手能力 |
| | 2．总结分析能力 |
| | 3．认真细致的工作态度 |
| | 4．遵守操作规范 |
| 考核标准 | 1．能够下载 Tableau 安装程序并进行安装、配置 |
| | 2．能够应用 ECharts 及 Excel 进行数据可视化 |
| | 3．掌握使用 Tableau 创建、设计、保存视图和数据仪表板的基本方法和主要操作步骤 |
| | 4．能够利用 Tableau 绘制直方图、饼图和折线图 |
| | 5．能够建立 Tableau 仪表板 |

**表 3-54　职业能力解析表（5）**

| | |
|---|---|
| 职业能力目标 | 能够搭建 Python 集成开发环境，并且应用 Python 进行数据可视化 |
| 编号 | 5 |
| 具体描述 | 搭建 Python 集成开发环境，了解 Python 中的数据可视化库，掌握各种可视化库中的绘图方法 |
| 步骤 | 1．了解 Python 中的可视化库，了解 NumPy 库的基本原理 |
| | 2．掌握 Matplotlib 库中的绘图方法 |
| | 3．掌握 Pandas 库中的绘图方法 |
| | 4．掌握 Seaborn 库中的绘图方法 |
| | 5．掌握 Bokeh 库中的绘图方法 |
| | 6．掌握 PyQtGraph 库中的绘图方法 |

续表

| | |
|---|---|
| 工具与设备 | 计算机、互联网、办公软件、Python 集成开发环境 |
| 态度、素质 | 1. 动手能力 |
| | 2. 总结分析能力 |
| | 3. 认真细致的工作态度 |
| | 4. 遵守操作规范 |
| 知识基础 | 数据的采集和清洗，数组的概念，直方图、饼图、折线图的绘制方法 |
| 考核标准 | 1. 能够搭建 Python 集成开发环境 |
| | 2. 能够掌握各种可视化库中的绘图方法，并且应用这些方法绘制可视化图表 |

**表 3-55 职业能力解析表（6）**

| | |
|---|---|
| 职业能力目标 | 能够对商业案例中的数据进行分析和可视化 |
| 编号 | 6 |
| 具体描述 | 能够应用 Python 进行数据可视化；掌握商业案例中的数据分析与数据可视化方法 |
| 步骤 | 1. 应用 Python 绘制纵向柱状图 |
| | 2. 应用 Python 绘制水平柱状图 |
| | 3. 应用 Python 绘制多数据并列柱状图 |
| | 4. 应用 Python 绘制折线图 |
| 工具与设备 | 计算机、互联网、办公软件、Tableau |
| 知识基础 | 数据的采集和清洗，Tableau 仪表板的相关概念和操作 |
| 态度、素质 | 1. 动手能力 |
| | 2. 总结分析能力 |
| | 3. 认真细致的工作态度 |
| | 4. 遵守操作规范 |
| 考核标准 | 1. 能够找到数据源 |
| | 2. 能够使用 Python 对商业数据进行分析和可视化 |
| | 3. 能够根据不同的用途生成不同类型的可视化图表 |

## 5. 课程内容

1）基本框架

“大数据可视化技术应用”课程各任务的基本框架如表 3-56～表 3-61 所示。

**表 3-56 “大数据可视化概念和原理”任务的基本框架**

| 序号 | 教学任务 | 教学活动 | 教学方法 | 参考学时 |
|---|---|---|---|---|
| 1 | 大数据可视化概念和原理 | 1.1 大数据可视化基础 | 讲授和练习指导 | 2 |
| | | 1.2 大数据可视化的目标与作用，大数据可视化技术的特征与应用 | 讲授和练习指导 | 2 |
| | | 1.3 大数据可视化的流程、原则与设计技巧 | 讲授和练习指导 | 2 |
| 合计 | | | | 6 |

表 3-57　“大数据可视化方法”任务的基本框架

| 序号 | 教学任务 | 教学活动 | 教学方法 | 参考学时 |
|---|---|---|---|---|
| 2 | 大数据可视化方法 | 2.1 可视化图表介绍 | 讲授和练习指导 | 1 |
| | | 2.2 文本可视化的概念和流程 | 讲授和练习指导 | 2 |
| | | 2.3 社交网络图的实现 | 讲授和练习指导 | 1 |
| 合计 | | | | 4 |

表 3-58　“大数据可视化工具介绍”任务的基本框架

| 序号 | 教学任务 | 教学活动 | 教学方法 | 参考学时 |
|---|---|---|---|---|
| 3 | 大数据可视化工具介绍 | 3.1 Excel 和 ECharts 介绍 | 讲授和练习指导 | 2 |
| | | 3.2 Tableau 介绍 | 讲授和练习指导 | 2 |
| | | 3.3 魔镜和 D3.js 介绍 | 讲授和练习指导 | 2 |
| 合计 | | | | 6 |

表 3-59　“大数据可视化工具应用”任务的基本框架

| 序号 | 教学任务 | 教学活动 | 教学方法 | 参考学时 |
|---|---|---|---|---|
| 4 | 大数据可视化工具应用 | 4.1 Excel 函数与图表、Excel 数据源 | 讲授和练习指导 | 2 |
| | | 4.2 Excel 数据可视化实训练习 | 讲授和指导学生实训操作 | 2 |
| | | 4.3 Tableau 产品和界面 | 讲授和指导学生实训操作 | 2 |
| | | 4.4 利用 Tableau 实现数据可视化 | 讲授和指导学生实训操作 | 2 |
| | | 4.5 Tableau 数据分析 | 讲授和指导学生实训操作 | 2 |
| | | 4.6 ECharts 的下载、安装和使用 | 讲授和指导学生实训操作 | 2 |
| | | 4.7 ECharts 的数据可视化应用 | 讲授和指导学生实训操作 | 2 |
| | | 4.8 Pyecharts 的数据可视化应用 | 讲授和指导学生实训操作 | 2 |
| | | 4.9 ECharts 和 Pyecharts 综合应用 | 讲授和指导学生实训操作 | 4 |
| 合计 | | | | 20 |

表 3-60　“大数据可视化高级应用”任务的基本框架

| 序号 | 教学任务 | 教学活动 | 教学方法 | 参考学时 |
|---|---|---|---|---|
| 5 | 大数据可视化高级应用 | 5.1 Python 中的可视化库 | 讲授和练习指导 | 2 |
| | | 5.2 NumPy 库 | 讲授和指导学生实训操作 | 2 |
| | | 5.3 Matplotlib 库 | 讲授和练习指导 | 2 |
| | | 5.4 Pandas 库的数据可视化 | 讲授和指导学生实训操作 | 4 |
| | | 5.5 Seaborn 库的数据可视化 | 讲授和指导学生实训操作 | 4 |
| | | 5.6 Bokeh 库的数据可视化 | 讲授和指导学生实训操作 | 2 |

续表

| 序号 | 教学任务 | 教学活动 | 教学方法 | 参考学时 |
| --- | --- | --- | --- | --- |
| 5 | 大数据可视化高级应用 | 5.7 PyQtgraph 库的数据可视化 | 讲授和指导学生实训操作 | 4 |
| | | 5.8 Python 库的数据可视化 | 讲授和指导学生实训操作 | 2 |
| 合计 | | | | 22 |

表 3-61 “大数据可视化综合应用”任务的基本框架

| 序号 | 教学任务 | 教学活动 | 教学方法 | 参考学时 |
| --- | --- | --- | --- | --- |
| 6 | 大数据可视化综合应用 | 6.1 Python 数据可视化工具 | 讲授和指导学生实训操作 | 4 |
| | | 6.2 商业案例中的数据分析与数据可视化 | 讲授和指导学生实训操作 | 2 |
| 合计 | | | | 6 |

2）主要内容与要求

任务 1：大数据可视化概念和原理。

1.1 大数据可视化基础。

① 大数据可视化的概念。

② 大数据可视化的类型。

③ 大数据可视化的标准。

④ 大数据可视化与其他学科的关系。

⑤ 大数据可视化面临的挑战。

1.2 大数据可视化的目标与作用，大数据可视化技术的特征与应用。

① 大数据可视化的目标与作用。

② 大数据可视化技术的特征与应用。

1.3 大数据可视化的流程、原则与设计技巧。

① 大数据可视化的流程。

② 大数据可视化的原则与设计技巧。

任务 2：大数据可视化方法。

2.1 可视化图表介绍。

① 统计图表介绍。

② 数据功能图表介绍。

③ 可视化图表的选择与使用技巧。

2.2 文本可视化的概念和流程。

① 文本可视化概述。

② 词云概述及实现方法。

2.3 社交网络图的实现。

① 网络可视化概述。

② 使用 Python3 制作社交网络图。

任务 3：大数据可视化工具介绍。

3.1 Excel 和 ECharts。

① Excel 简介。

② Excel 的应用。

③ ECharts 简介。

④ ECharts 的应用。

3.2 Tableau 介绍。

① Tableau 简介。

② Tableau 的应用。

3.3 魔镜和 D3.js。

① 魔镜简介。

② 魔镜的应用。

③ D3.js 简介。

④ D3.js 的应用。

任务 4：大数据可视化工具应用。

4.1 Excel 函数与图表、Excel 数据源。

① Excel 函数。

② Excel 图表。

③ 从外部导入数据。

④ 随机产生数据。

4.2 Excel 数据可视化实训练习。

① 直方图。

② 折线图。

③ 饼图。

④ XY 散点图。

⑤ 箱形图。

4.3 Tableau 产品和界面。

① Tableau 介绍。

② Tableau 界面介绍。

4.4 利用 Tableau 实现数据可视化。

① 数据的导入及展示。

② 筛选器。

③ 保存工作表。

4.5 Tableau 数据分析。

① “分析”窗格介绍。

② Tableau 数据分析的实现。

③ Tableau 数据可视化实训练习。

4.6 ECharts 的下载、安装和使用。

① ECharts 的下载和安装。

② ECharts 的使用基础。

③ ECharts 的使用实例。

4.7 ECharts 的数据可视化应用。

4.8 Pyecharts 的数据可视化应用。

4.9 ECharts 和 Pyecharts 综合应用。

任务 5：大数据可视化高级应用。

5.1 Python 中的可视化库。

① Python 可视化库简介。

② Python 可视化库的安装与使用。

5.2 NumPy 库。

了解 NumPy 库的基本原理。

5.3 Matplotlib 库。

① Matplotlib 库简介。

② Matplotlib 数据可视化。

5.4 Pandas 库的数据可视化。

① Pandas 库的绘图介绍。

② Pandas 库的绘制实例。

5.5 Seaborn 库的数据可视化。

① Seaborn 库的绘图介绍。

② Seaborn 库的绘图实例。

5.6 Bokeh 库的数据可视化。

① Bokeh 库的绘图介绍。

② Bokeh 库的绘图实例。

5.7 PyQtGraph 库的数据可视化。

① PyQtGraph 库的绘图介绍。

② PyQtGraph 库的绘图实例。

③ PyQtGraph 内置绘图库。

5.8 Python 库的数据可视化。

综合实训练习。

任务 6：大数据可视化综合应用。

6.1 Python 数据可视化工具。

① Python 纵向柱状图实训。

② Python 水平柱状图实训。

③ Python 多数据并列柱状图实训。

④ Python 折线图实训。

⑤ Python 散点图实训。

6.2 商业案例中的数据分析与数据可视化。

① Python 数据可视化实训。

② 大数据可视化学习与实训总结。

## 6. 考核方案

“大数据可视化技术应用”课程注重对学生学习过程的考评。本课程分为 6 个任务，在完成每个任务后，都需要提交相应的数据源和可视化图表，并且将各个任务的完成情况和最终成果作为本课程的评价依据。

“大数据可视化技术应用”课程的职业能力目标考核方案如表 3-62 所示。

表 3-62 “大数据可视化技术应用”课程的职业能力目标考核方案

| 序号 | 职业能力目标 | 考核标准 | 考核方式 | 证据材料 |
|---|---|---|---|---|
| 1 | 能够理解大数据可视化的原理、重要作用及应用领域 | 1．了解大数据可视化的概念、发展历史<br>2．了解数据、图形与可视化之间的关系<br>3．掌握大数据可视化的特征、流程和设计技巧 | 项目制作 | 制作报告 |
| 2 | 能够理解大数据可视化图表的分类，在进行数据可视化时，能够选择合适的图表 | 1．了解大数据可视化图表的分类<br>2．了解文本可视化的设计流程<br>3．掌握词云和社交网络图的实现方法 | 项目制作 | 词云图、社交网络图 |
| 3 | 掌握各种大数据可视化工具的特点和应用，能够根据不同的用途选择合适的大数据可视化工具 | 1．能够利用 Excel 制作简单的可视化图表<br>2．能够利用 ECharts 制作简单的可视化图表<br>3．能够利用 Tableau 制作简单的可视化图表<br>4．能够利用魔镜和 D3.js 制作简单的可视化图表 | 项目制作 | Excel 图表、ECharts 图表、Tableau 图表 |
| 4 | 能够利用 Excel、Tableau、ECharts 进行数据可视化，并且体会改变数据形式引起的图表变化 | 1．能够下载 Tableau 安装程序并进行安装、配置<br>2. 能够应用 ECharts 及 Excel 进行数据可视化<br>3．掌握使用 Tableau 创建、设计、保存视图和数据仪表板的基本方法和主要操作步骤<br>4. 能够利用 Tableau 绘制直方图、饼图和折线图<br>5．能够建立 Tableau 仪表板 | 项目制作 | 成功下载并安装 Tableau、ECharts 和 Pyecharts。<br>Excel 图表、ECharts 图表、Tableau 图表 |

续表

| 序号 | 职业能力目标 | 考核标准 | 考核方式 | 证据材料 |
|---|---|---|---|---|
| 5 | 能够搭建Python集成开发环境，并且应用Python进行数据可视化 | 1．能够搭建Python集成开发环境<br>2．能够掌握各种可视化库中的绘图方法，并且应用这些方法绘制可视化图表 | 项目制作 | Python可视化分析结果 |
| 6 | 能够对商业案例中的数据进行分析和可视化 | 1．能够找到数据源<br>2．能够使用Python对商业数据进行分析和可视化<br>3．能够根据不同的用途生成不同类型的可视化图表 | 项目制作 | Python可视化分析结果 |

总评成绩计算公式：

总评成绩=平时成绩×50%+期中成绩×20%+期末成绩×30%

### 7．教学文件资源的开发意见

1）讲义的编写意见

建议按照“大数据可视化技术应用”课程的标准编写讲义。

- 讲义的编排结构，不再按照章节排序，而是按照教学任务的顺序排序。
- 以真实工作任务为依据，遵循教学规律，精选教学内容。
- 聘请企业技术人员参与讲义的编写工作。

2）教学资料的开发思路与意见

“大数据可视化技术应用”课程的教学资料包括项目任务书、案例教学方案、项目指导书、课堂活动方案等。本课程采用项目教学法，主要开发项目任务书和项目指导书。

① 项目任务书的开发思路和意见。

- 项目任务书中要明确给出项目名称、应达到的能力目标、时间进度要求。
- 项目任务书中要明确给出任务的主要技术指标、任务内容、任务要求。
- 以真实工作任务为依据，遵循教学规律，精选任务内容。
- 聘请企业技术人员参与项目任务书的开发工作。
- 明确考核要求和考核标准。

② 项目指导书的开发思路与意见。

项目指导书应在学习内容、数据可视化的意义、Tableau安装、Tableau应用、容易出现的问题及如何解决等方面为学生提供指导。

3）学习指南、学习包、课件等的开发思路与意见

开发学习指南及网络课程资源，以便学生自学。

### 8．教学资源的使用建议

1）教学设施资源的使用建议

① 教学组织。

采用项目教学法，融教、学、做于一体。

理论授课：实践教学=1：1，学生以小组的形式组织教学，每个小组 4～5 人，每个教师辅导 3～4 组。每周 4 学时，安排一个上午，建设连排。

② 学习环境。

理论教学场地：相应的教室。

实操场地：相应的实训室。

③ 使用设备。

计算机、良好的网络环境。

2）教学文件资源的使用建议

在项目开始前，给学生发放项目任务书和项目指导书，以便学生明确任务要求，做好各项准备工作。

### 3.1.7　Spark 技术与应用

#### 1．课程标准

学分：4 学分。

参考学时：64 学时。

#### 2．课程概述

1）课程性质

"Spark 技术与应用"课程是大数据技术专业的核心课程之一，处于职业能力形成阶段。

随着互联网的发展，数据来源越来越多，数据量越来越大，对大数据技术的应用需求越来越旺盛，对掌握分布式计算大数据技术的人才需求也越来越迫切，应用于大数据的分布式计算技术也在向更广的适用性、更高的运行效率、更便捷的开发、更高的系统化发展变化，形成了以 Hadoop+Spark 为核心的技术生态系统。其中，Spark 主要基于内存的分布式计算引擎，正在逐渐代替 Hadoop 的 MapReduce 分布式计算引擎，得到越来越广泛的应用。

"Spark 技术与应用"课程是一门技术性、实践性很强的专业课程。本课程围绕数据采集、数据清洗、大数据分析、大数据可视化、大数据开发、大数据运维等大数据技术与服务的知识与技能，培养学生的大数据处理、分析与应用的能力和大数据相关岗位的职业素养。本课程的前置课程为"大数据基础"，后续课程为"生产性实训"。

2）设计思路

① 课程设置的依据。

"Spark 技术与应用"课程是面向大数据技术与服务，针对实际工作中的大数据处理、分析与应用所需的知识、技能和素质而设置的课程。

② 课程内容确定的依据。

"Spark 技术与应用"课程以就业为导向，对学生的就业面向和职业岗位任职要求进行分析，并且基于工作过程系统化的理念进行设计。在课程设计过程中，以学生就业"所需"为主体，突出"帮助学生养成良好的职业道德"和"培养学生符合就业需求的专业技能"，使学生能够可持续发展，提高学生的终身学习能力。

“Spark 技术与应用”课程设计遵循“调研”→“设计”→“实现”→“运行”→“反馈”→“改进”的项目开发过程，以大数据处理、分析与应用的能力培养为主线，融入大数据相关行业及企业的职业要素，使课程的职业性、实践性和开放性得以充分体现。

根据人才市场的调查结果，在各类企事业单位中，大数据技术与服务的相关工作岗位有数据采集、数据清洗、大数据分析、大数据可视化、大数据开发、大数据运维等。本课程的教学主要立足于大数据技术与服务的相关岗位，培养学生的大数据处理、分析与应用的能力和大数据相关岗位的职业素养，为学生的可持续发展奠定基础。

③ 学习任务的基本架构及活动设计的基本思路。

“Spark 技术与应用”课程根据大数据技术与服务岗位的职业能力要求，基于能力培养和训练，以典型的工作任务为载体，按照从简单到复杂的过程，组织项目化、案例化的学习情境，完成课程设计。本课程根据大数据的实际生产过程设计教学项目，每个项目都可以分解成多个学习型工作任务，组织设计教学情境。以模拟“边学边练”的形式实施教学，使学生在项目实施过程中进行知识学习和技能训练，针对学习情景中的任务完成情况，结合项目任务书，对学生进行实时考核与评价。

“Spark 技术与应用”课程采用项目教学法，使学生能够运用 Spark 开发分布式应用程序。本课程的项目表如表 3-63 所示。

**表 3-63 “Spark 技术与应用”课程的项目表**

| 项目编号 | 项目名称 | 工作任务 | |
|---|---|---|---|
| | | 任务编号 | 任务名称 |
| 项目 1 | Scala 语言基础 | 任务 1 | 初识 Scala |
| | | 任务 2 | Scala 的基础知识 |
| | | 任务 3 | Scala 的数据结构 |
| | | 任务 4 | Scala 面向对象的特征 |
| 项目 2 | Spark 基础 | 任务 5 | 初识 Spark |
| | | 任务 6 | 搭建 Spark 开发环境 |
| | | 任务 7 | Spark 的运行架构与原理 |
| | | 任务 8 | Spark 的基本操作 |
| 项目 3 | Spark RDD 弹性分布式数据集 | 任务 9 | RDD 概述及其创建方式 |
| | | 任务 10 | RDD 的处理过程 |
| | | 任务 11 | RDD 的分区和依赖关系 |
| | | 任务 12 | RDD 机制 |
| | | 任务 13 | Spark 的任务调度 |
| 项目 4 | Spark SQL 结构化数据文件处理 | 任务 14 | Spark SQL 的基础知识 |
| | | 任务 15 | DataFrame 的基础知识 |
| | | 任务 16 | Dataset 的基础知识 |
| | | 任务 17 | Spark SQL 操作数据源 |

续表

| 项目编号 | 项目名称 | 工作任务 | |
|---|---|---|---|
| | | 任务编号 | 任务名称 |
| 项目 5 | Spark Streaming 实时计算框架 | 任务 18 | Spark Streaming 概述 |
| | | 任务 19 | Spark 的 DStream |
| | | 任务 20 | Spark Streaming 整合 Kafka 实战 |
| 项目 6 | Spark MLlib 机器学习算法库 | 任务 21 | Spark MLlib 机器学习概述 |
| | | 任务 22 | Spark MLlib 机器学习算法库的应用 |

通过学习本课程，学生可以了解大数据技术的相关概念，具有 Scala 语言基础，掌握 Spark 的设计与运行原理，具备 Spark 环境搭建和使用能力，具备 RDD 编程能力，以及 Spark SQL、Spark Streaming、Spark MLlib 等 Spark 组件的编程能力。

④ 教学方法。

“Spark 技术与应用”课程的实践性较强，因此采用“教、学、做一体化”教学方法，以项目为载体展开教学。

本课程按照企业工作岗位技能要求安排教学任务，可以使学生掌握实际的工作方法，提高学生的 Spark 技术与应用能力，培养学生的科学思维能力、语言文字能力、沟通交流能力、环保意识、批判性思维。

### 3. 课程目标（职业能力目标）

- 能够进行 Scala 语言编程。
- 能够掌握 Spark 的设计与运行原理。
- 能够搭建和使用 Spark 开发环境。
- 能够进行 Spark RDD 编程。
- 能够进行 Spark SQL 编程。
- 能够进行 Spark Streaming 编程。
- 能够进行 Spark MLlib 编程。

### 4. 职业能力解析表

“Spark 技术与应用”课程的职业能力解析表如表 3-64～表 3-70 所示。

**表 3-64　职业能力解析表（1）**

| 职业能力目标 | 能够进行 Scala 语言编程 |
|---|---|
| 编号 | 1 |
| 具体描述 | 了解 Scala 语言的基础知识，能够进行面向对象编程和函数式编程 |
| 步骤 | 1. Scala 语言概述 |
| | 2. Scala 的基础语法 |
| | 3. Scala 的数据结构 |
| | 4. Scala 面向对象的特性 |
| 工具与设备 | 1. 计算机、互联网 |
| | 2. 虚拟机、Linux 操作系统 |
| | 3. Spark 软件 |

续表

| | |
|---|---|
| 知识基础 | 1．大数据的基本概念 |
| | 2．Scala 语言的基本概念 |
| 通用能力与职业素质 | 1．科学思维能力 |
| | 2．信息处理能力 |
| | 3．与人合作能力 |
| | 4．环保意识 |
| | 5．批判性思维 |
| 考核标准 | 1．正确理解 Scala 语言的特点 |
| | 2．正确理解 Scala 的基础知识、数据结构 |
| | 3．正确进行面向对象编程 |
| | 4．正确进行函数式编程 |
| | 5．正确解决操作时遇到的问题 |
| | 6．报告内容完整、格式规范、描述条理清晰，能够正确使用专业术语 |

**表 3-65 职业能力解析表（2）**

| 职业能力目标 | 能够掌握 Spark 的设计与运行原理 |
|---|---|
| 编号 | 2 |
| 具体描述 | 了解 Spark 的概念、生态系统、运行架构，能够对 Spark 进行部署 |
| 步骤 | 1．Spark 概述 |
| | 2．Spark 的生态系统 |
| | 3．Spark 的运行架构 |
| | 4．Spark 的部署方式 |
| 工具与设备 | 1．计算机、互联网 |
| | 2．虚拟机、Linux 操作系统 |
| | 3．Spark 软件 |
| 知识基础 | 1．大数据的基本概念 |
| | 2．Spark 的基本概念 |
| 通用能力与职业素质 | 1．科学思维能力 |
| | 2．信息处理能力 |
| | 3．与人合作能力 |
| | 4．环保意识 |
| | 5．批判性思维 |
| 考核标准 | 1．正确理解 Spark 的概念 |
| | 2．正确理解 Spark 的生态系统 |
| | 3．正确理解 Spark 的运行架构 |
| | 4．正确理解 Spark 的部署方式 |
| | 5．正确解决操作时遇到的问题 |
| | 6．报告内容完整、格式规范、描述条理清晰，能够正确使用专业术语 |

表 3-66　职业能力解析表（3）

| | |
|---|---|
| 职业能力目标 | 能够搭建和使用 Spark 开发环境 |
| 编号 | 3 |
| 具体描述 | 能够安装 Spark 软件，在 Spark Shell 中运行代码，开发 Spark 独立应用程序，搭建 Spark 集群环境，在 Spark 集群上运行 Spark 应用程序 |
| 步骤 | 1．安装 Spark 软件 |
| | 2．在 Spark Shell 中运行代码 |
| | 3．开发 Spark 独立应用程序 |
| | 4．搭建 Spark 集群环境 |
| | 5．在 Spark 集群上运行 Spark 应用程序 |
| 工具与设备 | 1．计算机、互联网 |
| | 2．虚拟机、Linux 操作系统 |
| | 3．Spark 软件 |
| 知识基础 | 1．大数据的基本概念 |
| | 2．Spark 的基本概念 |
| 通用能力与职业素质 | 1．科学思维能力 |
| | 2．信息处理能力 |
| | 3．与人合作能力 |
| | 4．环保意识 |
| | 5．批判性思维 |
| 考核标准 | 1．正确安装 Spark 软件 |
| | 2．在 Spark Shell 中正确运行代码 |
| | 3．正确开发 Spark 独立应用程序 |
| | 4．正确搭建 Spark 集群环境 |
| | 5．在 Spark 集群上正确运行 Spark 应用程序 |
| | 6．正确解决操作时遇到的问题 |
| | 7．报告内容完整、格式规范、描述条理清晰，能够正确使用专业术语 |

表 3-67　职业能力解析表（4）

| | |
|---|---|
| 职业能力目标 | 能够进行 Spark RDD 编程 |
| 编号 | 4 |
| 具体描述 | 能够进行 RDD 基础编程、键/值对 RDD 编程、数据读/写编程，并且能够综合应用 |
| 步骤 | 1．RDD 简介与 RDD 的创建方式 |
| | 2．RDD 的处理过程 |
| | 3．RDD 的分区、依赖关系、机制与任务调度 |
| | 4．综合应用 |
| 工具与设备 | 1．计算机、互联网 |
| | 2．虚拟机、Linux 操作系统 |
| | 3．Spark 软件 |

续表

| | |
|---|---|
| 知识基础 | 1．大数据的基本概念 |
| | 2．Spark 的基本概念 |
| 通用能力与职业素质 | 1．科学思维能力 |
| | 2．信息处理能力 |
| | 3．与人合作能力 |
| | 4．环保意识 |
| | 5．批判性思维 |
| 考核标准 | 1．正确进行 RDD 基础编程 |
| | 2．正确理解 RDD 的处理过程 |
| | 3．正确理解 RDD 的分区、依赖关系、机制与任务调度 |
| | 4．正确进行综合应用 |
| | 5．正确解决操作时遇到的问题 |
| | 6．报告内容完整、格式规范、描述条理清晰，能够正确使用专业术语 |

**表 3-68　职业能力解析表（5）**

| 职业能力目标 | 能够进行 Spark SQL 编程 |
|---|---|
| 编号 | 5 |
| 具体描述 | 了解 Spark SQL 的概念，能够进行 DataFrame 编程，能够将 RDD 转换为 DataFrame，能够使用 Spark SQL 读/写数据库 |
| 步骤 | 1．Spark SQL 简介 |
| | 2．DataFrame 的相关知识 |
| | 3．将 RDD 转换为 DataFrame |
| | 4．使用 Spark SQL 读/写数据库 |
| 工具与设备 | 1．计算机、互联网 |
| | 2．虚拟机、Linux 操作系统 |
| | 3．Spark 软件 |
| 知识基础 | 1．大数据的基本概念 |
| | 2．Spark 的基本概念 |
| 通用能力与职业素质 | 1．科学思维能力 |
| | 2．信息处理能力 |
| | 3．与人合作能力 |
| | 4．环保意识 |
| | 5．批判性思维 |
| 考核标准 | 1．正确理解 Spark SQL 的概念 |
| | 2．正确进行 DataFrame 编程 |
| | 3．正确将 RDD 转换为 DataFrame |
| | 4．正确使用 Spark SQL 读/写数据库 |
| | 5．正确解决操作时遇到的问题 |
| | 6．报告内容完整、格式规范、描述条理清晰，能够正确使用专业术语 |

表 3-69　职业能力解析表（6）

| 职业能力目标 | 能够进行 Spark Streaming 编程 |
|---|---|
| 编号 | 6 |
| 具体描述 | 了解流计算的概念、Spark Streaming 的原理与特点、DStream 操作的概念，能够进行基本输入源操作、高级数据源操作、转换操作、输出操作、Structured Streaming 操作 |
| 步骤 | 1．流计算概述 |
| | 2．Spark Streaming |
| | 3．DStream 操作概述 |
| | 4．基本输入源操作 |
| | 5．高级数据源操作 |
| | 6．转换操作 |
| | 7．输出操作 |
| | 8．Structured Streaming 操作 |
| 工具与设备 | 1．计算机、互联网 |
| | 2．虚拟机、Linux 操作系统 |
| | 3．Spark 软件 |
| 知识基础 | 1．大数据的基本概念 |
| | 2．Spark 的基本概念 |
| 通用能力与职业素质 | 1．科学思维能力 |
| | 2．信息处理能力 |
| | 3．与人合作能力 |
| | 4．环保意识 |
| | 5．批判性思维 |
| 考核标准 | 1．正确理解流计算的概念 |
| | 2．正确理解 Spark Streaming 的原理与特点 |
| | 3．正确理解 DStream 操作的概念 |
| | 4．正确进行基本输入源操作 |
| | 5．正确进行高级数据源操作 |
| | 6．正确进行转换操作 |
| | 7．正确进行输出操作 |
| | 8．正确进行 Structured Streaming 操作 |
| | 9．正确解决操作时遇到的问题 |
| | 10．报告内容完整、格式规范、描述条理清晰，能够正确使用专业术语 |

表 3-70　职业能力解析表（7）

| 职业能力目标 | 能够进行 Spark MLlib 编程 |
|---|---|
| 编号 | 7 |
| 具体描述 | 了解 Spark 机器学习、Spark MLlib 的概念，掌握 Spark MLlib 机器学习算法库的应用 |
| 步骤 | 1．初识 Spark 机器学习 |
| | 2．Spark MLlib 机器学习算法库概述 |
| | 3．分类 |
| | 4．案例 |

续表

| | |
|---|---|
| 工具与设备 | 1．计算机、互联网 |
| | 2．虚拟机、Linux 操作系统 |
| | 3．Spark 软件 |
| 知识基础 | 1．大数据的基本概念 |
| | 2．Spark 的基本概念 |
| 通用能力与职业素质 | 1．科学思维能力 |
| | 2．信息处理能力 |
| | 3．与人合作能力 |
| | 4．环保意识 |
| | 5．批判性思维 |
| 考核标准 | 1．正确理解 Spark 机器学习的概念 |
| | 2．正确理解 Spark MLlib 的概念 |
| | 3．正确进行特征抽取、转化和选择 |
| | 4．正确进行分类与回归 |
| | 5．正确解决操作时遇到的问题 |
| | 6．报告内容完整、格式规范、描述条理清晰，能够正确使用专业术语 |

## 5．课程内容

1）基本框架

“Spark 技术与应用”课程的基本框架如表 3-71 所示。

表 3-71 “Spark 技术与应用”课程的基本框架

| 序号 | 教学项目 | 教学活动 | 教学方法 | 参考学时 |
|---|---|---|---|---|
| 1 | Scala 语言基础 | 1.1 初识 Scala | 讲解、项目制作 | 2 |
| | | 1.2 Scala 的基础知识 | 讲解、项目制作 | 2 |
| | | 1.3 Scala 的数据结构 | 讲解、项目制作 | 4 |
| | | 1.4 Scala 面向对象的特征 | 讲解、项目制作 | 4 |
| 2 | Spark 基础 | 2.1 初识 Spark | 讲解 | 2 |
| | | 2.2 搭建 Spark 开发环境 | 讲解 | 2 |
| | | 2.3 Spark 的运行架构与原理 | 讲解 | 4 |
| | | 2.4 Spark 的基本操作 | 讲解、项目制作 | 4 |
| 3 | Spark RDD 弹性分布式数据集 | 3.1 RDD 概述及其创建方式 | 讲解、项目制作 | 2 |
| | | 3.2 RDD 的处理过程 | 讲解、项目制作 | 4 |
| | | 3.3 RDD 的分区和依赖关系 | 讲解、项目制作 | 2 |
| | | 3.4 RDD 机制 | 讲解、项目制作 | 2 |
| | | 3.5 Spark 的任务调度 | 讲解、项目制作 | 2 |
| 4 | Spark SQL 结构化数据文件处理 | 4.1 Spark SQL 的基础知识 | 讲解 | 2 |
| | | 4.2 DataFrame 的基础知识 | 讲解、项目制作 | 2 |
| | | 4.3 Dataset 的基础知识 | 讲解、项目制作 | 2 |
| | | 4.4 Spark SQL 操作数据源 | 讲解、项目制作 | 2 |

续表

| 序号 | 教学项目 | 教学活动 | 教学方法 | 参考学时 |
|---|---|---|---|---|
| 5 | Spark Streaming 实时计算框架 | 5.1 Spark Streaming 概述 | 讲解 | 4 |
| | | 5.2 Spark 的 DStream | 讲解、项目制作 | 4 |
| | | 5.3 Spark Streaming 整合 Kafka 实战 | 讲解、项目制作 | 4 |
| 6 | Spark MLlib 机器学习算法库 | 6.1 Spark MLlib 机器学习概述 | 讲解 | 4 |
| | | 6.2 Spark MLlib 机器学习算法库的应用 | 讲解、项目制作 | 4 |

2）主要内容与要求

项目 1：Scala 语言基础。

1.1　初识 Scala。

① Scala 概述。

② Scala 的下载与安装。

③ 在 IDEA 开发工具中下载并安装 Scala 插件。

④ 开发第一个 Scala 程序。

1.2　Scala 的基础知识。

① 声明值和变量。

② 数据类型。

③ 算术和操作符重载。

④ 控制结构语句。

⑤ 方法和函数。

1.3　Scala 的数据结构。

① 数组。

② 元组。

③ 集合。

1.4　Scala 面向对象的特征。

① 类和对象。

② 继承。

③ 单例对象和伴生对象。

④ 特质。

项目 2：Spark 基础。

2.1　初识 Spark。

① Spark 概述。

② Spark 的特点。

③ Spark 的应用场景。

④ Spark 与 Hadoop 的对比。

2.2　搭建 Spark 开发环境。

① 环境准备。

② Spark 的部署方式。

③ Spark 集群的安装和部署。

④ Spark HA 集群的部署。

2.3 Spark 的运行架构与原理。

① 基本概念。

② Spark 集群的运行架构。

③ Spark 的基本运行流程。

2.4 Spark 的基本操作。

① 体验第一个 Spark 程序。

② 启动 spark-shell。

③ 使用 IDEA 开发 WordCount 程序。

项目 3：Spark RDD 弹性分布式数据集。

3.1 RDD 概述及其创建方式。

① RDD 简介。

② RDD 的创建方式。

3.2 RDD 的处理过程。

① 转换算子。

② 行动算子。

③ 编写 WordCount 词频统计案例。

3.3 RDD 的分区和依赖关系。

① RDD 的分区。

② RDD 的依赖关系。

3.4 RDD 机制。

① 持久化机制。

② 容错机制。

3.5 Spark 的任务调度。

① DAG 的概念。

② RDD 在 Spark 中的运行流程。

项目 4：Spark SQL 结构化数据文件处理。

4.1 Spark SQL 的基础知识。

① Spark SQL 简介。

② Spark SQL 架构。

4.2 DataFrame 的基础知识。

① DataFrame 简介。

② DataFrame 的创建。

③ DataFrame 的常用操作。

4.3 Dataset 的基础知识。

① Dataset 简介。

② Dataset 对象的创建。

4.4 Spark SQL 操作数据源。

① 操作 MySQL。

② 操作 Hive 数据集。

项目 5：Spark Streaming 实时计算框架。

5.1 Spark Streaming 概述。

① 实时计算的基础知识。

② Spark Streaming 的基础知识。

5.2 Spark 的 DStream。

① DStream 简介及其编程模型。

② DStream 转换操作。

③ DStream 窗口操作。

④ DStream 输出操作。

5.3 Spark Streaming 整合 Kafka 实战。

项目 6：Spark MLlib 机器学习算法库。

6.1 Spark MLlib 机器学习概述。

① 什么是机器学习。

② 机器学习的应用。

③ Spark MLlib 简介。

④ Spark MLlib 机器学习的工作流程。

6.2 Spark MLlib 机器学习算法库的应用。

## 6. 考核方案

1）职业能力目标考核方案

“Spark 技术与应用”课程的职业能力目标考核方案如表 3-72 所示。

表 3-72 “Spark 技术与应用”课程的职业能力目标考核方案

| 序号 | 职业能力目标 | 考核标准 | 考核方式 | 证据材料 |
|---|---|---|---|---|
| 1 | 能够进行 Scala 语言编程 | 1. 正确理解 Scala 语言的特点<br>2. 正确理解 Scala 的基础知识、数据结构<br>3. 正确进行面向对象编程<br>4. 正确进行函数式编程<br>5. 正确解决操作时遇到的问题<br>6. 报告内容完整、格式规范、描述条理清晰，能够正确使用专业术语 | 项目制作、项目报告、考试 | Scala 语言编程报告、上机试卷 |

续表

| 序号 | 职业能力目标 | 考核标准 | 考核方式 | 证据材料 |
| --- | --- | --- | --- | --- |
| 2 | 能够掌握Spark的设计与运行原理 | 1. 正确理解 Spark 的概念 | 项目制作、项目报告、考试 | Spark 的设计与运行原理报告、上机试卷 |
| | | 2. 正确理解 Spark 的生态系统 | | |
| | | 3. 正确理解 Spark 的运行架构 | | |
| | | 4. 正确理解 Spark 的部署方式 | | |
| | | 5. 正确解决操作时遇到的问题 | | |
| | | 6. 报告内容完整、格式规范、描述条理清晰，能够正确使用专业术语 | | |
| 3 | 能够搭建和使用Spark开发环境 | 1. 正确安装 Spark 软件 | 项目制作、项目报告、考试 | Spark 开发环境的搭建和使用报告、上机试卷 |
| | | 2. 在 Spark Shell 中正确运行代码 | | |
| | | 3. 正确开发 Spark 独立应用程序 | | |
| | | 4. 正确搭建 Spark 集群环境 | | |
| | | 5. 在 Spark 集群上正确运行 Spark 应用程序 | | |
| | | 6. 正确解决操作时遇到的问题 | | |
| | | 7. 报告内容完整、格式规范、描述条理清晰，能够正确使用专业术语 | | |
| 4 | 能够进行 Spark RDD 编程 | 1. 正确进行 RDD 基础编程 | 项目制作、项目报告、考试 | Spark RDD 编程报告、上机试卷 |
| | | 2. 正确理解 RDD 的处理过程 | | |
| | | 3. 正确理解 RDD 的分区、依赖关系、机制与任务调度 | | |
| | | 4. 正确进行综合应用 | | |
| | | 5. 正确解决操作时遇到的问题 | | |
| | | 6. 报告内容完整、格式规范、描述条理清晰，能够正确使用专业术语 | | |
| 5 | 能够进行 Spark SQL 编程 | 1. 正确理解 Spark SQL 的概念 | 项目制作、项目报告、考试 | Spark SQL 编程报告、上机试卷 |
| | | 2. 正确进行 DataFrame 编程 | | |
| | | 3. 正确将 RDD 转换为 DataFrame | | |
| | | 4. 正确使用 Spark SQL 读/写数据库 | | |
| | | 5. 正确解决操作时遇到的问题 | | |
| | | 6. 报告内容完整、格式规范、描述条理清晰，能够正确使用专业术语 | | |
| 6 | 能够进行 Spark Streaming 编程 | 1. 正确理解流计算的概念 | 项目制作、项目报告、考试 | Spark Streaming 编程报告、上机试卷 |
| | | 2. 正确理解 Spark Streaming 的原理与特点 | | |
| | | 3. 正确理解 DStream 操作的概念 | | |
| | | 4. 正确进行基本输入源操作 | | |
| | | 5. 正确进行高级数据源操作 | | |
| | | 6. 正确进行转换操作 | | |
| | | 7. 正确进行输出操作 | | |
| | | 8. 正确进行 Structured Streaming 操作 | | |
| | | 9. 正确解决操作时遇到的问题 | | |
| | | 10. 报告内容完整、格式规范、描述条理清晰，能够正确使用专业术语 | | |

续表

| 序号 | 职业能力目标 | 考核标准 | 考核方式 | 证据材料 |
|---|---|---|---|---|
| 7 | 能够进行 Spark MLlib 编程 | 1. 正确理解 Spark 机器学习的概念<br>2. 正确理解 Spark MLlib 的概念<br>3. 正确进行特征抽取、转化和选择<br>4. 正确进行分类与回归<br>5. 正确解决操作时遇到的问题<br>6. 报告内容完整、格式规范、描述条理清晰，能够正确使用专业术语 | 项目制作、项目报告、考试 | Spark MLlib 编程报告、上机试卷 |

"Spark 技术与应用"课程注重对学生学习过程的考核，会对本课程的各个项目分别进行考核，每个项目都要提交过程文档、成果代码，相应的成绩计算公式如下：

平时成绩=自学情况×40%+互动讨论×20%+作业×20%+平时测验×20%

阶段考试（每 4 周 1 次）成绩=阶段 1×25%+阶段 2×25%+阶段 3×25%+阶段 4×25%

期末成绩=平时成绩×60%+阶段考试成绩×10%+期末考试成绩×30%

2）通用能力与职业素质目标考核方案

"Spark 技术与应用"课程的通用能力与职业素质目标考核方案如表 3-73 所示。

表 3-73　"Spark 技术与应用"课程的通用能力与职业素质目标考核方案

| 分类 | | 通用能力与职业素质 | 考核标准 | 考核方式 |
|---|---|---|---|---|
| A | A1 | 爱心意识 | 1. 懂得感恩，有同情心<br>2. 有羞耻感，学会自尊、自强<br>3. 能够自觉遵守公民道德规范 | 学生互评 |
| | A2 | 责任意识 | 1. 能够自觉遵守法律法规和社会规范<br>2. 在学习和工作中，遵守各项规章制度<br>3. 履行职责，既能够对自己负责，又能够主动服务团队和集体 | 学生互评 |
| B | B1 | 身体健康 | 1. 合理安排作息时间<br>2. 养成锻炼身体的习惯<br>3. 养成科学的饮食习惯 | 学生互评 |
| | B2 | 情绪调控能力 | 1. 能够正常表达自己的情感<br>2. 面对突发事件，能够有效控制情绪<br>3. 学会正确的心理调适方法 | 学生互评 |
| C | C1 | 语言文字能力 | 1. 发音准确，口头表达条理清晰<br>2. 书面表达字迹工整、语句通顺、含义清楚<br>3. 书面文体符合规范 | 项目报告、成果汇报 |
| | C2 | 信息处理能力 | 1. 能够借助图书、互联网等传媒有效地获取信息<br>2. 能够借助团队或他人有效地获取信息<br>3. 能够对信息进行加工整理，并且合理使用 | 学生互评 |
| D | D1 | 科学思维能力 | 1. 能够运用逻辑思维方法进行问题研究<br>2. 能够运用数学方法进行基本计算和定量分析<br>3. 能够针对问题提出合理、有效的解决方案 | 项目制作、成果汇报 |

续表

| 分类 | | 通用能力与职业素质 | 考核标准 | 考核方式 |
|---|---|---|---|---|
| D | D2 | 自主学习能力 | 1．能够合理制订学习计划 | 学生互评 |
| | | | 2．能够有效地执行学习计划，并且根据实际情况进行调整 | |
| | | | 3．能够不断地改进学习方法 | |
| E | E1 | 沟通交流能力 | 1．养成认真倾听的习惯 | 成果汇报 |
| | | | 2．能够正确理解他人的问题 | |
| | | | 3．能够正确表达自己的意见 | |
| | E2 | 与人合作能力 | 1．尊重他人 | 学生互评 |
| | | | 2．能够与他人有效地进行沟通 | |
| | | | 3．作为团队成员，能够主动履职、互相配合 | |
| F | F1 | 安全意识 | 1．能够在工作场所按照安全规范穿戴和使用劳动防护用品 | 学生互评 |
| | | | 2．具有安全操作意识，能够按照安全规范使用各种工具及设备 | |
| | | | 3．具备对触电、起火、雷击等事故的应急处理能力 | |
| | F2 | 环保意识 | 1．能够自觉保持、主动维护学习和工作场所的环境卫生 | 项目制作、成果汇报 |
| | | | 2．能够自觉保持工作服装等用品的卫生整洁 | |
| | | | 3．在学习和工作中，表现出节能、环保意识 | |
| G | G1 | 批判性思维 | 1．勇于质疑和表达观点 | 项目制作、成果汇报 |
| | | | 2．在质疑的同时，能够进一步提出建设性意见 | |
| | G2 | 就业与创业意识 | 1．对自己的职业生涯有明确的认识 | 教师评价 |
| | | | 2．能够为将来的就业与创业做积极准备 | |

## 7．教学文件资源的开发意见

1）课程教学设计方案的编写意见

课程教学设计包括课程总体方案设计、教学项目方案设计和教学活动方案设计，其中，课程总体方案设计包括课程总体的学习内容、教学内容、组织形式、能力目标、学习成果要求、考核方案和教学组织等的设计，教学项目方案设计包括每个项目的学习内容、能力目标、专业知识、学习环境、专业工作方法、学习成果、评价标准和教学组织等的设计，教学活动方案设计包括每个活动的学习内容、能力目标、学习成果、评价方案、评分标准、教学组织、教学过程等的设计。

课程总体方案中的学习内容、教学内容要与课标保持一致，能力目标要包含课标中的能力目标，考核方案要注重过程考核。教学项目方案是课程总体方案的细化，每个项目的学习内容、能力目标要与课标保持一致，学习成果是完成的所有项目成果列表，包括项目成果和过程资料。教学活动方案描述了教学项目方案中每个活动的内容，属于相同项目的教学活动方案中的学习内容、能力目标、学习成果应涵盖教学项目方案中的内容。

根据专业人才培养目标和岗位技能要求，编写“Spark 技术与应用”课程的教学设计方案，并且定期对教学文件进行讨论和修改，以便适应教学改革和人才培养的需要。同时，及时交流、讨论在教学过程中发现的问题和新想法，不断完善课程教学设计方案，保持课程教学设计方案的先进性。

2）教学资料的开发思路与意见

“Spark 技术与应用”课程的教学资料包括项目指导书（教学案例集）、校本教材等。

① 项目指导书。

项目指导书包括项目目的、项目内容、学习内容、学习方法、学习步骤、需要的工具、容易出现的问题及如何解决等方面。项目指导书按照项目任务分章节编写。每个任务都需要描述学习内容、能力目标、学习成果、评价方案和评分标准，描述任务完成的步骤，描述会发生的问题及问题的解决办法。学生可以按照项目指导书中的任务步骤完成相关任务。

② 校本教材

编撰的校本教材要优化教学内容，满足学生的个性发展需要，准确把握素材的深度和广度，通过生动形象的载体将理论化、系统化的知识表现出来。校本教材的编排顺序灵活多样，可以突破统编教材以知识和能力的螺旋递进为经线进行编排的结构，构建全新的教材结构，各模块之间既各自独立，又相互联系，使学生能够更好地理解教材内容，化抽象为形象，化深奥为浅显。校本教材应该是一个由基本概念、原理和基本材料等组成的有机知识网络，各知识点不但自成体系，而且和其他知识点相互关联。编撰者要有意识地进行或纵或横的联合，用于弥补学生知识链条上的缺陷，使其系统完善，既能够引起学生的兴趣，促进其积极思考，又有利于方便快捷地迁移运用，从而为提高学生素质夯实基础。

3）网络课程相关文件的开发思路与意见

网络课程的相关文件包括课程设置、教学内容、教学方法、实践教学、教学效果、特色创新、课程的相关学习资源（如 PPT、学习资料、习题、试题、工程项目）等。

网络课程的相关文件要有清晰的教学目标、完整的知识体系、有效的作业和练习、合理的评价方式。在网络课程中，要对学习内容进行归类、分解和类型定义，包括将内容划分成学习模块，为每个模块中的知识设定预期的学习目标，这些目标为学生提供了学习引导与帮助。网络课程要设计问题情境，用于引起学生的兴趣。问题情境包括疑问、项目、课题和分歧等。学生在问题情境中参与活动的目标包括解答疑问、阐明问题、完成项目或课题、解决分歧等，帮助学生更好地掌握学习内容。网络课程中的学习资源包括支持本课程的所有材料，除了课程本身的内容，还包括从网上获取的各种相关资料。在设计学习资源时，通常要经过搜集、筛选、分类、整理组织与数字化等工作，在进行这些工作的同时，必须考虑是否方便学生使用。

### 8. 教学资源的使用建议

1）教学设施资源的使用建议

教学环境：实训室。

使用设备和软件：计算机、互联网、投影仪、Spark 软件、办公软件。

2）教学文件资源的使用建议

课程标准、教学方案、试题库、习题库和工程项目主要提供给教师使用，其中，课程标准可以让教师了解本课程在课程体系中的地位，与前后课程之间的联系，了解教学项目的具体内容，是教师编写教学计划的依据；教学方案可以详细描述课程教学项目的学习内容、提交资料及考核标准等，是教师编写教案、实施教学和进行考核的依据；试题库和习题库可以在教师教学、考试时使用；工程项目可以为教师提供企业的实际项目，加深教师对岗位工作内容的了解，为教师完善课程教学文件、在课程中引入新技术和新方法、与时俱进奠定基础。

教材、学习资料、学习指南、项目指导书主要提供给学生使用，其中，教材和学习资料中的理论知识和相关案例可以让学生了解本课程的相关内容；项目指导书是按照项目任务方式编写的，描述了每个任务的相关知识、方法、步骤和工具，可以帮助学生顺利地完成项目任务；学习指南主要介绍课程的知识要素、管理要素、可采用的学习方法等，是辅助学生学习的资料，可以帮助学生全面了解课程的相关内容、学习方法和注意事项等。

## 3.2 非核心课程标准

### 3.2.1 Linux 操作系统

#### 1. 课程标准

学分：4 学分。

参考学时：64 学时。

#### 2. 课程概述

1）课程性质

“Linux 操作系统”课程是软件技术专业的支撑课程。本课程的先修课程为“计算机信息处理技术”。本课程在以核心职业能力为培养目标的课程体系中，是为软件系统部署、技术支持服务、软件维护等职业岗位方向设置的重要课程。通过学习本课程，学生可以胜任技术支持工程师的工作，安装、部署 Linux 操作系统和应用软件系统，维护常用的 Linux 服务器，保证 Linux 操作系统及其应用系统的正常运行。

2）设计思路

“Linux 操作系统”课程在针对软件技术支持等岗位职业能力分析的基础上，为培养学生“能够针对不同的任务进行有关的准备工作，能够按照任务需求进行工作规划，能够按照工作方案或工作单实施系统部署等工作计划，进行软件维护”等核心职业能力而设置，目的是培养学生软件系统部署与维护等工作所需的专业能力，使学生了解比较系统的工作过程，掌握比较典型的工作方法，并且使学生在进行软件系统部署、软件维护等专业任务前，完成相应的准备工作、储备必要的基础知识。通过对工作任务进行分析，使用 6 个项目组织教学过程，具体如下。

- 项目 1：Linux 操作系统概述。
- 项目 2：Linux 的基本操作。
- 项目 3：Linux 的常用命令。

- 项目 4：Linux 的 Shell。
- 项目 5：Linux 下的用户管理。
- 项目 6：Linux 下的网络管理。

这 6 个项目的设计既考虑到工作过程的真实性，又考虑到教学的适用性，其内容安排强调专业技能的关联性和贯穿性，其顺序安排强调专业能力应用的系统性。教学活动的设计主要运用“项目”教学方法和“任务驱动”教学方法，突出“教、学、做一体化”的思想，并且兼顾技术的先进性和理论深度。

### 3. 课程目标（职业能力目标）

在学习完“Linux 操作系统”课程后，学生应该能够运用 Linux 操作系统进行软件系统的部署与维护，具体如下。

- 能够完成软件系统部署前的准备工作。
- 能够熟练安装当前流行版本的 Linux 操作系统。
- 能够运用 Linux 命令或图形化方法管理与维护软件系统。
- 能够安装、配置与维护 DNS 服务器和 DHCP 服务器。
- 能够安装、配置与维护 Web 服务器和 FTP 服务器。
- 能够设计并实施 Linux 操作系统安全管理的整体解决方案。

### 4. 职业能力解析表

“Linux 操作系统”课程的职业能力解析表如表 3-74～表 3-79 所示。

表 3-74　职业能力解析表（1）

| 职业能力目标 | 能够完成软件系统部署之前的准备工作 |
|---|---|
| 编号 | 1 |
| 具体描述 | 能够理解企业或机构的需求，能够及时了解 Linux 操作系统的相关信息，能够根据企业或机构的需求和操作系统的相关信息设计一个合理的软件系统部署方案，能够根据软件系统部署方案准备软件系统部署工具，包括操作系统安装过程记录本、操作系统安装文件或安装盘等 |
| 步骤 | 1. 阅读分析企业或机构的需求说明书，制订工作计划 |
| | 2. 通过教材、课件、网络了解操作系统的相关信息 |
| | 3. 制定软件系统部署方案 |
| | 4. 对制定的软件系统部署方案进行评价 |
| | 5. 修改软件系统部署方案并准备软件系统部署工具 |
| 工具与设备 | 1. 计算机、互联网 |
| | 2. 工作簿（用于写工作计划、记录 Linux 操作系统的安装过程等） |
| | 3. Linux 操作系统的安装文件或安装盘 |
| 知识基础 | 1. 工作计划的内容和结构 |
| | 2. 常用操作系统的功能、特点、版本及文件系统 |
| | 3. Linux 操作系统的功能、特点、版本及文件系统 |
| | 4. 需求说明书 |
| | 5. 软件系统部署的内容 |
| | 6. 软件系统部署方案的结构 |

续表

| | |
|---|---|
| 通用能力与职业素质 | 1. 职业责任心 |
| | 2. 善于沟通 |
| | 3. 全局观 |
| 考核标准 | 1. 工作计划 |
| | 2. 工具准备情况 |
| | 3. 软件系统的部署方案 |
| | 4. 沟通与吸取他人意见 |

**表 3-75 的职业能力解析表（2）**

| 职业能力目标 | 能够熟练安装当前流行版本的 Linux 操作系统 |
|---|---|
| 编号 | 2 |
| 具体描述 | 能够了解当前流行的 Linux 操作系统版本，会为一台裸机安装和配置流行版本的 Linux 操作系统，能够记录 Linux 操作系统的安装过程，能够抓住安装要点并熟知其特征 |
| 步骤 | 1. 确认当前流行的 Linux 操作系统版本和软件系统部署方案 |
| | 2. 检查安装工具和计算机配置 |
| | 3. 检查并设置文件系统 |
| | 4. 安装 Linux 操作系统 |
| | 5. 记录 Linux 操作系统的安装过程 |
| 工具与设备 | 1. 计算机、互联网 |
| | 2. 工作簿（用于写工作计划、记录 Linux 操作系统的安装过程等） |
| | 3. Linux 操作系统的安装文件或安装盘 |
| 知识基础 | 1. 计算机配置 |
| | 2. Linux 操作系统的版本及文件系统 |
| | 3. Linux 操作系统的安装要点 |
| | 4. Linux 操作系统的默认文件目录 |
| | 5. 工作记录方法 |
| 通用能力与职业素质 | 1. 仔细 |
| | 2. 认真 |
| | 3. 学习态度 |
| 考核标准 | 1. 安装准备及检查情况 |
| | 2. Linux 操作系统的部署情况 |
| | 3. Linux 操作系统安装过程的记录情况 |

**表 3-76 职业能力解析表（3）**

| 职业能力目标 | 能够运用 Linux 命令或图形化方法管理与维护软件系统 |
|---|---|
| 编号 | 3 |
| 具体描述 | 为了保证 Linux 操作系统能够正常运行，技术支持或系统维护人员必须对 Linux 操作系统进行管理与维护。管理与维护 Linux 操作系统的方法分为图形化方法和命令行式（文本式）方法，要求学生至少能使用一种方法对 Linux 操作进行基础性管理与维护，包括用户管理、磁盘目录文件管理、网络管理、日志管理、内核管理、进程管理、RPM 包管理、Linux Shell 管理 |

续表

| | |
|---|---|
| 步骤 | 1．明确 Linux 操作系统的管理与维护目标 |
| | 2．收集并理解 Linux 操作系统管理与维护的相关信息 |
| | 3．制定 Linux 操作系统的管理与维护方案 |
| | 4．对管理与维护方案进行评价 |
| | 5．改进 Linux 操作系统的管理与维护方案 |
| | 6．实施 Linux 操作系统的管理与维护方案 |
| | 7．记录 Linux 操作系统的管理与维护方案的实施过程 |
| | 8．Linux 操作系统的管理与维护方案的实施评价与改进 |
| | 9．整理工作记录，完成并提交工作总结报告 |
| 工具与设备 | 1．计算机、局域网 |
| | 2．Linux 操作系统 |
| | 3．评价表、工作记录表 |
| 知识基础 | 1．Linux 基本命令 |
| | 2．KDE 和 GNOME 窗口操作 |
| | 3．磁盘目录文件管理 |
| | 4．网络管理、用户管理、日志管理 |
| | 5．内核管理、进程管理、RPM 包管理 |
| 通用能力与职业素质 | 1．耐心细致 |
| | 2．善于沟通 |
| | 3．合作友善 |
| | 4．批评与自我批评 |
| | 5．规范守纪 |
| | 6．诚实负责 |
| 考核标准 | 1．理解 Linux 操作系统管理与维护的相关信息 |
| | 2．Linux 操作系统的管理与维护方案 |
| | 3．Linux 操作系统的管理与维护方案的实施评价表 |
| | 4．Linux 操作系统的管理与维护方案的实施工作记录表 |
| | 5．Linux 操作系统管理与维护的工作总结报告 |

表 3-77　职业能力解析表（4）

| 职业能力目标 | 能够安装、配置与维护 DNS 服务器和 DHCP 服务器 |
|---|---|
| 编号 | 4 |
| 具体描述 | 根据机房的局域网环境，设计一个三级域名空间并合理分配 IP 地址与域名空间，能够安装、配置与维护 DNS 正向解析与反向解析服务器，能够安装、配置与维护 DHCP 服务器，会配置客户机的网络属性，能够验证 DHCP 服务器的功能 |
| 步骤 | 1．收集 DNS 服务器和 DHCP 服务器的相关信息 |
| | 2．制定 DNS 服务器和 DHCP 服务器的配置方案 |
| | 3．给主机命名，设置 IP 地址并连接网络 |
| | 4．安装 DNS 服务器，配置 DNS 正向解析 |
| | 5．配置客户端 DNS 指向，验证 DNS 正向解析 |
| | 6．配置 DNS 反向解析，验证 DNS 反向解析 |

续表

| | |
|---|---|
| 步骤 | 7．安装 DHCP 服务器，修改 DHCP 配置文件 |
| | 8．配置客户端网络属性 |
| | 9．验证 DHCP 服务器的功能 |
| 工具与设备 | 1．计算机、局域网 |
| | 2．Linux 操作系统 |
| | 3．虚拟机 |
| 知识基础 | 1．DNS 服务器的概念和相关知识 |
| | 2．DHCP 服务器的概念和相关知识 |
| | 3．IP 地址的概念 |
| | 4．局域网的相关知识 |
| | 5．服务器与客户机的概念 |
| 通用能力与职业素质 | 1．逻辑思维清晰 |
| | 2．踏实、勤奋 |
| | 3．独立解决问题 |
| | 4．自我控制 |
| | 5．批评与自我批评 |
| | 6．诚实负责 |
| 考核标准 | 1．DNS 服务器和 DHCP 服务器的配置方案 |
| | 2．服务器的安装、配置过程记录 |
| | 3．能够在记录过程中发现问题并独立解决问题 |
| | 4．工作过程中的表现 |
| | 5．DNS 服务器和 DHCP 服务器的配置工作报告 |

**表 3-78　职业能力解析表（5）**

| 职业能力目标 | 能够安装、配置与维护 Web 服务器和 FTP 服务器 |
|---|---|
| 编号 | 5 |
| 具体描述 | 根据机房的局域网环境，能够安装、配置与维护 Web 服务器，能够将个人网站发布到服务器上，能够安装、配置与维护 FTP 服务器，会配置客户机的网络属性，能够用 IP 地址或域名验证服务器功能 |
| 步骤 | 1．收集 Web 服务器和 FTP 服务器的相关信息 |
| | 2．制定 Web 服务器和 FTP 服务器的配置方案 |
| | 3．安装 Web 服务器，修改 Web 配置文件，发布个人网站 |
| | 4．安装 FTP 服务器，修改 FTP 配置文件 |
| | 5．配置客户端网络和软件 |
| | 6．验证 Web 和 FTP 服务器的功能 |
| 工具与设备 | 1．计算机、局域网 |
| | 2．Linux 操作系统 |
| | 3．虚拟机 |
| 知识基础 | 1．Web 服务器和 FTP 服务器的概念和相关知识 |
| | 2．局域网的相关知识 |
| | 3．Web 服务器和 FTP 服务器的客户端软件 |

续表

| | |
|---|---|
| 通用能力与职业素质 | 1. 思维严谨 |
| | 2. 善于沟通 |
| | 3. 自我控制 |
| | 4. 独立学习 |
| | 5. 富有创造性 |
| 考核标准 | 1. Web 服务器和 FTP 服务器的配置方案 |
| | 2. 服务器的安装、配置过程记录 |
| | 3. 能够在记录过程中发现问题并商议问题的解决方案 |
| | 4. 在工作过程中有创新表现 |
| | 5. Web 服务器和 FTP 服务器的配置工作报告 |

表 3-79　职业能力解析表（6）

| 职业能力目标 | 能够设计并实施 Linux 操作系统安全管理的整体解决方案 |
|---|---|
| 编号 | 6 |
| 具体描述 | 能够根据机房的局域网环境设计 Linux 操作系统安全管理的整体解决方案，包括用户密码管理、文件权限管理、病毒控制、防火墙设置等，并且实施 Linux 操作系统安全管理的整体解决方案 |
| 步骤 | 1. 收集 Linux 操作系统安全管理的相关信息 |
| | 2. 分析安全需求 |
| | 3. 设计 Linux 操作系统安全管理的整体解决方案 |
| | 4. 方案评价与改进 |
| | 5. 实施 Linux 操作系统安全管理的整体解决方案 |
| | 6. 进行安全验证与测试 |
| | 7. 提交 Linux 操作系统安全管理的整体解决方案，以及相应的实施和验证报告 |
| 工具与设备 | 1. 计算机、局域网 |
| | 2. Linux 操作系统 |
| | 3. 虚拟机 |
| 知识基础 | 1. Linux 操作系统的安全管理 |
| | 2. 代理技术 |
| | 3. 防火墙技术 |
| 通用能力与职业素质 | 1. 细致、耐心 |
| | 2. 逻辑思维清晰 |
| | 3. 踏实、勤奋 |
| | 4. 自我控制 |
| | 5. 批评与自我批评 |
| | 6. 诚实负责 |
| | 7. 富有创新精神 |
| 考核标准 | 1. Linux 操作系统安全管理的整体解决方案 |
| | 2. 方案审核评价过程的表现（依据评审记录） |
| | 3. Linux 操作系统安全管理方案的实施纪录 |
| | 4. 安全验证与测试过程的纪录 |
| | 5. Linux 操作系统安全管理的实施和验证报告 |

## 5. 课程内容

### 1）基本框架

“Linux 操作系统”课程的基本框架如表 3-80 所示。

表 3-80 “Linux 操作系统”课程的基本框架

| 序号 | 教学项目 | 教学活动 | 教学方法 | 参考学时 |
|---|---|---|---|---|
| 1 | Linux 操作系统概述 | 1.1 认识 Linux 操作系统 | 分组讨论、交流、搜集信息、自学、个别辅导、集中讲解 | 2 |
| | | 1.2 虚拟机的使用方法 | 分组讨论、演讲展示 | 2 |
| 2 | Linux 的基本操作 | 2.1 Linux 操作系统的安装与基本设置 | 讲授、分组讨论 | 2 |
| | | 2.2 Linux 操作系统的图形界面 | 独立操作、个别辅导 | 2 |
| | | 2.3 Linux 的文件系统 | 讲授、分组讨论 | 2 |
| | | 2.4 Linux 操作系统的简单操作 | 独立操作、个别辅导 | 2 |
| 3 | Linux 的常用命令 | 3.1 Linux 命令操作的基本知识 | 讲授、分组讨论 | 2 |
| | | 3.2 掌握文件的相关命令，包括复制、删除和移动文件命令，以及创建和删除目录命令 | 独立操作、个别辅导 | 2 |
| | | 3.3 修改文件或目录的属性，包括修改 Linux 文件和目录的权限，以及修改文件拥有者 | 独立操作、个别辅导 | 2 |
| | | 3.4 掌握 Linux 链接文件的相关概念及查找命令、文件匹配命令、排序命令等 | 独立操作、个别辅导 | 2 |
| | | 3.5 Linux 常用命令的综合练习 | 独立操作、分组讨论、集中展示 | 2 |
| | | 3.6 掌握 Linux 的重定向、管道的概念及相关命令 | 独立操作、个别辅导 | 2 |
| | | 3.7 掌握 Linux 软件包的管理方法，包括 RPM 格式的二进制软件包的管理方法、TAR 软件包的管理方法与源代码软件包的管理方法 | 独立操作、个别辅导 | 2 |
| | | 3.8 掌握 Linux 的 VI 操作，包括 VI 的命令格式转换、VI 的启动和退出，以及 VI 的常用命令 | 独立操作、个别辅导 | 2 |
| | | 3.9 Linux 的 VI 操作综合练习 | 独立操作、分组讨论、集中展示 | 2 |
| 4 | Linux 的 Shell | 4.1 掌握 Linux 操作系统的 4 个组成部分，理解 Shell 的基本概念、Shell 的特殊字符及 Shell 脚本的概念 | 讲授、分组讨论 | 2 |
| | | 4.2 理解 Shell 变量的概念，掌握 Shell 变量的类型、输出、赋值与算术运算 | 独立操作、个别辅导 | 2 |
| | | 4.3 掌握 Shell 的条件测试语句和流程控制语句 | 分组实践、集中讨论 | 2 |
| 5 | Linux 下的用户管理 | 5.1 理解用户管理的基本概念，掌握使用文本终端方式设置用户配置文件的方法 | 讲授、分组讨论 | 2 |
| | | 5.2 掌握图形界面中的用户管理操作，以及用户和组配置操作 | 独立操作 | 2 |

续表

| 序号 | 教学项目 | 教学活动 | 教学方法 | 参考学时 |
|---|---|---|---|---|
| 6 | Linux 下的网络管理 | 6.1 学习 Linux 操作系统的网络配置基础，理解网络的相关概念，了解网络的相关配置文件，掌握查看和测试网络配置、调整网络参数的方法，了解 Linux 操作系统下网络服务的分类及配置方法 | 讲授、分组讨论 | 2 |
| | | 6.2 学习 DNS 的工作原理与过程，理解 DNS 的概念、解析步骤、层次化分布式数据存储、配置文件组成 | 讲授、分组讨论、独立操作 | 2 |
| | | 6.3 给主机命名、设置 IP 地址并连通网络，安装 DNS 服务器，配置 DNS 正向解析，配置客户端 DNS 指向，验证 DNS 正向解析，配置 DNS 反向解析，验证 DNS 反向解析 | 独立操作、个别辅导 | 2 |
| | | 6.4 安装 DHCP 服务器，修改 DHCP 配置文件，配置客户端网络属性，验证 DHCP 服务器的功能 | 独立操作、个别辅导 | 2 |
| | | 6.5 Web 服务器的工作原理与过程 | 讲授、分组讨论 | 2 |
| | | 6.6 掌握 Web 配置文件的设置方法，建立个人站点，配置虚拟主机 | 独立操作、个别辅导 | 2 |
| | | 6.7 理解 FTP 服务器的相关概念和术语，了解 FTP 服务器的相关配置文件 | 讲授、分组讨论 | 2 |
| | | 6.8 掌握配置 FTP 服务器的基本方法 | 独立操作、个别辅导 | 2 |
| | | 6.9 掌握防火墙 iptables 的基本概念 | 讲授、分组讨论、独立操作 | 2 |
| | | 6.10 掌握配置 iptables 的基本方法 | 讲授、分组讨论、独立操作 | 2 |
| 7 | 复习与考核 | 复习与考核 | 讲授、分组讨论、独立操作 | 4 |
| 合计 | | | | 64 |

2）主要内容与要求

项目 1：Linux 操作系统概述。

通过实施本项目，学生要实现以下目标。

- 能够理解 Linux 操作系统的发展、特点和前景。
- 能够了解 Linux 的发行版本。
- 能够理解虚拟机的网络功能。

具体如下：

- 能够接受任务书，读懂需求说明书，会制订工作计划。
- 通过教材、课件、网络，学生能够掌握 Linux 操作系统的基本知识。
- 能够制定软件系统部署方案。
- 能够使用某种方法对制定的方案进行评价，并且改进方案。
- 安装虚拟机并进行正确的配置。
- 能够完成安装过程记录。
- 能够同时在理论知识、职业素质和态度方面符合职业能力解析表中的要求。

项目 2：Linux 的基本操作。

通过实施本项目，学生要实现以下目标。

- 能够独自在虚拟机上安装 Linux 操作系统。
- 能够掌握 Linux 桌面系统的基本组成、基本配置与网络配置。
- 能够掌握 Linux 文件系统的基本概念、常用目录、文件分类和文件的一般命名规则。
- 能够掌握简单的 Linux 操作命令。

具体如下：

- 能够接受任务书，读懂需求说明书，会制订工作计划。
- 通过教材、课件、网络，学生能够掌握 Linux 操作系统的启动操作与基本设置。
- 了解 Linux 操作系统的图形界面及基本操作。
- 学习 Linux 操作命令的入门知识。
- 能够同时在理论知识、职业素质和态度方面符合职业能力解析表中的要求。

项目 3：Linux 的常用命令。

通过实施本项目，学生要实现以下目标。

掌握 Linux 命令的基本格式，理解 Linux 命令的操作提示。

具体如下：

- 能够根据 Linux 操作系统管理的有关信息和管理需求，制定 Linux 操作系统的管理与维护方案。
- 能够使用命令对 Linux 操作系统进行基础性管理与维护，从而保证 Linux 操作系统正常运行。管理与维护的内容主要包括文件操作、重定向和管道的相关知识、RPM 包管理、VI 编辑器使用等。
- 能够规范填写工作日志。
- 能够用一种评估方法对各组的 Linux 操作系统的管理与维护方案进行评价与改进。
- 能够完成项目总结报告。
- 能够同时在理论知识、职业素质和态度方面符合职业能力解析表中的要求。

项目 4：Linux 的 Shell。

通过实施本项目，学生要实现以下目标。

- 能够理解 Shell 的基本概念，掌握 Linux 操作系统的 4 个组成部分。
- 能够掌握 Shell 变量的输出与赋值，以及 Shell 的算术运算。
- 能够掌握 Shell 的流程控制方法。

具体如下：

- 理解 Shell 的基本概念、Shell 的特殊字符及 Shell 脚本的概念。
- 掌握 Shell 变量的输出与赋值，以及 Shell 的算术运算。
- 掌握 Shell 的条件测试语句和流程控制语句。
- 能够规范填写工作日志。
- 能够完成项目总结报告。

- 能够同时在理论知识、职业素质和态度方面符合职业能力解析表中的要求。

项目 5：Linux 下的用户管理。

通过实施本项目，学生要实现以下目标。

能够进行 Linux 的用户和群组管理。

具体如下：

- 能够根据 Linux 操作系统管理的有关信息和管理需求，制定 Linux 操作系统的管理与维护方案。
- 能够对 Linux 操作系统进行用户和群组管理。管理与维护的内容主要包括用户和群组的创建与维护、用户和群组文件的使用等。
- 能够规范填写工作日志。
- 能够完成项目总结报告。
- 能够同时在理论知识、职业素质和态度方面符合职业能力解析表中的要求。

项目 6：Linux 下的网络管理。

通过实施本项目，学生要实现以下目标。

掌握常见的网络配置文件及网络配置命令，能够安装、配置与维护服务器。

具体如下：

- 能够根据机房实验局域网环境、DNS 服务器和 DHCP 服务器的相关知识、用户需求，制定 DNS 服务器和 DHCP 服务器的配置方案。
- 能够安装、配置与维护 DNS 服务器和 DHCP 服务器。
- 能够根据机房实验局域网环境、Web 服务器和 FTP 服务器的相关知识、用户需求，制定 FTP 服务器和 Web 服务器的配置方案。
- 能够安装、配置与维护 Web 服务器和 FTP 服务器。
- 会配置客户机的网络属性。
- 能够使用 IP 地址或域名验证服务器功能。
- 能够规范填写工作日志。
- 能够完成项目总结报告。
- 能够同时在理论知识、职业素质和态度方面符合职业能力解析表中的要求。

### 6. 考核方案

1）职业能力目标考核方案

“Linux 操作系统”课程的职业能力目标考核方案如表 3-81 所示。

表 3-81　“Linux 操作系统”课程的职业能力目标考核方案

| 序号 | 职业能力目标 | 考核标准 | 考核方式 | 证据材料 |
|---|---|---|---|---|
| 1 | 能够完成软件系统部署前的准备工作 | 1. 工作计划<br>2. 工具准备情况<br>3. 软件系统的部署方案<br>4. 沟通与吸取他人意见 | 项目活动观察与文档检查 | 分组名单，工作计划，软件系统部署方案，项目活动观察记录 |

续表

| 序号 | 职业能力目标 | 考核标准 | 考核方式 | 证据材料 |
|---|---|---|---|---|
| 2 | 能够熟练安装当前流行版本的Linux操作系统 | 1．安装准备及检查情况<br>2．Linux操作系统的部署情况<br>3．Linux操作系统安装过程的记录情况 | 项目活动观察与文档检查 | 学生准备情况检查记录，Linux操作系统部署情况检查记录，操作系统安装过程记录 |
| 3 | 能够运用Linux命令或图形化方法管理与维护软件系统 | 1．理解Linux操作系统管理与维护的相关信息<br>2．Linux操作系统的管理与维护方案<br>3．Linux操作系统的管理与维护方案的实施评价表<br>4．Linux操作系统的管理与维护方案的实施工作记录表<br>5．Linux操作系统管理与维护的工作总结报告 | 项目操作观察与文档检查 | Linux操作系统管理与维护的方案，Linux操作系统的管理与维护方案的实施评价表，Linux操作系统的管理与维护方案的实施工作记录表，Linux操作系统管理与维护的工作总结报告 |
| 4 | 能够安装、配置与维护DNS服务器和DHCP服务器 | 1. DNS服务器和DHCP服务器的配置方案<br>2．服务器的安装、配置过程记录<br>3．能够在记录过程中发现问题并独立解决问题<br>4．工作过程中的表现<br>5．DNS服务器和DHCP服务器的配置工作报告 | 项目操作观察与文档检查 | DNS服务器和DHCP服务器的配置方案，服务器的安装、配置过程记录，DNS服务器和DHCP服务器的配置工作报告 |
| 5 | 能够安装、配置与维护Web服务器和FTP服务器 | 1．Web服务器和FTP服务器的配置方案<br>2．服务器的安装、配置过程记录<br>3．能够在记录过程中发现问题并商议问题的解决方案<br>4．在工作过程中有创新表现<br>5. Web服务器和FTP服务器的配置工作报告 | 项目操作观察与文档检查 | Web服务器和FTP服务器的配置方案，服务器的安装、配置过程记录，Web服务器和FTP服务器的配置工作报告 |
| 6 | 能够设计并实施Linux操作系统安全管理的整体解决方案 | 1．Linux操作系统安全管理的整体解决方案<br>2．方案审核评价过程的表现（依据评审记录）<br>3．Linux操作系统安全管理方案的实施纪录<br>4．安全验证与测试过程的纪录<br>5．Linux操作系统安全管理的实施和验证报告 | 项目操作观察与文档检查 | Linux操作系统安全管理的整体解决方案，评审记录，Linux操作系统安全管理方案的实施纪录，Linux操作系统安全管理的实施和验证报告 |

2）通用能力与职业素质目标考核方案

“Linux操作系统”课程的通用能力与职业素质目标考核方案如表3-82所示。

表 3-82　“Linux 操作系统”课程的通用能力与职业素质目标考核方案

| 分类 | | 通用能力与职业素质 | 考核标准 | 考核方式 |
|---|---|---|---|---|
| A | A1 | 爱心意识 | 1. 懂得感恩，有同情心<br>2. 有羞耻感，学会自尊、自强<br>3. 能够自觉遵守公民道德规范 | 学生互评 |
| | A2 | 责任意识 | 1. 能够自觉遵守法律法规和社会规范<br>2. 在学习和工作中，遵守各项规章制度<br>3. 履行职责，既能够对自己负责，又能够主动服务团队和集体 | 学生互评 |
| B | B1 | 身体健康 | 1. 合理安排作息时间<br>2. 养成锻炼身体的习惯<br>3. 养成科学的饮食习惯 | 学生互评 |
| | B2 | 情绪调控能力 | 1. 能够正常表达自己的情感<br>2. 面对突发事件，能够有效控制情绪<br>3. 学会正确的心理调适方法 | 学生互评 |
| C | C1 | 语言文字能力 | 1. 发音准确，口头表达条理清晰<br>2. 书面表达字迹工整、语句通顺、含义清楚<br>3. 书面文体符合规范 | 项目报告<br>成果汇报 |
| | C2 | 信息处理能力 | 1. 能够借助图书、互联网等传媒有效地获取信息<br>2. 能够借助团队或他人有效地获取信息<br>3. 能够对信息进行加工整理，并且合理使用 | 学生互评 |
| D | D1 | 科学思维能力 | 1. 能够运用逻辑思维方法进行问题研究<br>2. 能够运用数学方法进行基本计算和定量分析<br>3. 能够针对问题提出合理、有效的解决方案 | 项目实施 |
| | D2 | 自主学习能力 | 1. 能够合理制订学习计划<br>2. 能够有效地执行学习计划，并且根据实际情况进行调整<br>3. 能够不断改进学习方法 | 学生互评 |
| E | E1 | 沟通交流能力 | 1. 养成认真倾听的习惯<br>2. 能够正确理解他人的问题<br>3. 能够正确表达自己的意见 | 学生互评 |
| | E2 | 与人合作能力 | 1. 尊重他人<br>2. 能够与他人有效地进行沟通<br>3. 作为团队成员，能够主动履职、互相配合 | 研讨活动 |
| F | F1 | 安全意识 | 1. 能够在工作场所按照安全规范穿戴和使用劳动防护用品<br>2. 具有安全操作意识，能够按照安全规范使用各种工具及设备<br>3. 具备对触电、起火、雷击等事故的应急处理能力 | 学生互评 |
| | F2 | 环保意识 | 1. 能够自觉保持、主动维护学习和工作场所的环境卫生<br>2. 能够自觉保持工作服装等用品的卫生整洁<br>3. 在学习和工作中，表现出节能、环保意识 | 项目实施 |

续表

| 分类 | | 通用能力与职业素质 | 考核标准 | 考核方式 |
|---|---|---|---|---|
| G | G1 | 批判性思维 | 1. 勇于质疑和表达观点 | 研讨活动<br>成果汇报 |
| | | | 2. 在质疑的同时，能够进一步提出建设性意见 | |
| | G2 | 就业与创业意识 | 1. 对自己的职业生涯有明确的认识 | 教师评价 |
| | | | 2. 能够为将来的就业与创业做积极准备 | |

### 7. 教学文件资源的开发意见

1）课程教学设计方案的编写意见

课程教学设计方案应详细描述项目背景、技术指标要求和内容要点，给出总体设计和具体设计的框架，明确指定需要上交的相关文档，明确考核要求与标准。

课堂活动方案的设计难点在于要事先预测课堂上大部分学生可能会遇到的难题，并且提前设计好解决办法，从而保证课程教学设计方案的顺利实施。

2）项目指导书（教学案例集）、校本教材等教学资料的开发思路与意见

“Linux 操作系统”课程的课件以任务为单位进行编写，对每个任务都设计了基础知识学习、任务模板、工作步骤及针对当前任务可能遇到的问题的参考资料，从而保证学生能够独立完成任务，并且能够独立解决遇到的问题。本课程可以选用 Linux 操作系统教程作为参考教材，选用 Linux 操作系统应用资料作为参考电子文档或参考资料。

3）网络课程相关文件的开发思路与意见

“Linux 操作系统”课程的网络课程相关文件可以参考国家资源库标准课程“嵌入式操作系统”及个性化课程“基于 RHE6 的 Linux 应用基础”的相关文件。

### 8. 教学资源的使用建议

1）教学设施资源的使用建议

- 建议实训室开通局域网。
- 建议在实训室附近安排统一的讨论区。
- 建议实训室在学生自习时间开放。

2）教学文件资源的使用建议

建议按照项目进程，在项目的每个阶段都使用相应的参考教学资源。对于未列出的问题，学生可以自行查询相关资料。

## 3.2.2 数据库技术及应用

### 1. 课程标准

学分：4 学分。

参考学时：64 学时。

### 2. 课程概述

1）课程性质

“数据库技术及应用”课程是大数据技术专业的核心技术课程。本课程以目前流行的、

应用广泛的、跨平台的关系型数据库 MySQL 为例，讲解数据库中的高级结构化查询语言 SQL 和数据库管理与开发知识。本课程的先修课程是“Java 编程基础”“响应式 Web 设计”“Java Web 应用开发”，后续课程“前端设计与开发”“Java 框架技术开发”“软件测试技术”。在以核心职业能力为培养目标的课程体系中，本课程可以对前期学过的所有课程进行综合应用，并且为后续课程做好能力准备。

本课程通过知识点讲解、案例分析、任务驱动、机房实践操作等教学手段，可以培养学生面向用户的服务意识、团队合作和沟通的意识、安全生产意识、产品质量意识，实现本课程的素质教育目标。

2）设计思路

“数据库技术及应用”课程是依据专业培养目的要求设置的，在针对初级数据库开发员岗位职业能力分析的基础上，使学生能够针对不同的任务进行与数据库应用开发有关的工作，能够进行数据定义、数据更新、数据查询，能够创建和操作索引、视图；能够创建存储过程与存储函数，能够操作触发器、事件；能够进行权限管理、事务操作、并发控制、数据库备份与恢复、日志管理；能够在 Web 应用开发过程中应用数据库的相关知识，培养学生进行数据库应用开发工作必需的专业能力，使学生掌握比较典型的工作方法，从而完成进入数据库应用开发人员核心任务前的准备工作和必备基础知识的储备。

“数据库技术及应用”课程按照行动导向教学过程的要求，运用项目教学法实施。本课程计划完成一个“学生成绩数据库管理系统”项目，该项目可以分为 5 个工作任务，具体如下。

- 任务 1：数据定义、数据更新和数据查询。
- 任务 2：创建和操作索引、视图。
- 任务 3：编写存储过程与存储函数的相关代码，操作触发器、事件。
- 任务 4：权限管理，事务操作与并发控制，数据库的备份与恢复，日志管理。
- 任务 5：编写 MySQL 数据库的应用代码。

这些工作任务具有脉络清晰、容易量化的特点。

本课程教学活动设计的思路是运用“任务驱动”教学方法，突出“教、学、做一体化”的思想。通过完成 5 个工作任务，培养学生进行数据库应用开发工作必需的专业能力，使学生了解较为系统的工作过程，掌握典型的工作方法。

### 3. 课程目标（职业能力目标）

“数据库技术及应用”课程是面向大数据技术专业的一门专业基础课程，涉及数据库基础知识、MySQL 数据库的安装和配置、数据库和数据表的操作、视图管理、触发器、事件、事务、并发控制、存储过程和存储函数、权限管理、应用程序开发等内容。通过学习本课程，学生能够了解数据库的基础知识，掌握 MySQL 数据库的开发和管理技术，并且初步具备应用程序开发能力，具体如下。

- 任务 1：能够熟练地进行数据定义、数据更新和数据查询。
- 任务 2：能够熟练地创建和操作索引、视图。
- 任务 3：能够熟练地编写存储过程与存储函数的相关代码，能够熟练操作触发器、事件。

- 任务 4：能够熟练地设置权限管理，能够熟练地进行事务操作与并发控制，能够熟练地进行数据库的备份与恢复，能够熟练地进行日志管理。
- 任务 5：能够编写 MySQL 数据库的应用代码。

### 4．职业能力解析表

“数据库技术及应用”课程的职业能力解析表如表 3-83～表 3-87 所示。

**表 3-83 职业能力解析表（1）**

| 职业能力目标 | 能够熟练地进行数据定义、数据更新和数据查询 |
|---|---|
| 编号 | 1 |
| 具体描述 | 了解项目需求，对项目中的数据进行定义。<br>• 定义数据库，定义数据表，定义数据的完整性约束。<br>• 插入数据，修改数据，删除数据。<br>• SELECT 语句，单表查询，分组聚合查询，连接查询，子查询，联合查询（UNION） |
| 步骤 | 1．了解项目需求 |
| | 2．定义数据库，定义数据表，定义数据的完整性约束 |
| | 3．数据的插入、修改和删除操作 |
| | 4．数据的查询操作 |
| 工具与设备 | 1．计算机 |
| | 2．Windows 操作系统 |
| | 3．MySQL |
| | 4．办公软件 |
| 知识基础 | 1．Windows 操作系统的基本操作 |
| | 2．项目的实施步骤 |
| | 3．数据库的基本知识 |
| 通用能力与职业素质 | 1．仔细认真 |
| | 2．善于沟通 |
| | 3．友善合作 |
| | 4．工作规范 |
| 考核标准 | 1．数据定义规范，符合项目要求 |
| | 2．上机操作的步骤正确 |
| | 3．运行结果正确 |

**表 3-84 职业能力解析表（2）**

| 职业能力目标 | 能够熟练地创建和操作索引、视图 |
|---|---|
| 编号 | 2 |
| 具体描述 | 1．索引的操作，包括查看数据表中建立的索引、创建索引、删除索引 |
| | 2．视图的操作，包括创建视图、删除视图、修改视图定义、查看视图定义、更新视图数据、查询视图数据 |
| 步骤 | 1．理解需求 |
| | 2．索引的操作 |
| | 3．视图的操作 |

续表

| | |
|---|---|
| 工具与设备 | 1. 计算机 |
| | 2. Windows 操作系统 |
| | 3. MySQL |
| | 4. 办公软件 |
| 知识基础 | 1. Windows 操作系统的基本操作 |
| | 2. 项目的实施步骤 |
| | 3. 数据库的基本知识 |
| 通用能力与职业素质 | 1. 仔细认真 |
| | 2. 善于沟通 |
| | 3. 友善合作 |
| | 4. 工作规范 |
| 考核标准 | 1. 数据定义规范，符合项目要求 |
| | 2. 上机操作的步骤正确 |
| | 3. 运行结果正确 |

表 3-85　职业能力解析表（3）

| 职业能力目标 | 能够熟练地编写存储过程与存储函数的相关代码，能够熟练地操作触发器、事件 |
|---|---|
| 编号 | 3 |
| 具体描述 | 1. 理解存储过程的概念，掌握创建存储过程的方法 |
| | 2. 理解存储函数的概念，掌握创建存储函数的方法 |
| | 3. 理解触发器的概念，掌握创建触发器的方法 |
| | 4. 理解事件的概念 |
| 步骤 | 1. 存储过程 |
| | 2. 存储函数 |
| | 3. 触发器 |
| | 4. 事件 |
| 工具与设备 | 1. 计算机 |
| | 2. Windows 操作系统 |
| | 3. MySQL |
| | 4. 办公软件 |
| 知识基础 | 1. Windows 操作系统的基本操作 |
| | 2. 项目的实施步骤 |
| | 3. 数据库的基本知识 |
| 通用能力与职业素质 | 1. 仔细认真 |
| | 2. 善于沟通 |
| | 3. 友善合作 |
| | 4. 工作规范 |
| 考核标准 | 1. 数据定义规范，符合项目要求 |
| | 2. 上机操作的步骤正确 |
| | 3. 运行结果正确 |

表 3-86 职业能力解析表（4）

| | |
|---|---|
| 职业能力目标 | 能够熟练地设置权限管理，能够熟练地进行事务操作与并发控制，能够熟练地进行数据库的备份与恢复，能够熟练地进行日志管理 |
| 编号 | 4 |
| 具体描述 | 1．掌握用户账号管理、账号权限管理的概念和方法 |
| | 2．理解事务操作与并发控制的概念和用途 |
| | 3．掌握 MySQL 数据库备份与恢复的方法 |
| | 4．熟悉日志管理的流程 |
| 步骤 | 1．用户账号管理，账号权限管理 |
| | 2．事务操作与并发控制 |
| | 3．MySQL 数据库的备份与恢复 |
| | 4．日志管理 |
| 工具与设备 | 1．计算机 |
| | 2．Windows 操作系统 |
| | 3．MySQL |
| | 4．办公软件 |
| 知识基础 | 1．Windows 操作系统的基本操作 |
| | 2．项目的实施步骤 |
| | 3．数据库的基本知识 |
| 通用能力与职业素质 | 1．仔细认真 |
| | 2．善于沟通 |
| | 3．友善合作 |
| | 4．工作规范 |
| 考核标准 | 1．数据定义规范，符合项目要求 |
| | 2．上机操作的步骤正确 |
| | 3．运行结果正确 |

表 3-87 职业能力解析表（5）

| | |
|---|---|
| 职业能力目标 | 能够编写 MySQL 数据库的应用代码 |
| 编号 | 5 |
| 具体描述 | 1．PHP 编程基础 |
| | 2．使用 PHP 进行 MySQL 数据库应用编程 |
| 步骤 | 1．建立与 MySQL 数据库服务器的连接 |
| | 2．选择数据库，执行数据库操作 |
| | 3．关闭与数据库服务器的连接 |
| 工具与设备 | 1．计算机 |
| | 2．Windows 操作系统 |
| | 3．MySQL |
| | 4．办公软件 |

续表

| | |
|---|---|
| 知识基础 | 1. Windows 操作系统的基本操作 |
| | 2. 项目的实施步骤 |
| | 3. 数据库的基本知识 |
| 通用能力与职业素质 | 1. 仔细认真 |
| | 2. 善于沟通 |
| | 3. 友善合作 |
| | 4. 工作规范 |
| 考核标准 | 1. 数据定义规范，符合项目要求 |
| | 2. 上机操作的步骤正确 |
| | 3. 运行结果正确 |

## 5. 课程内容

### 1）基本框架

“数据库技术及应用”课程的基本框架如表 3-88 所示。

表 3-88　“数据库技术及应用”课程的基本框架

| 序号 | 教学任务 | 教学活动 | 教学方法 | 参考学时 |
|---|---|---|---|---|
| 1 | 数据定义、数据更新和数据查询 | 1.1 数据库技术的基本概念与方法 | 讲授，独自或分组完成 | 8 |
| | | 1.2 MySQL 的相关知识 | 讲授，独自或分组完成 | 4 |
| | | 1.3 数据库、数据表的相关操作和数据的完整性约束 | 讲授，独自或分组完成 | 6 |
| | | 1.4 插入、修改和删除数据 | 讲授，独自或分组完成 | 4 |
| | | 1.5 查询数据 | 讲授，独自或分组完成 | 8 |
| 期中考试 | | | | 2 |
| 2 | 创建和操作索引、视图 | 2.1 索引 | 讲授，独自或分组完成 | 2 |
| | | 2.2 视图 | 讲授，独自或分组完成 | 2 |
| 3 | 编写存储过程与存储函数的相关代码，操作触发器、事件 | 3.1 存储过程 | 讲授，独自或分组完成 | 4 |
| | | 3.2 存储函数 | 讲授，独自或分组完成 | 4 |
| | | 3.3 触发器 | 讲授，独自或分组完成 | 4 |
| | | 3.4 事件 | 讲授，独自或分组完成 | 2 |
| 4 | 权限管理，事务操作与并发控制，数据库的备份与恢复，日志管理 | 4.1 用户账号管理和账号权限管理 | 讲授，独自或分组完成 | 2 |
| | | 4.2 事务操作与并发控制 | 讲授，独自或分组完成 | 2 |
| | | 4.3 数据库的备份与恢复 | 讲授，独自或分组完成 | 2 |
| | | 4.4 日志管理 | 讲授，独自或分组完成 | 2 |
| 5 | 编写 MySQL 数据库的应用代码 | 5.1 PHP 编程基础 | 讲授，独自或分组完成 | 4 |
| | | 5.2 使用 PHP 进行 MySQL 数据库应用编程 | | |
| 期末考试 | | | | 2 |
| 合计 | | | | 64 |

2）主要内容与要求

任务 1：数据定义、数据更新和数据查询。

1.1　数据库技术的基本概念与方法。

① 理解数据库的基础知识，包括数据库的相关概念、数据库系统的特点、数据库系统的结构、数据模型。

② 掌握关系型数据库的基本概念和基本性质。

③ 掌握数据库的设计基础，包括数据库设计的步骤和关系型数据库的设计方法。

1.2　MySQL 的相关知识。

① MySQL 概述。

② MySQL 系统特性，MySQL 服务器的安装与配置，MySQL 服务器的启动与关闭，MySQL 客户端管理工具。

③ 理解 MySQL 的存储引擎、字符集。

1.3　数据库、数据表的相关操作和数据的完整性约束。

① 熟练掌握创建数据库、选择数据库、查看数据库、修改数据库、删除数据库的方法。

② 掌握 MySQL 常用的数据类型，熟练掌握创建数据表、查看数据表、修改数据表、重命名数据表、删除数据表的方法。

③ 掌握数据的完整性约束，熟练掌握定义实体完整性、定义参照完整性、用户定义完整性、更新完整性约束的方法。

1.4　插入、修改和删除数据。

① 熟练掌握插入数据的方法，包括插入完整的记录、在数据表中的指定字段插入数据、同时插入多条记录、查看数据插入结果、使用 REPLACE 语句插入数据。

② 熟练掌握修改数据的方法，包括修改特定数据、修改所有数据、带子查询的修改。

③ 熟练掌握删除数据的方法，包括删除特定数据、带子查询的删除、删除所有数据。

1.5　查询数据。

① 熟练掌握 SELECT 语句的使用方法。

② 熟练掌握单表查询的方法，包括选择字段、选择指定记录、对查询结果进行排序、限制查询结果的数量。

③ 熟练掌握分组聚合查询的方法。

④ 熟练掌握连接查询的方法，包括交叉连接、内连接、外连接。

⑤ 熟练掌握子查询的方法，包括带 IN 关键字的子查询、带比较运算符的子查询、带 EXISTS 关键字的子查询。

⑥ 熟练掌握联合查询（UNION）的方法。

⑦ 综合查询实例。

任务 2：创建和操作索引、视图。

2.1　索引。

① 能够熟练查看数据表中建立的索引。

② 熟练掌握创建索引的方法，包括使用 CREATE TABLE 语句创建索引、使用 CREATE INDEX 语句创建索引、使用 ALTER TABLE 语句创建索引。

③ 熟练掌握删除索引的方法。

2.2　视图。

① 熟练掌握创建视图的方法。

② 熟练掌握删除视图的方法。

③ 熟练掌握修改视图定义的方法。

④ 熟练掌握查看视图定义的方法。

⑤ 熟练掌握更新视图数据的方法。

⑥ 熟练掌握查询视图数据的方法。

任务 3：编写存储过程与存储函数的相关代码，操作触发器、事件。

3.1　存储过程。

① 熟练掌握存储过程的相关知识，包括创建存储过程的方法、存储过程体的相关知识。

② 熟练掌握调用存储过程的方法和删除存储过程的方法。

③ 存储过程实例。

3.2　存储函数。

① 熟练掌握创建存储函数的方法。

② 熟练掌握调用存储函数的方法和删除存储函数的方法。

③ 存储函数实例。

3.3　触发器。

① 熟练掌握创建触发器的方法。

② 熟练掌握删除触发器的方法。

③ 熟练掌握使用触发器的方法。

④ 触发器实例。

3.4　事件。

① 熟练掌握创建事件的方法。

② 熟练掌握修改事件的方法。

③ 熟练掌握删除事件的方法。

④ 事件实例。

任务 4：权限管理，事务操作与并发控制，数据库的备份与恢复，日志管理。

4.1　用户账号管理和账号权限管理。

① 熟练掌握用户账号管理的相关操作，包括创建用户账号、删除用户账号、修改用户账号、修改用户口令。

② 熟练掌握账号权限管理的相关操作，包括授予权限、转移权限、限制权限、撤销权限。

4.2　事务操作与并发控制。

① 理解事务的概念和事务的操作语句。

② 理解并发控制的概念，掌握表级锁、行级锁、死锁的使用方法。

4.3 数据库的备份与恢复。

① 熟练掌握 MySQL 数据库备份与恢复的方法，使用 SQL 语句备份与恢复数据表中的数据。

② 使用 MySQL 客户端实用程序备份与恢复数据，使用 MySQL 图形界面工具备份与恢复数据，通过复制的方式进行数据库的备份与恢复。

4.4 日志管理。

① 了解 MySQL 支持的日志。

② 掌握二进制日志的启动、查看和删除操作。

③ 掌握慢查询日志的启动、查看和删除操作。

④ 掌握通用查询日志的启动、查看和删除操作。

任务 5：编写 MySQL 数据库的应用代码。

5.1 PHP 编程基础。

掌握 PHP 编程基础。

5.2 使用 PHP 进行 MySQL 数据库应用编程。

编程步骤：建立与 MySQL 数据库服务器的连接，选择数据库，执行数据库操作，关闭与数据库服务器的连接。

## 6. 考核方案

1）职业能力目标考核方案

“数据库技术及应用”课程的职业能力目标考核方案如表 3-89 所示。

表 3-89 “数据库技术及应用”课程的职业能力目标考核方案

| 序号 | 职业能力目标 | 考核标准 | 考核方式 | 证据材料 |
|---|---|---|---|---|
| 1 | 数据库技术的基本概念与方法 | 1. 理解数据库的基础知识<br>2. 掌握关系型数据库的基本概念和基本性质<br>3. 了解数据库的设计基础<br>4. 掌握 MySQL 的基本操作 | 作业、练习、实训 | 成绩记录 |
| 2 | MySQL 的相关知识 | 1. 掌握 MySQL 的语言组成<br>2. 掌握 MySQL 函数的使用方法 | 作业、练习、实训 | 成绩记录 |
| 3 | 数据库、数据表的相关操作和数据的完整性约束 | 1. 能够熟练创建数据库、选择数据库、查看数据库、修改数据库、删除数据库<br>2. 掌握 MySQL 常用的数据类型，能够熟练创建数据表、查看数据表、修改数据表、重命名数据表、删除数据表<br>3. 掌握数据的完整性约束 | 作业、练习、实训 | 成绩记录 |
| 4 | 插入、修改和删除数据 | 1. 掌握插入数据的方法<br>2. 掌握修改数据的方法<br>3. 掌握删除数据的方法 | 作业、练习、实训 | 成绩记录 |

续表

| 序号 | 职业能力目标 | 考核标准 | 考核方式 | 证据材料 |
|---|---|---|---|---|
| 5 | 查询数据 | 1．掌握 SELECT 语句的使用方法<br>2．掌握单表查询的方法<br>3．掌握分组聚合查询的方法<br>4．掌握连接查询的方法<br>5．掌握子查询的方法<br>6．掌握联合查询（UNION）的方法 | 作业、练习、实训 | 成绩记录 |
| 6 | 索引 | 1．能够查看数据表中建立的索引<br>2．掌握创建索引的方法<br>3．掌握删除索引的方法 | 作业、练习、实训 | 成绩记录 |
| 7 | 视图 | 1．掌握创建视图的方法<br>2．掌握删除视图的方法<br>3．掌握修改视图定义的方法<br>4．掌握查看视图定义的方法<br>5．掌握更新视图数据的方法<br>6．掌握查询视图数据的方法 | 作业、练习、实训 | 成绩记录 |
| 8 | 触发器 | 1．掌握创建触发器的方法<br>2．掌握删除触发器的方法<br>3．掌握触发器的使用方法 | 作业、练习、实训 | 成绩记录 |
| 9 | 事件 | 1．掌握创建事件的方法<br>2．掌握修改事件的方法<br>3．掌握删除事件的方法 | 作业、练习、实训 | 成绩记录 |
| 10 | 存储过程与存储函数 | 1．掌握存储过程的使用方法<br>2．掌握存储函数的使用方法 | 作业、练习、实训 | 成绩记录 |
| 11 | 访问控制与安全管理 | 1．掌握用户账号管理的方法<br>2．掌握账号权限管理的方法 | 作业、练习、实训 | 成绩记录 |
| 12 | 事务操作与并发控制 | 1．掌握事务的概念和事务的操作语句<br>2．掌握并发控制的概念，掌握表级锁、行级锁、死锁的使用方法 | 作业、练习、实训 | 成绩记录 |
| 13 | 数据库的备份与恢复 | 1．掌握 MySQL 数据库备份与恢复的方法<br>2．掌握二进制日志文件的使用方法 | 作业、练习、实训 | 成绩记录 |
| 14 | 日志管理 | 1．了解 MySQL 支持的日志<br>2．掌握二进制日志的启动、查看和删除操作<br>3．掌握慢查询日志的启动、查看和删除操作<br>4．掌握通用查询日志的启动、查看和删除操作 | 作业、练习、实训 | 成绩记录 |
| 15 | MySQL 数据库的应用编程 | 1．了解 PHP 的编程基础<br>2．了解使用 PHP 进行 MySQL 数据库应用编程的方法 | 作业、练习、实训 | 成绩记录 |

2）通用能力与职业素质目标考核方案

“数据库技术及应用”课程的通用能力与职业素质目标考核方案如表 3-90 所示。

表 3-90 “数据库技术及应用”课程的通用能力与职业素质目标考核方案

| 分类 | | 通用能力与职业素质 | 考核标准 | 考核方式 |
|---|---|---|---|---|
| C | C1 | 语言文字能力 | 1. 发音准确，口头表达条理清晰 | 作业 |
| | | | 2. 书面表达字迹工整、语句通顺、含义清楚 | |
| | | | 3. 书面文体符合规范 | |
| D | D1 | 科学思维能力 | 1. 能够运用逻辑思维方法进行问题研究 | 实训操作 |
| | | | 2. 能够运用数学方法进行基本计算和定量分析 | |
| | | | 3. 能够针对问题提出合理、有效的解决方案 | |
| E | E1 | 沟通交流能力 | 1. 养成认真倾听的习惯 | 实训操作 |
| | | | 2. 能够正确理解他人的问题 | |
| | | | 3. 能够正确表达自己的意见 | |
| F | F1 | 安全意识 | 1. 能够在工作场所按照安全规范穿戴和使用劳动防护用品 | 实训操作 |
| | | | 2. 具有安全操作意识，能够按照安全规范使用各种工具及设备 | |
| | | | 3. 具备对触电、起火、雷击等事故的应急处理能力 | |
| G | G1 | 批判性思维 | 1. 勇于质疑和表达观点 | 实训操作 |
| | | | 2. 在质疑的同时，能够进一步提出建设性意见 | |

“数据库技术及应用”课程注重对学生学习过程的考评，重点考核学生的动手操作能力。期中、期末各有一次实操性考核，用于考查学生学习本课程的效果。在本课程结束后，会对学生的成绩和各项素质进行全面评价，总评成绩的计算公式如下：

$$总评成绩=课堂练习成绩\times40\%+期中成绩\times20\%+期末成绩\times40\%$$

### 7. 教学文件资源的开发意见

1）课程教学设计方案的编写意见

可以根据课程内容编写授课计划和教案，以 2 课时或 4 课时为一个单位。

2）项目指导书（教学案例集）、校本教材等教学资料的开发思路与意见

项目指导书应详细描述项目背景、技术指标要求和内容要点，给出总体设计和具体设计的框架，明确指定需要上交的相关文档，明确考核要求与标准。

课堂活动方案的设计难点在于要事先预测课堂上大部分学生可能会遇到的难题，并且提前设计好解决办法，用于保证课程方案的顺利实施。

3）网络课程相关文件的开发思路与意见

开发网络课程应详细描述项目背景，明确技术指标要求，给出明确的解决方案。

### 8. 教学资源的使用建议

1）教学设施资源的使用建议

“数据库技术及应用”课程以操作为主，所有课程均需要在机房完成，可以利用的设施资源主要是机房。

2）教学文件资源的使用建议

“数据库技术及应用”课程配有 PPT、微课、习题、案例素材等相关资源，可以根据实际情况选择使用。

### 3.2.3 Python 编程基础

#### 1. 课程标准

学分：4 学分。

参考学时：64 学时。

#### 2. 课程概述

1）课程性质

“Python 编程基础”课程是大数据技术专业的支撑课程之一，处于职业能力形成阶段，通过学习本课程，学生可以在已有专业知识的基础上，对 Python 程序设计有一个系统、全面的了解，为掌握程序设计思想打下良好的基础；在系统理解和掌握 Python 程序设计基本原理的基础上，了解和掌握软件开发的基本原理和方法，熟练使用 Python 语言开发结构比较简单的 Python 程序，并且能够使用常见的第三方库函数。

“Python 编程基础”课程主要侧重于 Python 基础知识和编程基础思想。本课程的前驱课程为“计算机信息处理技术”，同步课程为“大数据基础”和“Spark 技术与应用”，为后续的“Python 数据分析”“数据挖掘应用”等课程提供编程基础知识。

2）设计思路

① 课程设置的依据。

“Python 编程基础”课程是大数据技术专业的支撑课程之一，课程设计符合本专业顶层设计的目标要求与本专业定位，突出了数据处理、大数据技术和本课程的特点。本大纲主要在目标层次、知识与能力覆盖面、深浅度、基本内容与拓展内容等方面进行课程内容的规划。

② 课程内容确定的依据。

“Python 编程基础”课程的核心是培养学生对 Python 编程基础的理解和应用能力。本课程的内容首先从基础入手，然后进行深入研究，并且结合实际的应用案例，由点到面、由浅入深地讲解程序设计的基本概念和方法、Python 的基本概念和集成开发环境的搭建、Python 的数据类型与运算、流程控制、函数、文件等内容，使学生理解 Python 的基本语法，掌握使用 Python 进行程序设计的方法，从而具备使用 Python 编程的能力，最后通过真实案例使学生更深入地了解应用的现实环境，从而真正提高学生的实践能力。

③ 学习任务的基本架构及活动设计的基本思路。

“Python 编程基础”课程分为 10 个任务，具体如下。

- 任务 1：Python 基础。
- 任务 2：程序的基本控制结构。
- 任务 3：组合数据类型。
- 任务 4：函数与模块。
- 任务 5：面向对象。
- 任务 6：文件操作。
- 任务 7：Tkinter GUI 编程。
- 任务 8：数据处理与数据的可视化。

- 任务 9：爬取与分析网页数据。
- 任务 10：SQLite 数据库操作。

“Python 编程基础”课程强调以工作过程为学生的主要学习手段，融教、学、做于一体，使学生“在学中做，在做中学”。本课程的实践性非常强，要求学生在理解和掌握程序设计的基础上，利用实际操作，在计算机上动手完成程序的编写和调试。

④ 教学方法。

“Python 编程基础”课程采用项目教学法。在“教、学、做一体化”教学中，在教师或企业技术人员的指导下，学生以“团队合作”方式，以规范的企业工作流程进行数据库的设计与开发，学习任务完全按照企业的工作流程与工作内容进行，使学生掌握实际的工作方法，提高数据库的设计与开发技能，培养学生的沟通、表达和自我管理的能力，提高学生的职业素养。

### 3．课程目标（职业能力目标）

“Python 编程基础”课程的主要目标（职业能力目标）如下。

- 任务 1：了解 Python 语言的特点、发展历史，掌握安装与配置 Python 集成开发环境的方法，掌握 Python 基本数据类型的使用方法，理解标识符和保留字符的相关概念，掌握变量和常量的使用方法，掌握运算符、表达式和语句的使用方法。
- 任务 2：掌握顺序结构、选择结构和循环结构共 3 种基本控制结构，熟练使用 3 种基本控制结构编写 Python 程序，掌握输出函数 print()、输入函数 input()、注释语句的使用方法。
- 任务 3：掌握列表、元组、字典、集合的相关概念及操作方法。
- 任务 4：掌握函数的定义和调用方法、函数的参数传递方法、函数的递归方法，熟练使用函数编写 Python 程序，掌握模块的基本概念和应用方法。
- 任务 5：掌握类、对象的概念和创建方法，掌握类的封装、继承、多态的相关概念和操作方法。
- 任务 6：掌握 Python 文件的打开/关闭操作，掌握 Python 文件的读/写操作，掌握 CSV 文件的相关操作。
- 任务 7：掌握 Tkinter 窗体的创建方法，掌握 Tkinter 的布局管理方法，掌握 Tkinter 常用控件的使用方法，了解使用 Canvas 控件绘制图形的方法，了解 Tkinter 的事件处理方法。
- 任务 8：掌握 NumPy 计算库的基本使用方法，掌握 Pandas 数据分析库的基本使用方法，掌握使用 Matplotlib 库绘图的基本方法，掌握使用 Pandas 库绘图的基本方法。
- 任务 9：了解使用 urllib 库爬取网页的基本方法，了解使用 requests 库爬取网页的基本方法，了解使用 BeautifulSoup 库分析网页的基本方法。
- 任务 10：掌握连接 SQLite 数据库的方法、创建游标对象的方法和执行 SQL 数据操作的方法。

### 4．职业能力解析表

“Python 编程基础”课程各任务的职业能力解析表如表 3-91～表 3-100 所示。

表 3-91　“Python 基础”任务的职业能力解析表

| | |
|---|---|
| 职业能力目标 | 了解 Python 语言的特点、发展历史，掌握安装与配置 Python 集成开发环境的方法，掌握 Python 基本数据类型的使用方法，理解标识符和保留字符的相关概念，掌握变量和常量的使用方法，掌握运算符、表达式和语句的使用方法 |
| 编号 | 1 |
| 具体描述 | Python 语言的特点、发展历史，安装与配置 Python 集成开发环境，Python 的基本数据类型，标识符和保留字符，变量和常量，运算符、表达式和语句 |
| 步骤 | 1．Python 语言简介 |
| | 2．安装与配置 Python 集成开发环境 |
| | 3．Python 的基本数据类型 |
| | 4．标识符和保留字符 |
| | 5．变量和常量 |
| | 6．运算符、表达式和语句 |
| 工具与设备 | 计算机、办公软件、网络、Python 3.6 |
| 知识基础 | 1．计算机基础知识 |
| | 2．办公软件 |
| | 3．Python 集成开发环境的安装 |
| 通用能力与职业素质 | 1．语言文字能力 |
| | 2．沟通交流能力 |
| | 3．安全意识 |
| 考核标准 | 1．掌握 Python 的基本数据类型的使用方法 |
| | 2．理解标识符和保留字符的相关概念 |
| | 3．掌握变量和常量的使用方法 |
| | 4．掌握运算符、表达式和语句的使用方法 |

表 3-92　“程序的基本控制结构”任务的职业能力解析表

| | |
|---|---|
| 职业能力目标 | 掌握顺序结构、选择结构和循环结构共 3 种基本控制结构，熟练使用 3 种基本控制结构编写 Python 程序，掌握输出函数 print()、输入函数 input()、注释语句的使用方法 |
| 编号 | 2 |
| 具体描述 | 程序的基本控制结构及相应的控制语句，编写 if 分支结构的 Python 程序，编写 for 循环结构和 while 循环结构的 Python 程序 |
| 步骤 | 1．顺序结构（输出函数 print()、输入函数 input()、注释语句） |
| | 2．选择结构（if 条件语句、if-else 条件语句、if-elif-else 条件语句） |
| | 3．循环结构（for 循环语句和 while 循环语句，循环的嵌套，break、continue 和 pass 语句，循环中的 else 语句） |
| 工具与设备 | 计算机、办公软件、网络、Python 3.6 |
| 知识基础 | 1．Python 的基本结构 |
| | 2．Python 的基本输入和输出 |
| | 3．Python 的数据类型和变量 |
| 通用能力与职业素质 | 1．科学思维能力 |
| | 2．安全意识 |
| | 3．就业与创业意识 |

续表

| | |
|---|---|
| 考核标准 | 1．能够编写 if 分支结构的 Python 程序 |
| | 2．能够编写 for 循环结构的 Python 程序 |
| | 3．能够编写 while 循环结构的 Python 程序 |

**表 3-93 “组合数据类型”任务的职业能力解析表**

| | |
|---|---|
| 职业能力目标 | 掌握列表、元组、字典、集合的相关概念及操作方法 |
| 编号 | 3 |
| 具体描述 | 列表的相关概念及操作方法，元组的相关概念及操作方法，字典的相关概念及操作方法，集合的相关概念及操作方法 |
| 步骤 | 1．列表的相关概念及操作方法 |
| | 2．元组的相关概念及操作方法 |
| | 3．字典的相关概念及操作方法 |
| | 4．集合的相关概念及操作方法 |
| 工具与设备 | 计算机、办公软件、网络、Python 3.6 |
| 知识基础 | 1．Python 的基本输入和输出 |
| | 2．顺序结构、选择结构和循环结构 |
| | 3．Python 的数据类型和变量 |
| 通用能力与职业素质 | 1．科学思维能力 |
| | 2．安全意识 |
| | 3．就业与创业意识 |
| 考核标准 | 1．理解 Python 的组合数据类型 |
| | 2．掌握组合数据类型的使用方法 |

**表 3-94 “函数与模块”任务的职业能力解析表**

| | |
|---|---|
| 职业能力目标 | 掌握函数的定义和调用方法、函数的参数传递方法、函数的递归方法，熟练使用函数编写 Python 程序，掌握模块的基本概念和应用方法 |
| 编号 | 4 |
| 具体描述 | Python 程序中函数的定义和调用方法，Python 函数的参数传递方法，Python 函数的递归方法，模块的导入 |
| 步骤 | 1．Python 函数的定义和调用方法 |
| | 2．Python 函数的参数传递方法和返回值 |
| | 3．嵌套函数、递归函数和 lambda 函数的使用方法 |
| | 4．变量作用域的相关知识 |
| | 5．内置函数的使用方法 |
| | 6．模块的基本概念和使用方法 |
| 工具与设备 | 计算机、办公软件、网络、Python 3.6 |
| 知识基础 | 1．if 分支结构的 Python 程序 |
| | 2．for 循环结构的 Python 程序 |
| | 3．while 循环结构的 Python 程序 |
| 通用能力与职业素质 | 1．科学思维能力 |
| | 2．安全意识 |
| | 3．就业与创业意识 |

续表

| | |
|---|---|
| 考核标准 | 1．能够编写并调用 Python 函数 |
| | 2．能够正确使用 Python 函数的参数、返回值 |
| | 3．能够编写 Python 递归函数 |
| | 4．能够完成 Python 模块的导入操作 |

表 3-95　“面向对象”任务的职业能力解析表

| | |
|---|---|
| 职业能力目标 | 掌握类、对象的概念和创建方法，掌握类的封装、继承、多态的相关概念和操作方法 |
| 编号 | 5 |
| 具体描述 | 类、对象的概念和创建方法，类的封装、继承、多态的相关概念和操作方法 |
| 步骤 | 1．类、对象的概念和创建方法 |
| | 2．类的封装的相关概念和操作方法 |
| | 3．类的继承的相关概念和操作方法 |
| | 4．类的多态的相关概念和操作方法 |
| 工具与设备 | 计算机、办公软件、网络、Python 3.6 |
| 知识基础 | 1．顺序结构、选择结构和循环结构 |
| | 2．Python 组合数据类型的应用 |
| | 3．函数的定义和调用方法 |
| 通用能力与职业素质 | 1．科学思维能力 |
| | 2．安全意识 |
| | 3．就业与创业意识 |
| 考核标准 | 1．能够进行类和对象的基本操作 |
| | 2．能够进行类的封装、继承、多态的相关操作 |

表 3-96　“文件操作”任务的职业能力解析表

| | |
|---|---|
| 职业能力目标 | 掌握 Python 文件的打开/关闭操作，掌握 Python 文件的读/写操作，掌握 CSV 文件的相关操作 |
| 编号 | 6 |
| 具体描述 | Python 文件的打开/关闭操作，Python 文件的读/写操作，CSV 文件的相关操作 |
| 步骤 | 1．Python 文件的打开/关闭操作 |
| | 2．Python 文件的读/写操作 |
| | 3．CSV 文件的相关操作 |
| 工具与设备 | 计算机、办公软件、网络、Python 3.6 |
| 知识基础 | 1．Python 组合数据类型的概念 |
| | 2．Python 组合数据类型的应用 |
| 通用能力与职业素质 | 1．科学思维能力 |
| | 2．安全意识 |
| | 3．就业与创业意识 |
| 考核标准 | 1．能够进行 Python 文件的基本操作 |
| | 2．能够进行 CSV 文件的基本操作 |

表 3-97 “Tkinter GUI 编程”任务的职业能力解析表

| | |
|---|---|
| 职业能力目标 | 掌握 Tkinter 窗体的创建方法，掌握 Tkinter 的布局管理方法，掌握 Tkinter 常用控件的使用方法，了解使用 Canvas 控件绘制图形的方法，了解 Tkinter 的事件处理方法 |
| 编号 | 7 |
| 具体描述 | Tkinter 窗体的创建方法，Tkinter 的布局管理方法，Tkinter 常用控件的使用方法，使用 Canvas 控件绘制图形，Tkinter 的事件处理方法 |
| 步骤 | 1．Tkinter 窗体的创建方法 |
| | 2．Tkinter 的布局管理方法 |
| | 3．Tkinter 常用控件的使用方法 |
| | 4．使用 Canvas 控件绘制图形 |
| | 5．Tkinter 的事件处理方法 |
| 工具与设备 | 计算机、办公软件、网络、Python 3.6 |
| 知识基础 | 1．Python 组合数据类型的概念 |
| | 2．Python 组合数据类型的应用 |
| 通用能力与职业素质 | 1．科学思维能力 |
| | 2．安全意识 |
| | 3．就业与创业意识 |
| 考核标准 | 能够使用 Tkinter 进行基本的界面设计 |

表 3-98 “数据处理与数据的可视化”任务的职业能力解析表

| | |
|---|---|
| 职业能力目标 | 掌握 NumPy 计算库的基本使用方法，掌握 Pandas 数据分析库的基本使用方法，掌握使用 Matplotlib 库绘图的基本方法，掌握使用 Pandas 库绘图的基本方法 |
| 编号 | 8 |
| 具体描述 | NumPy 计算库的基本使用方法，Pandas 数据分析库的基本使用方法，使用 Matplotlib 库绘图的基本方法，使用 Pandas 库绘图的基本方法 |
| 步骤 | 1．NumPy 计算库的基本使用方法 |
| | 2．Pandas 数据分析库的基本使用方法 |
| | 3．使用 Matplotlib 库绘图的基本方法 |
| | 4．使用 Pandas 库绘图的基本方法 |
| 工具与设备 | 计算机、办公软件、网络、Python 3.6 |
| 知识基础 | 1．Python 组合数据类型的概念 |
| | 2．Python 组合数据类型的应用 |
| 通用能力与职业素质 | 1．科学思维能力 |
| | 2．安全意识 |
| | 3．就业与创业意识 |
| 考核标准 | 1．能够使用 NumPy 库、Pandas 库进行基本的绘图操作 |
| | 2．能够使用 Matplotlib 库、Pandas 库进行基本的绘图操作 |

表 3-99　“爬取与分析网页数据”任务的职业能力解析表

| | |
|---|---|
| 职业能力目标 | 了解使用 urllib 库爬取网页的基本方法，了解使用 requests 库爬取网页的基本方法，了解使用 BeautifulSoup 库分析网页的基本方法 |
| 编号 | 9 |
| 具体描述 | 使用 urllib 库爬取网页的基本方法，使用 requests 库爬取网页的基本方法，使用 BeautifulSoup 库分析网页的基本方法 |
| 步骤 | 1．使用 urllib 库爬取网页的基本方法 |
| | 2．使用 requests 库爬取网页的基本方法 |
| | 3．使用 BeautifulSoup 库分析网页的基本方法 |
| 工具与设备 | 计算机、办公软件、网络、Python 3.6 |
| 知识基础 | 1．Python 组合数据类型的概念 |
| | 2．Python 组合数据类型的应用 |
| 通用能力与职业素质 | 1．科学思维能力 |
| | 2．安全意识 |
| | 3．就业与创业意识 |
| 考核标准 | 1．能够使用 urllib 库爬取网页 |
| | 2．能够使用 requests 库爬取网页 |
| | 3．能够使用 BeautifulSoup 库分析网页 |

表 3-100　“SQLite 数据库操作”任务的职业能力解析表

| | |
|---|---|
| 职业能力目标 | 掌握连接 SQLite 数据库的方法、创建游标对象的方法和执行 SQL 数据操作的方法 |
| 编号 | 10 |
| 具体描述 | 连接 SQLite 数据库的方法，创建游标对象的方法，执行 SQL 数据操作的方法 |
| 步骤 | 1．连接 SQLite 数据库的方法 |
| | 2．创建游标对象的方法 |
| | 3．执行 SQL 数据操作的方法 |
| 工具与设备 | 计算机、办公软件、网络、Python 3.6 |
| 知识基础 | 1．Python 组合数据类型的概念 |
| | 2．Python 组合数据类型的应用 |
| | 3．库函数的应用 |
| 通用能力与职业素质 | 1．科学思维能力 |
| | 2．安全意识 |
| | 3．就业与创业意识 |
| 考核标准 | 1．能够连接 SQLite 数据库 |
| | 2．能够创建游标对象 |
| | 3．能够执行 SQL 数据操作 |

## 5．课程内容

1）基本框架

“Python 编程基础”课程各任务的基本框架如表 3-101～表 3-110 所示。

表 3-101 “Python 基础”任务的基本框架

| 序号 | 教学任务 | 教学活动 | 教学方法 | 参考学时 |
|---|---|---|---|---|
| 1 | Python 基础 | 1.1 Python 语言简介 | 机房讲授、演示、操作 | 1 |
| | | 1.2 安装与配置 Python 集成开发环境 | 机房讲授、演示、操作 | 1 |
| | | 1.3 Python 的基本数据类型 | 机房讲授、演示、操作 | 0.5 |
| | | 1.4 标识符和保留字符 | 机房讲授、演示、操作 | 0.5 |
| | | 1.5 变量和常量 | 机房讲授、演示、操作 | 0.5 |
| | | 1.6 运算符、表达式和语句 | 机房讲授、演示、操作 | 0.5 |
| 合计 | | | | 4 |

表 3-102 “程序的基本控制结构”任务的基本框架

| 序号 | 教学任务 | 教学活动 | 教学方法 | 参考学时 |
|---|---|---|---|---|
| 2 | 程序的基本控制结构 | 2.1 顺序结构（输出函数 print()、输入函数 input()、注释语句） | 机房讲授、演示、操作 | 2 |
| | | 2.2 选择结构（if 条件语句、if-else 条件语句、if-elif-else 条件语句） | 机房讲授、演示、操作 | 2 |
| | | 2.3 循环结构(for 循环语句和 while 循环语句，循环的嵌套，break、continue 和 pass 语句，循环中的 else 语句） | 机房讲授、演示、操作 | 4 |
| 合计 | | | | 8 |

表 3-103 “组合数据类型”任务的基本框架

| 序号 | 教学任务 | 教学活动 | 教学方法 | 参考学时 |
|---|---|---|---|---|
| 3 | 组合数据类型 | 3.1 列表的相关概念及操作方法 | 机房讲授、演示、操作 | 2 |
| | | 3.2 元组的相关概念及操作方法 | 机房讲授、演示、操作 | 2 |
| | | 3.3 字典的相关概念及操作方法 | 机房讲授、演示、操作 | 2 |
| | | 3.4 集合的相关概念及操作方法 | 机房讲授、演示、操作 | 2 |
| 合计 | | | | 8 |

表 3-104 “函数与模块”任务的基本框架

| 序号 | 教学任务 | 教学活动 | 教学方法 | 参考学时 |
|---|---|---|---|---|
| 4 | 函数与模块 | 4.1 函数的定义和调用方法 | 机房讲授、演示、操作 | 1 |
| | | 4.2 函数的参数传递方法和返回值 | 机房讲授、演示、操作 | 1 |
| | | 4.3 嵌套函数、递归函数和 lambda 函数 | 机房讲授、演示、操作 | 2 |
| | | 4.4 变量作用域 | 机房讲授、演示、操作 | 2 |
| | | 4.5 内置函数 | 机房讲授、演示、操作 | 1 |
| | | 4.6 模块 | 机房讲授、演示、操作 | 1 |
| 合计 | | | | 8 |

表 3-105　“面向对象”任务的基本框架

| 序号 | 教学任务 | 教学活动 | 教学方法 | 参考学时 |
|---|---|---|---|---|
| 5 | 面向对象 | 5.1 类和对象 | 机房讲授、演示、操作 | 4 |
| | | 5.2 类的封装 | 机房讲授、演示、操作 | 2 |
| | | 5.3 类的继承 | 机房讲授、演示、操作 | 1 |
| | | 5.4 类的多态 | 机房讲授、演示、操作 | 1 |
| 合计 | | | | 8 |

表 3-106　“文件操作”任务的基本框架

| 序号 | 教学任务 | 教学活动 | 教学方法 | 参考学时 |
|---|---|---|---|---|
| 6 | 文件操作 | 6.1 Python 文件的打开/关闭操作 | 机房讲授、演示、操作 | 1 |
| | | 6.2 Python 文件的读/写操作 | 机房讲授、演示、操作 | 2 |
| | | 6.3 CSV 文件的相关操作 | 机房讲授、演示、操作 | 1 |
| 合计 | | | | 4 |

表 3-107　“Tkinter GUI 编程”任务的基本框架

| 序号 | 教学任务 | 教学活动 | 教学方法 | 参考学时 |
|---|---|---|---|---|
| 7 | Tkinter GUI 编程 | 7.1 Tkinter 窗体的创建方法 | 机房讲授、演示、操作 | 2 |
| | | 7.2 Tkinter 的布局管理方法 | 机房讲授、演示、操作 | 1 |
| | | 7.3 Tkinter 的常用控件 | 机房讲授、演示、操作 | 1 |
| | | 7.4 使用 Canvas 控件绘制图形 | 机房讲授、演示、操作 | 1 |
| | | 7.5 Tkinter 的事件处理方法 | 机房讲授、演示、操作 | 1 |
| 合计 | | | | 6 |

表 3-108　“数据处理与数据的可视化”任务的基本框架

| 序号 | 教学任务 | 教学活动 | 教学方法 | 参考学时 |
|---|---|---|---|---|
| 8 | 数据处理与数据的可视化 | 8.1 NumPy 计算库的基本使用方法 | 机房讲授、演示、操作 | 2 |
| | | 8.2 Pandas 数据分析库的基本使用方法 | 机房讲授、演示、操作 | 2 |
| | | 8.3 使用 Matplotlib 库绘图的基本方法 | 机房讲授、演示、操作 | 2 |
| | | 8.4 使用 Pandas 库绘图的基本方法 | 机房讲授、演示、操作 | 2 |
| 合计 | | | | 8 |

表 3-109　“爬取与分析网页数据”任务的基本框架

| 序号 | 教学任务 | 教学活动 | 教学方法 | 参考学时 |
|---|---|---|---|---|
| 9 | 爬取与分析网页数据 | 9.1 使用 urllib 库爬取网页 | 机房讲授、演示、操作 | 1 |
| | | 9.2 使用 requests 库爬取网页 | 机房讲授、演示、操作 | 1 |
| | | 9.3 使用 BeautifulSoup 库分析网页 | 机房讲授、演示、操作 | 2 |
| 合计 | | | | 4 |

表 3-110 “SQLite 数据库操作”任务的基本框架

| 序号 | 教学任务 | 教学活动 | 教学方法 | 参考学时 |
|---|---|---|---|---|
| 10 | SQLite 数据库操作 | 10.1 SQLite 数据库概述 | 机房讲授、演示、操作 | 1 |
| | | 10.2 连接 SQLite 数据库 | 机房讲授、演示、操作 | 1 |
| | | 10.3 创建游标对象 | 机房讲授、演示、操作 | 1 |
| | | 10.4 执行 SQL 数据操作 | 机房讲授、演示、操作 | 1 |
| 期末考试 | | | | 2 |
| 合计 | | | | 6 |

2）主要内容与要求

任务 1：Python 基础。

1.1 Python 语言简介。

1.2 安装与配置 Python 集成开发环境。

1.3 Python 的基本数据类型。

1.4 标识符和保留字符。

1.5 变量和常量。

1.6 运算符、表达式和语句。

了解 Python 语言的特点、发展历史，掌握安装与配置 Python 集成开发环境的方法，掌握 Python 基本数据类型的使用方法，理解标识符和保留字符的相关概念，掌握变量和常量的使用方法，掌握运算符、表达式和语句的使用方法。

任务 2：程序的基本控制结构。

2.1 顺序结构（输出函数 print()、输入函数 input()、注释语句）。

2.2 选择结构（if 条件语句、if-else 条件语句、if-elif-else 条件语句）。

2.3 循环结构（for 循环语句和 while 循环语句，循环的嵌套，break、continue 和 pass 语句，循环中的 else 语句）。

掌握顺序结构、选择结构和循环结构共 3 种基本控制结构，熟练使用 3 种基本控制结构编写 Python 程序，掌握输出函数 print()、输入函数 input()、注释语句的使用方法。

任务 3：组合数据类型。

3.1 列表的相关概念及操作方法。

3.2 元组的相关概念及操作方法。

3.3 字典的相关概念及操作方法。

3.4 集合的相关概念及操作方法。

掌握列表、元组、字典、集合的相关概念及操作方法。

任务 4：函数与模块。

4.1 函数的定义和调用方法。

4.2 函数的参数传递方法和返回值。

4.3 嵌套函数、递归函数和 lambda 函数。

4.4 变量作用域。

4.5　内置函数。

4.6　模块。

掌握函数的定义和调用方法、函数的参数传递方法、函数的递归方法，熟练使用函数编写 Python 程序，掌握模块的基本概念和应用方法。

任务 5：面向对象。

5.1　类和对象。

5.2　类的封装。

5.3　类的继承。

5.4　类的多态。

掌握类、对象的概念和创建方法，掌握类的封装、继承、多态的相关概念和操作方法。

任务 6：文件操作。

6.1　Python 文件的打开/关闭操作。

6.2　Python 文件的读/写操作。

6.3　CSV 文件的相关操作。

掌握 Python 文件的打开/关闭操作，掌握 Python 文件的读/写操作，掌握 CSV 文件的相关操作。

任务 7：Tkinter GUI 编程。

7.1　Tkinter 窗体的创建方法。

7.2　Tkinter 的布局管理方法。

7.3　Tkinter 的常用控件。

7.4　使用 Canvas 控件绘制图形。

7.5　Tkinter 的事件处理方法。

掌握 Tkinter 窗体的创建方法，掌握 Tkinter 的布局管理方法，掌握 Tkinter 常用控件的使用方法，了解使用 Canvas 控件绘制图形的方法，了解 Tkinter 的事件处理方法。

任务 8：数据处理与数据的可视化。

8.1　NumPy 计算库的基本使用方法。

8.2　Pandas 数据分析库的基本使用方法。

8.3　使用 Matplotlib 库绘图的基本方法。

8.4　使用 Pandas 库绘图的基本方法。

掌握 NumPy 计算库的基本使用方法，掌握 Pandas 数据分析库的基本使用方法，掌握使用 Matplotlib 库绘图的基本方法，掌握使用 Pandas 库绘图的基本方法。

任务 9：爬取与分析网页数据。

9.1　使用 urllib 库爬取网页。

9.2　使用 requests 库爬取网页。

9.3　使用 BeautifulSoup 库分析网页。

了解使用 urllib 库爬取网页的基本方法，了解使用 requests 库爬取网页的基本方法，了解使用 BeautifulSoup 库分析网页的基本方法。

任务 10：SQLite 数据库操作。

10.1　SQLite 数据库概述。

10.2　连接 SQLite 数据库。

10.3　创建游标对象。

10.4　执行 SQL 数据操作。

掌握连接 SQLite 数据库的方法、创建游标对象的方法和执行 SQL 数据操作的方法。

### 6. 考核方案

1）职业能力目标考核方案

“Python 编程基础”课程注重对学生学习过程的考评，会对各个任务分别进行考评。在完成每个任务后，都要提交相关资料，并且进行考试，最终将学生实际的任务完成情况、项目报告撰写情况和考试情况作为学业评价依据。本课程的职业能力目标考核方案如表 3-111 所示。

表 3-111　“Python 编程基础”课程的职业能力目标考核方案

| 序号 | 职业能力目标 | 考核标准 | 考核方式 | 证据材料 |
|---|---|---|---|---|
| 1 | 了解 Python 语言的特点、发展历史，掌握安装与配置 Python 集成开发环境的方法，掌握 Python 基本数据类型的使用方法，理解标识符和保留字符的相关概念，掌握变量和常量的使用方法，掌握运算符、表达式和语句的使用方法 | 1. 了解 Python 语言的特点、发展历史 | 项目制作 | Python 安装与配置过程截图，Python 程序运行方式 |
| | | 2. 能够安装与配置 Python 集成开发环境 | | |
| | | 3. 掌握 Python 基本数据类型的使用方法 | | |
| | | 4. 理解标识符和保留字符的相关概念 | | |
| | | 5. 掌握变量和常量的使用方法 | | |
| | | 6. 掌握运算符、表达式和语句的使用方法 | | |
| 2 | 掌握顺序结构、选择结构和循环结构共 3 种基本控制结构，熟练使用 3 种基本控制结构编写 Python 程序，掌握输出函数 print()、输入函数 input()、注释语句的使用方法 | 1. 掌握三种基本控制结构：顺序结构、选择结构和循环结构 | 项目制作 | Python 程序实例 |
| | | 2. 熟练使用 3 种基本控制结构编写 Python 程序 | | |
| | | 3. 掌握输出函数 print()、输入函数 input()、注释语句 | | |
| 3 | 掌握列表、元组、字典、集合的相关概念及操作方法 | 1. 掌握列表的概念及操作方法 | 项目制作 | Python 程序实例 |
| | | 2. 掌握元组的概念及操作方法 | | |
| | | 3. 掌握字典的概念及操作方法 | | |
| | | 4. 掌握集合的概念及操作方法 | | |
| 4 | 掌握函数的定义与调用方法、函数的参数传递方法、函数的递归方法，熟练使用函数编写 Python 程序，掌握模块的基本概念和应用方法 | 1. 掌握函数的定义与调用方法 | 项目制作 | Python 程序实例 |
| | | 2. 掌握函数的参数传递方法 | | |
| | | 3. 掌握嵌套函数、递归函数和 lambda 函数的使用方法 | | |
| | | 4. 熟练使用函数编写 Python 程序 | | |
| | | 5. 掌握模块的基本概念和应用方法 | | |

续表

| 序号 | 职业能力目标 | 考核标准 | 考核方式 | 证据材料 |
|---|---|---|---|---|
| 5 | 掌握类、对象的概念和创建方法，掌握类的封装、继承、多态的相关概念和操作方法 | 1．掌握类、对象的概念和创建方法<br>2．掌握类的封装、继承、多态的相关概念和操作方法 | 项目制作 | Python 程序实例 |
| 6 | 掌握 Python 文件的打开/关闭操作，掌握 Python 文件的读/写操作，掌握 CSV 文件的相关操作 | 1．掌握 Python 文件的打开/关闭操作<br>2．掌握 Python 文件的读/写操作<br>3．掌握 CSV 文件的相关操作 | 项目制作 | Python 程序实例 |
| 7 | 掌握 Tkinter 窗体的创建方法，掌握 Tkinter 的布局管理方法，掌握 Tkinter 常用控件的使用方法，了解使用 Canvas 控件绘制图形的方法，了解 Tkinter 的事件处理方法 | 1．掌握 Tkinter 窗体的创建方法<br>2．掌握 Tkinter 的布局管理方法<br>3．掌握 Tkinter 常用控件的使用方法<br>4．了解使用 Canvas 控件绘制图形的方法<br>5．了解 Tkinter 的事件处理方法 | 项目制作 | Python 程序实例 |
| 8 | 掌握 NumPy 计算库的基本使用方法，掌握 Pandas 数据分析库的基本使用方法，掌握使用 Matplotlib 库绘图的基本方法，掌握使用 Pandas 库绘图的基本方法 | 1．掌握 NumPy 计算库的基本使用方法<br>2．掌握 Pandas 数据分析库的基本使用方法<br>3．掌握使用 Matplotlib 库绘图的基本方法<br>4．掌握使用 Pandas 库绘图的基本方法 | 项目制作 | Python 程序实例 |
| 9 | 了解使用 urllib 库爬取网页的基本方法，了解使用 requests 库爬取网页的基本方法，了解使用 BeautifulSoup 库分析网页的基本方法 | 1．了解使用 urllib 库爬取网页的基本方法<br>2．了解使用 requests 库爬取网页的基本方法<br>3．了解使用 BeautifulSoup 库分析网页的基本方法 | 项目制作 | Python 程序实例 |
| 10 | 掌握连接 SQLite 数据库的方法、创建游标对象的方法和执行 SQL 数据操作的方法 | 1．掌握连接 SQLite 数据库的方法<br>2．掌握创建游标对象的方法<br>3．掌握执行 SQL 数据操作的方法 | 项目制作 | Python 程序实例 |

“Python 编程基础”课程注重对学生学习过程的考评，会对 10 个任务分别进行考评，在训练项目结束后设置考核，用于考核学生的理论和动手操作能力。在本课程结束后，会综合各个任务的考核结果，对学生的成绩和各项素质进行全面评价。总评成绩的计算公式如下：

$$总评成绩=任务成绩\times60\%+考试成绩\times40\%$$

2）通用能力与职业素质目标考核方案

通用能力与职业素质的测评点分别为信息处理能力、科学思维能力、与人合作能力、安全意识和批判性思维。

学生各个任务的完成情况、整个项目的最终成果展示和答辩成绩是“Python 编程基础”课程评价的依据。

在平台开发方向，“Python 编程基础”课程的通用能力与职业素质目标考核方案如表 3-112 所示。

表 3-112 “Python 编程基础”课程的通用能力与职业素质目标考核方案

| 通用能力与职业素质 | 任务比例 | | | | | | | | | |
|---|---|---|---|---|---|---|---|---|---|---|
| | 任务 1 | 任务 2 | 任务 3 | 任务 4 | 任务 5 | 任务 6 | 任务 7 | 任务 8 | 任务 9 | 任务 10 |
| 信息处理能力 | 10% | 10% | 10% | 10% | 10% | 10% | 10% | 10% | 10% | 10% |
| 科学思维能力 | 10% | 10% | 10% | 10% | 10% | 10% | 10% | 10% | 10% | 10% |
| 与人合作能力 | 10% | 10% | 10% | 10% | 10% | 10% | 10% | 10% | 10% | 10% |
| 安全意识 | 10% | 10% | 10% | 10% | 10% | 10% | 10% | 10% | 10% | 10% |
| 批判性思维 | 10% | 10% | 10% | 10% | 10% | 10% | 10% | 10% | 10% | 10% |

### 7．教学文件资源的开发意见

1）课程教学设计方案的编写意见

总体设计方案：主要描述“Python 编程基础”课程的相关内容，应该阐明课程性质、课程设计思路，对课程标准中的能力目标进行进一步说明，并且对本课程的学习成果进行详细说明。

任务设计方案：主要描述每个任务的相关内容，需要对学习内容进行详细描述，并且指定相应的能力目标，确定完成本任务需要的知识和本任务要介绍的新知识，确定本任务需要的学习环境、教务方法及评价标准。

学习活动设计方案：在整个教学过程中，理论知识要伴随任务的实施，课堂活动应体现融教、学、做于一体的教学思路，使学生了解工作过程的规律，在完成任务的同时掌握工作方法。教学活动参照企业岗位的工作过程，大体过程如下：

（1）获取信息、明确任务。

（2）制订计划、安排进度。

（3）选择方案、做出决策。

（4）任务实施、完成工作。

（5）对照要求、检查控制。

（6）总结评估、提出改进。

2）项目指导书（教学案例集）、校本教材等教学资料的开发思路与意见

项目指导书：应该针对每个任务中容易出现的问题及如何解决等方面为学生提供指导。

校本教材：应该以项目为载体，按照任务进行编写，在编写过程中，应该包含必要的理论知识和具体操作步骤，理论知识应该尽量简练，注重对操作的描述，并且应该对操作过程中容易出现的问题进行必要的说明。

3）网络课程相关文件的开发思路与意见

网络课程相关文件包括课程设置、教学内容、教学方法、实践教学、教学效果、特色创新、课程的相关学习资源（如 PPT、学习资料、习题、试题、工程案例）等。

网络课程相关文件要有清晰的教学目标、完整的知识体系、有效的作业和练习、合理

的评价方式。在网络课程相关学习链接中，要对学习内容进行归类、分解和类型定义，包括把内容划分成学习模块，将每个模块的知识分解，并且定义其是否良构，对于良构的知识，要设定预期的学习目标，为学生提供学习路径或引导与帮助的依据；对于非良构的知识，可以由学生自己生成学习目标。网络课程要设计问题情境，引起学生的兴趣。问题情境包括疑问、项目、课题、分歧等。学生在问题情境中参与活动的目标指向包括解答疑问、阐明问题、完成项目或课题、解决分歧等，学生通过问题情境，可以更好地掌握学习内容。网络课程中的学习资源包含支持本课程的所有材料。在设计学习资源时，通常要经过搜集、筛选、分类、整理组织与数字化等工作，在进行这些工作的同时，必须考虑是否方便学生使用。

**8. 教学资源的使用建议**

1）教学设施资源的使用建议

教学组织如下：

- 采用项目教学法，融教、学、做于一体。
- 理论与实践教学的比例大致为 1∶6。
- 理论授课每班安排一名教师，部分课时由企业兼职教师主讲。
- 实践教学每位教师指导 10～12 人，企业兼职教师参与现场教学指导。
- 一般每周 4 学时，集中排课。

学习环境：实训室。

使用设备：数据库服务器、网络环境、各种相关软件等。

2）教学文件资源的使用建议

在项目开始前，给学生发放项目任务书和项目指导书，以便学生查阅资料，明确“Python 编程基础”课程与先修课程、后续课程之间的关系，为本课程的学习做准备。

### 3.2.4　MySQL 数据库应用开发

**1. 课程标准**

学分：4 学分。

参考学时：64 学时。

**2. 课程概述**

1）课程性质

“MySQL 数据库应用开发”课程是大数据技术专业的核心技术课程。本课程以目前流行的、应用广泛的、跨平台的、关系型数据库 MySQL 为例，讲解数据库中的高级结构化查询语言 SQL 和数据库管理与开发知识。本课程的先修课程是“Java 编程基础”“响应式 Web 设计”“Java Web 应用开发”，后续课程是“前端设计与开发”“Java 框架技术开发”“软件测试技术”。在以核心职业能力为培养目标的课程体系中，本课程可以对前期学过的所有课程进行综合应用，并且为后续课程做好能力准备。

本课程通过知识点讲解、案例分析、任务驱动、机房实践操作等教学手段，可以培养学生面向用户的服务意识、团队合作和沟通的意识、安全生产意识、产品质量意识，实现本课程的素质教育目标。

2）设计思路

“MySQL 数据库应用开发”课程是依据专业培养目的要求设置的，在针对初级数据库开发员岗位职业能力分析的基础上，培养学生的以下核心职业能力。

- 能够针对不同的任务进行与数据库应用开发有关的工作，能够进行数据定义、数据更新、数据查询，能够创建和操作索引、视图。
- 能够创建存储过程与存储函数，能够操作触发器、事件、事务、锁。
- 能够进行权限管理、数据库的备份与恢复、日志管理。

“MySQL 数据库应用开发”课程的目的是培养学生数据库应用开发工作必需的专业能力，使学生掌握比较典型的工作方法，从而完成进入数据库应用开发员核心任务前的准备工作和必备基础知识的储备。

“MySQL 数据库应用开发”课程按照行动导向教学过程的要求，运用项目教学法实施。本课程计划安排一个“学生成绩数据库管理系统”项目，该项目可以分为 4 个工作任务，具体如下。

- 任务 1：数据定义、数据更新和数据查询。
- 任务 2：索引、视图、触发器、事件、事务、锁。
- 任务 3：存储过程与存储函数。
- 任务 4：访问控制与安全管理，数据库的备份与恢复，日志管理。

以上工作任务具有脉络清晰、容易量化的特点。

本课程教学活动设计的思路是运用“任务驱动”教学方法，突出“教、学、做一体化”的思想。通过完成 4 个工作任务，培养学生进行数据库应用开发工作必需的专业能力，使学生了解较为系统的工作过程，掌握典型的工作方法。

#### 3. 课程目标（职业能力目标）

“MySQL 数据库应用开发”课程是面向大数据技术专业的一门专业基础课程，涉及数据库基础知识、MySQL 数据库的安装和配置、数据库和数据表的操作、索引和视图管理、编程基础、存储过程、存储函数、触发器、事件、事务、锁、权限管理、数据库的备份与恢复、日志管理等内容。通过学习本课程，学生能够了解数据库的基础知识，掌握 MySQL 数据库的开发和管理技术，并且初步具备应用程序开发能力，具体如下。

- 任务 1：能够熟练地进行数据定义、数据更新和数据查询。
- 任务 2：能够熟练地操作索引、视图、触发器、事件、事务、锁。
- 任务 3：能够熟练地编写存储过程与存储函数的相关代码。
- 任务 4：能够熟练地设置访问控制与安全管理，能够熟练地进行数据库的备份与恢复，能够熟练地进行日志管理。

#### 4. 职业能力解析表

“MySQL 数据库应用开发”课程的职业能力解析表如表 3-113～表 3-116 所示。

表 3-113　职业能力解析表（1）

| | |
|---|---|
| 职业能力目标 | 能够熟练地进行数据定义、数据更新和数据查询 |
| 编号 | 1 |
| 具体描述 | 了解项目需求，对项目中的数据进行定义。<br>• 定义数据库，定义数据表，定义数据的完整性约束。<br>• SELECT 语句，单表查询，分组聚合查询，连接查询，子查询，联合查询（UNION）。<br>• 插入数据，修改数据，删除数据 |
| 步骤 | 1．了解项目需求 |
| | 2．定义数据库，定义数据表，定义数据的完整性约束 |
| | 3．数据的查询操作 |
| | 4．数据的插入、修改和删除操作 |
| 工具与设备 | 1．计算机 |
| | 2．Windows 操作系统 |
| | 3．MySQL |
| | 4．办公软件 |
| 知识基础 | 1．Windows 操作系统的基本操作 |
| | 2．项目的实施步骤 |
| | 3．数据库的基本知识 |
| 通用能力与职业素质 | 1．仔细认真 |
| | 2．善于沟通 |
| | 3．友善合作 |
| | 4．工作规范 |
| 考核标准 | 1．数据定义规范，符合项目要求 |
| | 2．上机操作的步骤正确 |
| | 3．运行结果正确 |

表 3-114　职业能力解析表（2）

| | |
|---|---|
| 职业能力目标 | 能够熟练地操作索引、视图、触发器、事件、事务、锁 |
| 编号 | 2 |
| 具体描述 | 1．索引的操作，包括查看数据表中建立的索引、创建索引、删除索引 |
| | 2．视图的操作，包括创建视图、删除视图、修改视图定义、查看视图定义、更新视图数据、查询视图数据 |
| | 3．触发器的操作，包括创建触发器、删除触发器、使用触发器 |
| | 4．事件的操作，包括创建事件、修改事件、删除事件 |
| | 5．事务和锁的操作 |
| 步骤 | 1．理解需求 |
| | 2．索引的操作 |
| | 3．视图的操作 |
| | 4．触发器的操作 |
| | 5．事件的操作 |
| | 6．事务和锁的操作 |

续表

| | |
|---|---|
| 工具与设备 | 1. 计算机 |
| | 2. Windows 操作系统 |
| | 3. MySQL |
| | 4. 办公软件 |
| 知识基础 | 1. Windows 操作系统的基本操作 |
| | 2. 项目的实施步骤 |
| | 3. 数据库的基本知识 |
| 通用能力与职业素质 | 1. 仔细认真 |
| | 2. 善于沟通 |
| | 3. 友善合作 |
| | 4. 工作规范 |
| 考核标准 | 1. 数据定义规范，符合项目要求 |
| | 2. 上机操作的步骤正确 |
| | 3. 运行结果正确 |

表 3-115　职业能力解析表（3）

| 职业能力目标 | 能够熟练地编写存储过程与存储函数的相关代码 |
|---|---|
| 编号 | 3 |
| 具体描述 | 1. 存储过程 |
| | 2. 存储函数 |
| 步骤 | 1. 了解存储过程 |
| | 2. 创建存储过程 |
| | 3. 使用存储过程 |
| | 4. 删除存储过程 |
| | 5. 了解存储函数 |
| | 6. 创建存储函数 |
| | 7. 使用存储函数 |
| | 8. 删除存储函数 |
| 工具与设备 | 1. 计算机 |
| | 2. Windows 操作系统 |
| | 3. MySQL |
| | 4. 办公软件 |
| 知识基础 | 1. Windows 操作系统的基本操作 |
| | 2. 项目的实施步骤 |
| | 3. 数据库的基本知识 |
| 通用能力与职业素质 | 1. 仔细认真 |
| | 2. 善于沟通 |
| | 3. 友善合作 |
| | 4. 工作规范 |

续表

| | |
|---|---|
| 考核标准 | 1. 数据定义规范，符合项目要求 |
| | 2. 上机操作的步骤正确 |
| | 3. 运行结果正确 |

表 3-116 职业能力解析表（4）

| | |
|---|---|
| 职业能力目标 | 能够熟练地设置访问控制与安全管理，能够熟练地进行数据库的备份与恢复，能够熟练地进行日志管理 |
| 编号 | 4 |
| 具体描述 | 1. 用户账号管理，账户权限管理 |
| | 2. MySQL 数据库备份与恢复的方法 |
| | 3. 日志管理 |
| 步骤 | 1. 用户账号管理，账户权限管理 |
| | 2. 事务操作与并发控制 |
| | 3. MySQL 数据库的备份与恢复，二进制日志文件的使用方法 |
| | 4. 日志管理 |
| 工具与设备 | 1. 计算机 |
| | 2. Windows 操作系统 |
| | 3. MySQL |
| | 4. 办公软件 |
| 知识基础 | 1. Windows 操作系统的基本操作 |
| | 2. 项目的实施步骤 |
| | 3. 数据库的基本知识 |
| 通用能力与职业素质 | 1. 仔细认真 |
| | 2. 善于沟通 |
| | 3. 友善合作 |
| | 4. 工作规范 |
| 考核标准 | 1. 数据定义规范，符合项目要求 |
| | 2. 上机操作的步骤正确 |
| | 3. 运行结果正确 |

## 5. 课程内容

### 1）基本框架

“MySQL 数据库应用开发”课程的基本框架如表 3-117 所示。

表 3-117 “MySQL 数据库应用开发”课程的基本框架

| 序号 | 教学任务 | 教学活动 | 教学方法 | 参考学时 |
|---|---|---|---|---|
| 1 | 数据定义、数据更新和数据查询 | 1.1 数据库技术的基本概念与方法 | 讲授，独自或分组完成 | 8 |
| | | 1.2 MySQL 的相关知识 | 讲授，独自或分组完成 | 4 |

续表

| 序号 | 教学任务 | 教学活动 | 教学方法 | 参考学时 |
|---|---|---|---|---|
| 1 | 数据定义、数据更新和数据查询 | 1.3 数据库、数据表的相关操作和数据的完整性约束 | 讲授，独自或分组完成 | 4 |
| | | 1.4 插入、修改和删除数据 | 讲授，独自或分组完成 | 4 |
| | | 1.5 查询数据 | 讲授，独自或分组完成 | 4 |
| 2 | 索引、视图、触发器、事件、事务、锁 | 2.1 索引 | 讲授，独自或分组完成 | 2 |
| | | 2.2 视图 | 讲授，独自或分组完成 | 2 |
| | | 2.3 触发器 | 讲授，独自或分组完成 | 2 |
| | | 2.4 事件 | 讲授，独自或分组完成 | 2 |
| | | 2.5 事务 | 讲授，独自或分组完成 | 2 |
| | | 2.6 锁 | 讲授，独自或分组完成 | 2 |
| 3 | 存储过程与存储函数 | 3.1 存储过程 | 讲授，独自或分组完成 | 4 |
| | | 3.2 存储函数 | 讲授，独自或分组完成 | 4 |
| 4 | 访问控制与安全管理，数据库的备份与恢复，日志管理 | 4.1 访问控制与安全管理 | 讲授，独自或分组完成 | 4 |
| | | 4.2 数据库的备份与恢复 | 讲授，独自或分组完成 | 4 |
| | | 4.3 日志管理 | 讲授，独自或分组完成 | 4 |
| 5 | 机动、复习、考试 | 机动、复习、考试 | 讲授，独自或分组完成 | 8 |
| 合计 | | | | 64 |

2）主要内容与要求

任务 1：数据定义、数据更新和数据查询。

1.1　数据库技术的基本概念与方法。

① 理解数据库的基础知识，包括数据库的相关基本概念、数据库系统的特点、数据库系统的结构、数据模型。

② 掌握关系型数据库的基本概念和基本性质。

③ 掌握数据库的设计基础，包括数据库设计的步骤和关系型数据库的设计方法。

1.2　MySQL 的相关知识。

① MySQL 概述。

② MySQL 系统特性，MySQL 服务器的安装与配置，MySQL 服务器的启动与关闭，MySQL 客户端管理工具。

1.3　数据库、数据表的相关操作和数据的完整性约束。

① 熟练掌握创建数据库、选择数据库、查看数据库、修改数据库、删除数据库的方法。

② 掌握 MySQL 的常用数据类型，熟练掌握创建数据表、查看数据表、修改数据表、重命名数据表、删除数据表的方法。

③ 熟练掌握数据的完整性约束，熟练掌握定义实体完整性、定义参照完整性、用户定义完整性、更新完整性约束的方法。

1.4　插入、修改和删除数据。

① 熟练掌握插入数据的方法，包括插入完整的记录、在数据表中的指定字段插入数据、同时插入多条记录、查看数据插入结果、使用 REPLACE 语句插入数据。

② 熟练掌握修改数据的方法，包括修改特定数据、修改所有数据、带子查询的修改。

③ 熟练掌握删除数据的方法，包括删除特定数据、带子查询的删除、删除所有数据。

1.5　查询数据。

① 熟练掌握 SELECT 语句的使用方法。

② 熟练掌握单表查询的方法，包括选择字段、选择指定记录、对查询结果进行排序、限制查询结果的数量。

③ 熟练掌握分组聚合查询的方法，包括使用聚合函数查询、分组聚合查询。

④ 熟练掌握连接查询的方法，包括交叉连接、内连接、外连接。

⑤ 熟练掌握子查询的方法，包括带 IN 关键字的子查询、带比较运算符的子查询、带 EXISTS 关键字的子查询。

任务 2：索引、视图、触发器、事件、事务、锁。

2.1　索引。

① 能够熟练查看数据表中建立的索引。

② 熟练掌握创建索引的方法，包括使用 CREATE TABLE 语句创建索引、使用 CREATE INDEX 语句创建索引、使用 ALTER TABLE 语句创建索引。

③ 熟练掌握删除索引的方法。

2.2　视图。

① 熟练掌握创建视图的方法。

② 熟练掌握删除视图的方法。

③ 熟练掌握修改视图定义的方法。

④ 熟练掌握查看视图定义的方法。

⑤ 熟练掌握更新视图数据的方法。

⑥ 熟练掌握查询视图数据的方法。

2.3 触发器。

① 熟练掌握创建触发器的方法。

② 熟练掌握删除触发器的方法。

③ 熟练掌握使用触发器的方法。

2.4 事件。

① 熟练掌握创建事件的方法。

② 熟练掌握修改事件的方法。

③ 熟练掌握删除事件的方法。

2.5 事务。

理解事务的概念，熟悉事务处理，理解事务的隔离级别。

2.6 锁。

理解锁与并发控制，熟悉多版本并发控制。

任务 3：存储过程与存储函数。

3.1 存储过程。

① 熟练掌握创建存储过程的方法。

② 熟练掌握执行存储过程的方法。

③ 熟练掌握查看与删除存储过程的方法、BEGIN…END 语句块的使用方法。

④ 掌握存储过程各种参数的应用方法。

3.2 存储函数。

① 熟练掌握创建存储函数的方法。

② 熟练掌握调用存储函数的方法。

③ 掌握查看、修改与删除存储函数的方法。

④ 掌握变量、流程控制语句的使用方法，了解异常处理、游标的使用方法。

任务 4：访问控制与安全管理，数据库的备份与恢复，日志管理。

4.1 访问控制与安全管理。

① 熟练掌握用户账号管理的相关操作，包括创建用户账号、删除用户账号、修改用户账号、修改用户口令。

② 熟练掌握账户权限管理的相关操作，包括授予权限、转移权限、限制权限、撤销权限。

4.2 数据库的备份与恢复。

① 熟练掌握 MySQL 数据库备份与恢复的方法，使用 SQL 语句备份与恢复数据表中的数据，使用 MySQL 客户端实用程序备份与恢复数据，使用 MySQL 图形界面工具备份与恢复数据，通过复制备份与恢复数据。

② 使用 MySQL binlog 实用工具恢复数据。

4.3 日志管理。

① 了解 MySQL 支持的日志。

② 掌握二进制日志的启动、查看和删除操作。

③ 掌握慢查询日志的启动、查看和删除操作。

④ 掌握通用查询日志的启动、查看和删除操作。

### 6. 考核方案

1）职业能力目标考核方案

“MySQL 数据库应用开发”课程的职业能力目标考核方案如表 3-118 所示。

表 3-118　“MySQL 数据库应用开发”课程的职业能力目标考核方案

| 序号 | 职业能力目标 | 考核标准 | 考核方式 | 证据材料 |
|---|---|---|---|---|
| 1 | 数据库技术的基本概念与方法 | 1. 理解数据库的基础知识 | 作业、练习、实训 | 成绩记录 |
| | | 2. 掌握关系型数据库的概念 | | |
| | | 3. 了解数据库的设计基础 | | |
| | | 4. 掌握 MySQL 的基本操作 | | |
| 2 | MySQL 编程语言 | 1. 掌握 MySQL 的语言组成 | 作业、练习、实训 | 成绩记录 |
| | | 2. 掌握 MySQL 函数的使用方法 | | |
| 3 | 数据定义 | 1. 掌握定义数据库的方法 | 作业、练习、实训 | 成绩记录 |
| | | 2. 掌握定义数据表的方法 | | |
| | | 3. 掌握数据的完整性约束 | | |
| 4 | 数据更新 | 1. 掌握插入数据的方法 | 作业、练习、实训 | 成绩记录 |
| | | 2. 掌握修改数据的方法 | | |
| | | 3. 掌握删除数据的方法 | | |
| 5 | 数据查询 | 1. 掌握 SELECT 语句的使用方法 | 作业、练习、实训 | 成绩记录 |
| | | 2. 掌握单表查询的方法 | | |
| | | 3. 掌握分组聚合查询的方法 | | |
| | | 4. 掌握连接查询的方法 | | |
| | | 5. 掌握子查询的方法 | | |
| | | 6. 掌握联合查询（UNION）的方法 | | |
| 6 | 索引 | 1. 能够查看数据表中建立的索引 | 作业、练习、实训 | 成绩记录 |
| | | 2. 掌握创建索引的方法 | | |
| | | 3. 掌握删除索引的方法 | | |
| 7 | 视图 | 1. 掌握创建视图的方法 | 作业、练习、实训 | 成绩记录 |
| | | 2. 掌握删除视图的方法 | | |
| | | 3. 掌握修改视图定义的方法 | | |
| | | 4. 掌握查看视图定义的方法 | | |
| | | 5. 掌握更新视图数据的方法 | | |
| | | 6. 掌握查询视图数据的方法 | | |
| 8 | 存储过程与存储函数 | 1. 掌握存储过程的使用方法 | 作业、练习、实训 | 成绩记录 |
| | | 2. 掌握存储函数的使用方法 | | |
| 9 | 触发器 | 1. 掌握创建触发器的方法 | 作业、练习、实训 | 成绩记录 |
| | | 2. 掌握删除触发器的方法 | | |
| | | 3. 掌握使用触发器的方法 | | |

续表

| 序号 | 职业能力目标 | 考核标准 | 考核方式 | 证据材料 |
| --- | --- | --- | --- | --- |
| 10 | 事件 | 1. 掌握创建事件的方法 | 作业、练习、实训 | 成绩记录 |
| | | 2. 掌握修改事件的方法 | | |
| | | 3. 掌握删除事件的方法 | | |
| 11 | 事务 | 1. 掌握事务的概念 | 作业、练习、实训 | 成绩记录 |
| | | 2. 事务的控制语句 | | |
| 12 | 锁 | 1. 掌握锁与并发控制的概念 | 作业、练习、实训 | 成绩记录 |
| | | 2. 熟悉多版本并发控制 | | |
| 13 | 访问控制与安全管理 | 1. 掌握用户账号管理的方法 | 作业、练习、实训 | 成绩记录 |
| | | 2. 掌握账号权限管理的方法 | | |
| 14 | 数据库的备份与恢复 | 1. 掌握 MySQL 数据库备份与恢复的方法 | 作业、练习、实训 | 成绩记录 |
| | | 2. 掌握二进制日志文件的使用方法 | | |
| 15 | 日志管理 | 1. 了解 MySQL 支持的日志 | 作业、练习、实训 | 成绩记录 |
| | | 2. 掌握二进制日志的启动、查看和删除操作 | | |
| | | 3. 掌握慢查询日志的启动、查看和删除操作 | | |
| | | 4. 掌握通用查询日志的启动、查看和删除操作 | | |

2）通用能力与职业素质目标考核方案

“MySQL 数据库应用开发”课程的通用能力与职业素质目标考核方案如表 3-119 所示。

表 3-119 “MySQL 数据库应用开发”课程的通用能力与职业素质目标考核方案

| 分类 | | 通用能力与职业素质 | 考核标准 | 考核方式 |
| --- | --- | --- | --- | --- |
| C | C1 | 语言文字能力 | 1. 发音准确，口头表达条理清晰 | 作业 |
| | | | 2. 书面表达的字迹工整、语句通顺、含义清楚 | |
| | | | 3. 书面文体符合规范 | |
| D | D1 | 科学思维能力 | 1. 能够运用逻辑思维方法进行问题研究 | 实训操作 |
| | | | 2. 能够运用数学方法进行基本计算和定量分析 | |
| | | | 3. 能够针对问题提出合理、有效的解决方案 | |
| E | E1 | 沟通交流能力 | 1. 养成认真倾听的习惯 | 实训操作 |
| | | | 2. 能够正确理解他人的问题 | |
| | | | 3. 能够正确表达自己的意见 | |
| F | F1 | 安全意识 | 1. 能够在工作场所按照安全规范穿戴和使用劳动防护用品 | 实训操作 |
| | | | 2. 具有安全操作意识，能够按照安全规范使用各种工具及设备 | |
| | | | 3. 具备对触电、起火、雷击等事故的应急处理能力 | |
| G | G1 | 批判性思维 | 1. 勇于质疑和表达观点 | 实训操作 |
| | | | 2. 在质疑的同时，能够进一步提出建设性意见 | |

“MySQL 数据库应用开发”课程注重对学生学习过程的考评，重点考核学生的动手操作能力。在期中、期末各有一次实操性考核，用于考查学生学习本课程的效果。在本课程结束后，会对学生的成绩和各项素质进行全面评价，总评成绩的计算公式如下：

$$总评成绩=课堂练习成绩\times 50\%+期中成绩\times 20\%+期末成绩\times 30\%$$

**7．教学文件资源的开发意见**

1）课程教学设计方案的编写意见

可以根据课程内容编写授课计划和教案，以 2 课时或 4 课时为一个单位。

2）项目指导书（教学案例集）、校本教材等教学资料的开发思路与意见

项目指导书应详细描述项目背景、技术指标要求和内容要点，给出总体设计和具体设计的框架，明确指定需要上交的相关文档，明确考核要求与标准。

课堂活动方案的设计难点在于要事先预测课堂上大部分学生可能会遇到的难题，并且提前设计好解决办法，从而保证课程方案的顺利实施。

3）网络课程相关文件的开发思路与意见

开发网络课程应详细描述项目背景，明确技术指标要求，给出明确的解决方案。

**8．教学资源的使用建议**

1）教学设施资源的使用建议

“MySQL 数据库应用开发”课程以操作为主，所有课程均需要在机房完成，可以利用的设施资源主要是机房。

2）教学文件资源的使用建议

“MySQL 数据库应用开发”课程配有 PPT、微课、习题、案例素材等相关资源，可以根据实际情况选择使用。

## 3.2.5　数据结构与算法分析

**1．课程标准**

学分：4 学分。

参考学时：64 学时。

**2．课程概述**

1）课程性质

“数据结构与算法分析”课程是大数据技术专业的一门专业基础课程。在使用计算机解决实际问题时，会涉及数据的表示及数据的处理，而数据表示及数据处理正是本课程的主要研究对象，通过对这两方面内容的学习，学生可以为后续课程（特别是软件方面的课程）打下坚实的知识基础，并且可以为学生提供必要的程序设计与运用的技能训练。因此，本课程在大数据技术专业中具有举足轻重的作用。

“数据结构与算法分析”课程是软件设计的重要理论和实践基础，数据结构设计和算法分析是软件系统设计的核心。本课程主要讲解数据的逻辑结构、数据在计算机中的存储结构及各种操作的算法分析，目的是使学生掌握数据组织、存储和运算的基本原理和方法，

培养学生进行数据结构的算法设计及问题分析的能力，使学生能够编写正确、清晰、高质量的程序，为学习后续课程打下良好的基础。

2）设计思路

“数据结构与算法分析”课程的任务是从抽象数据类型的角度讨论各种基本类型的数据结构及其应用，使学生具备基本的理论分析和编程能力，并且采用 Java 语言及面向对象程序设计方法描述数据结构和算法，在软件开发、软件技术支持等岗位的职业能力分析的基础上，培养学生的以下核心职业能力。

- 熟练使用中英文操作系统平台及软件开发工具。
- 具备初步的程序分析、设计及独立编写的技能。
- 具备严格、规范的程序开发能力。

本课程在培养学生软件开发工作必需的专业能力的同时，可以使学生了解程序设计的过程，掌握实用的工作方法，为学生进入程序员、软件技术支持等专业岗位奠定扎实的理论基础。

根据贯通培养高职学生的知识水平及学习能力，结合本课程抽象性高的特点，要从适用、够用的原则出发，在把握好难度的同时，理论联系实际，如将导论、线性结构、树、图、查找、排序等内容分别与现实生活中可观、可感的实际应用相结合，以便学生理解，并且以各章节为单位，采用“总述”—“拆分”—“汇总”的方式串联起来。在某部分的内容中，也可以采用分类汇总的方式进行模块化，既可以解决整个模块学习与实践的问题，又可以让学生有针对性地对知识进行吸收、消化，提高学生的学习效率。

教师可以通过习题、案例、知识点串联的形式引导学生回顾知识，帮助学生回忆与反复学习，通过回顾导入正课。在下课前，复习本次课堂讲解的内容，帮助学生汇总。最后结合作业、测验、阶段考试，督促学生对知识进行巩固与加强。

在项目实施过程中，需要注意对学生职业素质的培养，在教学过程中渗透行业的正能量和工匠精神，使学生明确职场人与学生的差别。

“数据结构与算法分析”课程按照工学结合理念，设计了以下 7 个典型的工作任务，运用“任务驱动”教学方法组织教学活动，使学生在实践中掌握职业技能、习得专业知识。

- 任务 1：数据结构与算法。
- 任务 2：顺序表。
- 任务 3：单链表。
- 任务 4：栈。
- 任务 5：队列。
- 任务 6：串与数组。
- 任务 7：树和图。

### 3．课程目标（职业能力目标）

“数据结构与算法分析”课程是理论与实践并重的课程，学生既要掌握数据结构的基础理论知识，掌握算法设计和分析的方法，熟练运用程序设计语言编写具有中等难度的应用程序；又要掌握运行和调试程序的基本技能，在实践中培养学生独立分析问题和解决问题的作风和能力。在本课程的讲解过程中，在基础理论方面，要求学生掌握常用数据结构的基本概念及其不同的实现方法；在理论应用方面，要求学生能够在不同的存储结构上实现不同的运算，并且对算法设计和技巧有所体会。

“数据结构与算法分析”课程要求理论必须与上机实践操作相结合，并且辅以丰富的练习题。通过对本课程的学习与实践，学生能够达到以下具体的职业能力目标。

- 任务 1：理解数据结构与算法的基本概念，掌握算法的复杂度分析方法。
- 任务 2：掌握顺序表的结构，能够运用 Java 语言实现顺序表的基本操作。
- 任务 3：掌握单链表的结构，能够运用 Java 语言实现单链表的基本操作。
- 任务 4：掌握栈的结构，能够运用 Java 语言实现栈的基本操作。
- 任务 5：掌握队列的结构，能够运用 Java 语言实现队列的基本操作。
- 任务 6：理解串与数组的概念及结构，能够正确使用模式匹配算法。
- 任务 7：理解树和图的概念及结构，能够运用 Java 语言实现对树和图的遍历操作。

在学生进行课堂学习的过程中，还应该在课堂教学中融合课程思政教育，培养学生认真书写的好习惯，使学生遵守编程规范，不断积累经验，培养学生的创新意识和敬业精神；注重将理论知识与实践相结合，强化理论对实践的指导作用；引导学生发表具有正能量的意见、观点等，使学生树立正确的世界观、人生观、价值观，塑造良好的人格。

### 4．职业能力解析表

“数据结构与算法分析”课程各任务的职业能力解析表如表 3-120～表 3-126 所示。

**表 3-120　“数据结构与算法”任务的职业能力解析表**

| | |
|---|---|
| 职业能力目标 | 理解数据结构与算法的基本概念，掌握算法的复杂度分析方法 |
| 编号 | 1 |
| 具体描述 | 理解数据结构及其分类、数据结构与算法的密切关系，掌握算法的时间复杂度、空间复杂度的分析方法；下载要使用的软件开发工具，并且明确其安装方法和集成开发环境的搭建方法，运行简单的 Java 应用程序 |
| 步骤 | 1．理解数据结构的基本概念 |
| | 2．了解数据、数据元素、数据类型的基本概念 |
| | 3．理解数据结构的数据逻辑结构、数据存储结构 |
| | 4．理解算法的基本概念，以及算法与数据结构的关系 |
| | 5．掌握算法的时间复杂度分析方法 |
| | 6．掌握算法的空间复杂度分析方法 |
| | 7．下载、安装、配置 JDK、Eclipse |
| | 8．运行 Java 应用程序 |
| 工具与设备 | 计算机、Windows 操作系统、JDK、Eclipse |
| 知识基础 | 1．下载软件 |
| | 2．安装软件 |
| | 3．配置软件 |
| | 4．运行软件 |
| | 5．文档理解能力 |

续表

| | |
|---|---|
| 通用能力与职业素质 | 1. 自主学习能力 |
| | 2. 抽象思维能力 |
| | 3. 创新能力 |
| | 4. 严谨的工作态度 |
| | 5. 产品质量意识 |
| | 6. 沟通交流能力 |
| | 7. 分析和解决问题的能力 |
| 考核标准 | 1. 成功下载、安装、配置各个软件 |
| | 2. 能够成功搭建 Java 集成开发环境 |
| | 3. 能够编写、运行简单的 Java 应用程序 |
| | 4. 能够正确分析算法的时间复杂度 |

**表 3-121 "顺序表"任务的职业能力解析表**

| | |
|---|---|
| 职业能力目标 | 掌握顺序表的结构，能够运用 Java 语言实现顺序表的基本操作 |
| 编号 | 2 |
| 具体描述 | 理解线性表的基本概念与分类，掌握顺序表的逻辑结构与存储结构，能够运用 Java 语言实现顺序表结构，并且实现顺序表的查找、遍历、插入、扩容、删除等基本操作，同时回顾 Java 语言的基础知识 |
| 步骤 | 1. 理解线性表的基本概念与分类，认识线性结构的四大家族 |
| | 2. 掌握顺序表的基本概念与特点 |
| | 3. 掌握顺序表的逻辑结构 |
| | 4. 掌握顺序表的存储结构 |
| | 5. 运用 Java 语言实现顺序表的创建和初始化操作 |
| | 6. 运用 Java 语言实现顺序表的查找操作 |
| | 7. 回顾 Java 语言的基础知识 |
| | 8. 运用 Java 语言实现顺序表的遍历操作 |
| | 9. 运用 Java 语言实现顺序表的插入及扩容操作 |
| | 10. 运用 Java 语言实现顺序表的删除操作 |
| 工具与设备 | 计算机、Windows 操作系统、JDK、Eclipse |
| 知识基础 | 1. Java 语言的基础知识 |
| | 2. 数学知识 |
| 通用能力与职业素质 | 1. 自主学习能力 |
| | 2. 抽象思维能力 |
| | 3. 创新能力 |
| | 4. 严谨的工作态度 |
| | 5. 产品质量意识 |
| | 6. 沟通交流能力 |
| | 7. 分析和解决问题的能力 |
| | 8. 代码规范意识 |
| | 9. 动手操作能力 |

续表

| | |
|---|---|
| 考核标准 | 1．能够根据需求编写符合要求的 Java 应用程序 |
| | 2．能够编写程序实现顺序表的基本操作 |
| | 3．能够正确计算顺序表的插入与查找操作的时间复杂度 |

**表 3-122　“单链表”任务的职业能力解析表**

| | |
|---|---|
| 职业能力目标 | 掌握单链表的结构，能够运用 Java 语言实现单链表的基本操作 |
| 编号 | 3 |
| 具体描述 | 理解单链表的基本概念与特点，掌握单链表的逻辑结构与存储结构，能够运用 Java 语言实现单链表结构，并且在此基础上实现单链表的查找、遍历、追加、插入、删除等基本操作 |
| 步骤 | 1．理解单链表的基本概念与特点 |
| | 2．掌握单链表的逻辑结构 |
| | 3．掌握单链表的存储结构 |
| | 4．运用 Java 语言实现单链表的创建和初始化操作 |
| | 5．运用 Java 语言实现单链表的查找操作 |
| | 6．运用 Java 语言实现单链表的遍历操作 |
| | 7．运用 Java 语言实现单链表的追加与插入操作 |
| | 8．运用 Java 语言实现单链表的删除操作 |
| | 9．了解双链表与循环链表 |
| 工具与设备 | 计算机、Windows 操作系统、JDK、Eclipse |
| 知识基础 | 1．Java 语言的基础知识 |
| | 2．数学知识 |
| | 3．算法 |
| | 4．数组 |
| 通用能力与职业素质 | 1．自主学习能力 |
| | 2．抽象思维能力 |
| | 3．创新能力 |
| | 4．严谨的工作态度 |
| | 5．产品质量意识 |
| | 6．沟通交流能力 |
| | 7．分析和解决问题的能力 |
| | 8．代码规范意识 |
| | 9．动手操作能力 |
| 考核标准 | 1．能够根据需求编写符合要求的 Java 应用程序 |
| | 2．能够编写程序实现单链表的基本操作 |
| | 3．能够正确计算单链表的插入与查找操作的时间复杂度 |
| | 4．能够掌握单链表的基本概念与结构 |

**表 3-123　“栈”任务的职业能力解析表**

| | |
|---|---|
| 职业能力目标 | 掌握栈的结构，能够运用 Java 语言实现栈的基本操作 |
| 编号 | 4 |
| 具体描述 | 理解栈的概念和作用，掌握顺序栈和链式栈的设计方法，熟练使用栈的算法设计方法 |

续表

| | |
|---|---|
| 步骤 | 1．理解栈的基本概念、分类和特点 |
| | 2．掌握栈的逻辑结构 |
| | 3．掌握栈的存储结构 |
| | 4．运用 Java 语言实现栈的创建操作 |
| | 5．运用 Java 语言实现栈顶元素的查找操作 |
| | 6．运用 Java 语言实现栈的判空与遍历操作 |
| | 7．运用 Java 语言实现出栈与入栈操作 |
| 工具与设备 | 计算机、Windows 操作系统、JDK、Eclipse |
| 知识基础 | 1．Java 语言的基础知识 |
| | 2．数学知识 |
| | 3．算法的逻辑设计 |
| | 4．数组 |
| | 5．链表 |
| 通用能力与职业素质 | 1．自主学习能力 |
| | 2．抽象思维能力 |
| | 3．创新能力 |
| | 4．严谨的工作态度 |
| | 5．产品质量意识 |
| | 6．沟通交流能力 |
| | 7．分析和解决问题的能力 |
| | 8．代码规范意识 |
| | 9．动手操作能力 |
| 考核标准 | 1．能够根据需求编写符合要求的 Java 应用程序 |
| | 2．能够编写程序实现出栈和入栈操作 |
| | 3．能够正确计算出栈和入栈操作的时间复杂度 |
| | 4．能够掌握栈的基本概念和结构 |

**表 3-124 “队列”任务的职业能力解析表**

| 职业能力目标 | 掌握队列的结构，能够运用 Java 语言实现队列的基本操作 |
|---|---|
| 编号 | 5 |
| 具体描述 | 理解队列的概念和作用，掌握顺序循环队列和链式队列的设计方法，熟练使用队列的算法设计方法 |
| 步骤 | 1．理解队列的基本概念、分类和特点 |
| | 2．掌握队列的逻辑结构 |
| | 3．掌握队列的存储结构 |
| | 4．运用 Java 语言实现队列的创建操作 |
| | 5．运用 Java 语言实现队列的查找访问操作 |
| | 6．运用 Java 语言实现队列的遍历操作 |
| | 7．运用 Java 语言实现出队与入队操作 |
| | 8．运用 Java 语言实现判满与判空操作 |
| | 9．队列应用 |

续表

| | |
|---|---|
| 工具与设备 | 计算机、Windows 操作系统、JDK、Eclipse |
| 知识基础 | 1．Java 语言的基础知识 |
| | 2．数学知识 |
| | 3．算法的逻辑设计 |
| | 4．数组 |
| | 5．链表 |
| | 6．栈 |
| 通用能力与职业素质 | 1．自主学习能力 |
| | 2．抽象思维能力 |
| | 3．创新能力 |
| | 4．严谨的工作态度 |
| | 5．产品质量意识 |
| | 6．沟通交流能力 |
| | 7．分析和解决问题的能力 |
| | 8．代码规范意识 |
| | 9．动手操作能力 |
| 考核标准 | 1．能够根据需求编写符合要求的 Java 应用程序 |
| | 2．能够编写程序实现出队、入队、判满、判空操作 |
| | 3．能够正确计算出队和入队操作的时间复杂度 |
| | 4．能够掌握队列的基本概念和结构 |

表 3-125　“串与数组”任务的职业能力解析表

| | |
|---|---|
| 职业能力目标 | 理解串与数组的概念及结构，能够正确使用模式匹配算法 |
| 编号 | 6 |
| 具体描述 | 理解串的定义，理解串的表示和实现，掌握串的模式匹配算法，理解数组的概念，掌握稀疏矩阵的存储方法 |
| 步骤 | 1．理解串的概念和基本操作，熟悉串的顺序存储结构和链式存储结构 |
| | 2．了解串的定义和基本操作 |
| | 3．掌握串的模式匹配 Brute-Force 算法，理解串的模式匹配 KMP 算法 |
| | 4．理解数组的概念，理解并掌握数组的逻辑结构 |
| | 5．理解并掌握数组的存储结构及其寻址方法 |
| | 6．理解并掌握特殊矩阵与稀疏矩阵的压缩存储方法 |
| 工具与设备 | 计算机、Windows 操作系统、JDK、Eclipse |
| 知识基础 | 1．Java 语言的基础知识 |
| | 2．数学知识 |
| | 3．算法 |
| | 4．数组 |
| | 5．栈 |
| | 6．队列 |

续表

| | |
|---|---|
| 通用能力与职业素质 | 1．自主学习能力 |
| | 2．抽象思维能力 |
| | 3．创新能力 |
| | 4．严谨的工作态度 |
| | 5．产品质量意识 |
| | 6．沟通交流能力 |
| | 7．分析和解决问题的能力 |
| | 8．代码规范意识 |
| | 9．动手操作能力 |
| 考核标准 | 1．能够理解串的定义及结构 |
| | 2．能够掌握模式匹配算法 |
| | 3．能够理解数组的基本概念与结构 |
| | 4．能够掌握稀疏矩阵的存储方法 |

**表 3-126 “树和图”任务的职业能力解析表**

| 职业能力目标 | 理解树和图的概念及结构，能够运用 Java 语言实现对树和图的遍历操作 |
|---|---|
| 编号 | 7 |
| 具体描述 | 理解树与二叉树的定义，理解二叉树的性质与特点，掌握二叉树的遍历算法；理解图的基本概念，掌握图的遍历算法 |
| 步骤 | 1．理解树的定义、术语、表示方法、遍历操作，掌握树的存储结构 |
| | 2．理解二叉树的定义、性质，掌握二叉树的遍历操作 |
| | 3．理解并掌握二叉树的顺序存储结构、二叉链表的存储结构 |
| | 4．理解图的定义和基本术语 |
| | 5．理解并掌握图的逻辑结构 |
| | 6．理解并掌握图的深度优先遍历和广度优先遍历 |
| | 7．理解图的存储结构，掌握图的邻接矩阵的存储结构 |
| 工具与设备 | 计算机、Windows 操作系统、JDK、Eclipse |
| 知识基础 | 1．Java 语言的基础知识 |
| | 2．数学知识 |
| | 3．算法的逻辑设计 |
| | 4．数组 |
| | 5．链表 |
| | 6．栈 |
| | 7．树 |
| 通用能力与职业素质 | 1．自主学习能力 |
| | 2．抽象思维能力 |
| | 3．创新能力 |
| | 4．严谨的工作态度 |
| | 5．产品质量意识 |
| | 6．沟通交流能力 |

续表

| | |
|---|---|
| 通用能力与职业素质 | 7．分析和解决问题的能力 |
| | 8．代码规范意识 |
| | 9．动手操作能力 |
| | 10．文档撰写能力 |
| 考核标准 | 1．能够理解树与二叉树的定义和性质 |
| | 2．能够实现二叉树的遍历操作 |
| | 3．能够理解图的定义 |
| | 4．能够实现图的广度优先遍历与深度优先遍历 |

## 5．课程内容

1）基本框架

“数据结构与算法分析”课程的基本框架如表 3-127 所示。

表 3-127　“数据结构与算法分析”课程的基本框架

| 序号 | 教学任务 | 教学活动 | 教学方法 | 参考学时 |
|---|---|---|---|---|
| 1 | 数据结构与算法 | 1.1 问题求解与程序设计 | 讲授、分组讨论 | 2 |
| | | 1.2 什么是数据结构 | 讲授、分组讨论、举例法 | 2 |
| | | 1.3 什么是算法 | 讲授、分组讨论、程序制作、边讲边练 | 2 |
| | | 1.4 算法分析 | 讲授、分组讨论、程序制作、边讲边练、举例法 | 2 |
| 2 | 顺序表 | 2.1 线性表的逻辑结构 | 讲授、分组讨论、举例法 | 2 |
| | | 2.2 顺序表的存储结构及其实现方法 | 讲授、分组讨论、程序制作、边讲边练 | 12 |
| 3 | 单链表 | 3.1 单链表的存储结构 | 讲授、分组讨论、程序制作、边讲边练 | 6 |
| | | 3.2 单链表的基本操作 | 讲授、分组讨论、程序制作、边讲边练 | 12 |
| 4 | 栈 | 4.1 了解栈与队列的相关概念<br>4.2 理解并掌握栈的定义方法<br>4.3 理解并掌握栈的抽象数据类型<br>4.4 理解并掌握栈的抽象 Java 接口 | 讲授、分组讨论、程序制作、边讲边练 | 2 |

续表

| 序号 | 教学任务 | 教学活动 | 教学方法 | 参考学时 |
| --- | --- | --- | --- | --- |
| 4 | 栈 | 4.5 理解并掌握顺序栈和链栈的初始化操作<br>4.6 理解并掌握顺序栈和链栈的入栈与出栈操作<br>4.7 理解并掌握顺序栈和链栈的取栈顶元素操作<br>4.8 理解并掌握顺序栈和链栈的判空操作<br>4.9 理解并掌握链栈的存储结构及实现方法 | 讲授、分组讨论、程序制作、边讲边练 | 2 |
| 5 | 队列 | 5.1 理解并掌握队列的逻辑结构<br>5.2 理解并掌握顺序队列的存储结构<br>5.3 理解并掌握循环队列的存储结构<br>5.4 理解并掌握循环队列基本操作的实现及使用方法 | 讲授、分组讨论、程序制作、边讲边练 | 2 |
| | | 5.5 理解并掌握队列的链接存储结构<br>5.6 理解并掌握链式队列存储结构的实现方法<br>5.7 理解并掌握链式队列基本操作的实现及使用方法<br>5.8 理解并掌握循环队列与链式队列的适用场合 | 讲授、分组讨论、程序制作、边讲边练 | 2 |
| 6 | 串与数组 | 6.1 字符串 | 讲授、分组讨论、程序制作、边讲边练 | 4 |
| | | 6.2 多维数组 | 讲授、分组讨论、程序制作、边讲边练 | 2 |
| 7 | 树和图 | 7.1 树的相关知识 | 讲授、分组讨论、程序制作、边讲边练 | 2 |
| | | 7.2 二叉树的相关知识 | 讲授、分组讨论、程序制作、边讲边练 | 4 |
| | | 7.3 图的相关知识 | 讲授、分组讨论、程序制作、边讲边练 | 4 |
| 合计 | | | | 64 |

2）主要内容与要求

任务 1　数据结构与算法。

1.1　问题求解与程序设计。

① 了解程序设计的一般过程。

② 理解数据结构在程序设计中的作用。

③ 理解算法在程序设计中的作用。

1.2　什么是数据结构。

① 熟练掌握数据结构的基本概念。

② 理解并掌握数据的逻辑结构与存储结构。

③ 理解数据类型与抽象的概念。
④ 理解抽象数据类型。
1.3　什么是算法。
① 理解并掌握算法的定义。
② 理解并掌握算法的基本特性。
③ 理解一个好算法应该具备的特性。
④ 理解算法的描述方法。
1.4　算法分析。
① 理解并掌握算法分析的概念。
② 理解并掌握算法的时间复杂度。
③ 理解算法的空间复杂度。
④ 理解应用算法的时间复杂度分析方法。
任务 2　顺序表。
2.1　线性表的逻辑结构。
① 熟练掌握线性表的定义。
② 掌握线性表的逻辑特征。
③ 理解线性表的抽象数据类型。
④ 熟练掌握线性表的 Java 接口。
2.2　顺序表的存储结构及其实现方法。
① 理解顺序表的定义方法。
② 掌握顺序表的存储结构。
③ 理解使用一维数组实现顺序表的思想。
④ 掌握线性表长度与数组长度之间的关系。
⑤ 理解并掌握顺序表存储结构的实现方法。
⑥ 理解 Java 语言中构造函数的作用。
⑦ 理解无参构造函数与有参构造函数的定义。
⑧ 理解并掌握空顺序表和非空顺序表的初始化方法。
⑨ 理解并掌握判断顺序表是否为空的算法的实现方法。
⑩ 理解并掌握求顺序表长度的算法的实现方法。
⑪ 理解并掌握遍历顺序表算法的实现方法。
⑫ 理解并掌握按位查找算法的实现方法。
⑬ 理解并掌握按值查找算法的实现方法。
⑭ 理解并掌握查找算法的时间复杂度分析方法。
⑮ 掌握以上算法的测试程序的编写方法。
⑯ 理解并掌握数据插入操作的思想。
⑰ 理解并掌握数据插入算法的实现方法。
⑱ 理解并掌握插入算法的时间复杂度分析方法。
⑲ 掌握插入算法的测试程序的编写方法。

⑳ 理解并掌握数据删除操作的思想。

㉑ 理解并掌握数据删除算法的实现方法。

㉒ 理解并掌握删除算法的时间复杂度分析方法。

㉓ 掌握删除算法的测试程序的编写方法。

任务 3　单链表。

3.1　单链表的存储结构。

① 理解并掌握单链表的优缺点。

② 理解并掌握单链表的存储思想。

③ 理解并掌握单链表的存储结构。

④ 理解并掌握单链表的指针操作。

⑤ 进一步理解并掌握单链表的存储思想。

⑥ 理解并掌握单链表的节点结构。

⑦ 进一步理解并掌握单链表的指针操作。

⑧ 进一步理解并掌握单链表的存储思想。

3.2　单链表的基本操作。

① 理解并掌握单链表的存储结构的实现方法。

② 理解单链表的初始化思想。

③ 进一步理解并掌握单链表的初始化思想。

④ 理解并掌握使用尾插法实现构造函数的方法。

⑤ 理解并掌握使用头插法实现构造函数的方法。

⑥ 理解并掌握单链表构造函数的测试方法。

⑦ 理解并掌握单链表判空算法的思想。

⑧ 理解并掌握单链表遍历的思想。

⑨ 理解并掌握单链表的判空算法的实现及测试方法。

⑩ 理解并掌握单链表的遍历算法的实现及测试方法。

⑪ 理解并掌握求单链表长度的算法的思想及实现方法。

⑫ 理解并掌握单链表按位查找算法的思想及实现方法。

⑬ 理解并掌握单链表按值查找算法的思想及实现方法。

⑭ 理解并掌握单链表插入算法的思想。

⑮ 理解并掌握单链表插入算法的实现及测试方法。

⑯ 理解并掌握单链表插入算法的时间复杂度分析方法。

⑰ 理解并掌握单链表删除算法的思想。

⑱ 理解并掌握单链表删除算法的实现及测试方法。

⑲ 理解并掌握单链表删除算法的时间复杂度分析方法。

⑳ 了解双链表的存储结构。

㉑ 理解并掌握双链表插入算法的实现方法。

㉒ 理解并掌握双链表删除算法的实现方法。

㉓ 了解循环链表的使用方法。

任务 4　栈。

4.1　了解栈与队列的相关概念。

4.2　理解并掌握栈的定义方法。

4.3　理解并掌握栈的抽象数据类型。

4.4　理解并掌握栈的抽象 Java 接口。

4.5　理解并掌握顺序栈和链栈的初始化操作。

4.6　理解并掌握顺序栈和链栈的入栈与出栈操作。

4.7　理解并掌握顺序栈和链栈的取栈顶元素操作。

4.8　理解并掌握顺序栈和链栈的判空操作。

4.9　理解并掌握链栈的存储结构及实现方法。

任务 5　队列。

5.1　理解并掌握队列的逻辑结构。

5.2　理解并掌握顺序队列的存储结构。

5.3　理解并掌握循环队列的存储结构。

5.4　理解并掌握循环队列基本操作的实现及使用方法。

5.5　理解并掌握队列的链式存储结构。

5.6　理解并掌握链式队列存储结构的实现方法。

5.7　理解并掌握链式队列基本操作的实现及使用方法。

5.8　理解并掌握循环队列与链式队列的适用场合。

任务 6　串与数组。

6.1　字符串。

① 理解并掌握字符串的逻辑结构。

② 理解字符串的存储结构。

③ 理解并掌握模式匹配 BF 算法。

④ 理解模式匹配 BF 算法的时间复杂度分析方法。

⑤ 理解并掌握 BF 算法存在的不足。

⑥ 理解字符串的前缀和后缀。

⑦ 理解并掌握 next[j]数组的求值方法。

⑧ 理解模式匹配 KMP 算法的执行过程。

6.2　多维数组。

① 理解并掌握数组的逻辑结构。

② 理解并掌握数组的存储结构及其寻址方法。

③ 理解并掌握特殊矩阵的压缩存储方法。

④ 理解稀疏矩阵的压缩存储方法。

任务 7　树和图。

7.1　树的相关知识。

① 理解并掌握树的定义。

② 理解并掌握树的基本术语。
③ 理解并掌握树的遍历操作。
④ 理解树的存储结构。
7.2 二叉树的相关知识。
① 理解并掌握二叉树定义。
② 理解并掌握几种常见的特殊二叉树。
③ 理解并掌握二叉树的基本性质。
④ 理解并掌握二叉树的遍历操作。
⑤ 理解并掌握二叉树的顺序存储结构。
⑥ 理解并掌握二叉链表的存储结构。
7.3 图的相关知识。
① 理解并掌握图的定义。
② 理解并掌握图的分类。
③ 理解并掌握图的基本术语。
④ 理解并掌握图的逻辑结构。
⑤ 理解并掌握图的深度优先遍历操作。
⑥ 理解并掌握图的广度优先遍历操作。
⑦ 理解并掌握图的存储结构。
⑧ 理解并掌握图的邻接矩阵的存储结构。

### 6. 考核方案

1）职业能力目标考核方案

“数据结构与算法分析”课程的职业能力目标考核方案如表 3-128 所示。

**表 3-128 “数据结构与算法分析”课程的职业能力目标考核方案**

| 序号 | 职业能力目标 | 考核标准 | 考核方式 | 证据材料 |
|---|---|---|---|---|
| 1 | 理解数据结构与算法的基本概念，掌握算法的复杂度分析方法 | 1. 成功下载、安装、配置各个软件 | 课堂提问、课堂练习、作业、小测验 | 作业、课堂互动过程截图 |
| | | 2. 能够成功搭建 Java 集成开发环境 | | |
| | | 3. 能够编写、运行简单的 Java 应用程序 | | |
| | | 4. 能够正确分析算法的时间复杂度 | | |
| 2 | 掌握顺序表的结构，能够运用 Java 语言实现顺序表的基本操作 | 1. 能够根据需求编写符合要求的 Java 应用程序 | 课堂互动、课堂练习、作业、小测验 | 课堂互动过程截图及实现源代码 |
| | | 2. 能够编写程序实现顺序表的基本操作 | | |
| | | 3. 能够正确计算顺序表的插入与查找操作的时间复杂度 | | |
| 3 | 掌握单链表的结构，能够运用 Java 语言实现单链表的基本操作 | 1. 能够根据需求编写符合要求的 Java 应用程序 | 课堂互动、课堂练习、作业、小测验 | 课堂互动过程截图及实现源代码 |
| | | 2. 能够编写程序实现单链表的基本操作 | | |
| | | 3. 能够正确计算单链表的插入与查找操作的时间复杂度 | | |
| | | 4. 能够掌握单链表的基本概念与结构 | | |

续表

| 序号 | 职业能力目标 | 考核标准 | 考核方式 | 证据材料 |
|---|---|---|---|---|
| 4 | 掌握栈的结构，能够运用 Java 语言实现栈的基本操作 | 1．能够根据需求编写符合要求的 Java 应用程序 | 课堂练习、作业、小测验 | 课堂互动过程截图及实现源代码 |
| | | 2．能够编写程序实现出栈和入栈操作 | | |
| | | 3．能够正确计算出栈和入栈操作的时间复杂度 | | |
| | | 4．能够掌握栈的基本概念和结构 | | |
| 5 | 掌握队列的结构，能够运用 Java 语言实现队列的基本操作 | 1．能够根据需求编写符合要求的 Java 应用程序 | 课堂互动、课堂练习、作业、小测验 | 课堂互动过程截图及实现源代码 |
| | | 2．能够编写程序实现出队、入队、判满、判空操作 | | |
| | | 3．能够正确计算出队和入队操作的时间复杂度 | | |
| | | 4．能够掌握队列的基本概念和结构 | | |
| 6 | 理解串与数组的概念及结构，能够正确使用模式匹配算法 | 1．能够理解串的定义及结构 | 课堂互动、课堂练习、作业、小测验 | 课堂互动过程截图及实现源代码 |
| | | 2．能够掌握模式匹配算法 | | |
| | | 3．能够理解数组的基本概念与结构 | | |
| | | 4．能够掌握稀疏矩阵的存储方法 | | |
| 7 | 理解树和图的概念及结构，能够运用 Java 语言实现对树和图的遍历操作 | 1．能够理解树与二叉树的定义和性质 | 课堂互动、课堂练习、作业、小测验 | 课堂互动过程截图及实现源代码 |
| | | 2．能够实现二叉树的遍历操作 | | |
| | | 3．能够理解图的定义 | | |
| | | 4．能够实现图的广度优先遍历与深度优先遍历 | | |

“数据结构与算法分析”课程注重对学生学习过程的考评，并且将学生实际任务的完成情况作为学业评价依据。总评成绩的计算公式如下：

$$总评成绩=课程视频\times20\%+章节测验成绩\times10\%+讨论\times5\%+签到\times5\%+作业\times30\%+考试成绩\times30\%$$

2）通用能力与职业素质目标考核方案

“数据结构与算法分析”课程的通用能力与职业素质目标考核方案如表 3-129 所示。

**表 3-129　“数据结构与算法分析”课程的通用能力与职业素质目标考核方案**

| 分类 | | 通用能力与职业素质 | 考核标准 | 考核方式 |
|---|---|---|---|---|
| A | A1 | 爱心意识 | 1．懂得感恩，有同情心 | 项目制作 |
| | | | 2．有羞耻感，学会自尊、自强 | |
| | | | 3．能够自觉遵守公民道德规范 | |
| | A2 | 责任意识 | 1．能够自觉遵守法律法规和社会规范 | 项目制作 |
| | | | 2．在学习和工作中，遵守各项规章制度 | |
| | | | 3．履行职责，既能够对自己负责，又能够主动服务团队和集体 | |
| B | B1 | 身体健康 | 1．合理安排作息时间 | 项目制作 |
| | | | 2．养成锻炼身体的习惯 | |
| | | | 3．养成科学的饮食习惯 | |
| | B2 | 情绪调控能力 | 1．能够正常表达自己的情感 | 项目制作 |
| | | | 2．面对突发事件，能够有效控制情绪 | |
| | | | 3．学会正确的心理调适方法 | |

续表

| 分类 | | 通用能力与职业素质 | 考核标准 | 考核方式 |
|---|---|---|---|---|
| C | C1 | 语言文字能力 | 1. 发音准确，口头表达条理清晰 | 成果汇报 |
| | | | 2. 书面表达字迹工整、语句通顺、含义清楚 | |
| | | | 3. 书面文体符合规范 | |
| | C2 | 信息处理能力 | 1. 能够借助图书、互联网等传媒有效地获取信息 | 学生互评 |
| | | | 2. 能够借助团队或他人有效地获取信息 | |
| | | | 3. 能够对信息进行加工整理，并且合理使用 | |
| D | D1 | 科学思维能力 | 1. 能够运用逻辑思维方法进行问题研究 | 项目制作 |
| | | | 2. 能够运用数学方法进行基本计算和定量分析 | |
| | | | 3. 能够针对问题提出合理、有效的解决方案 | |
| | D2 | 自主学习能力 | 1. 能够合理制订学习计划 | 教师评价 |
| | | | 2. 能够有效地执行学习计划，并且根据实际情况进行调整 | |
| | | | 3. 能够不断改进学习方法 | |
| E | E1 | 沟通交流能力 | 1. 养成认真倾听的习惯 | 研讨活动 |
| | | | 2. 能够正确理解他人的问题 | |
| | | | 3. 能够正确表达自己的意见 | |
| | E2 | 与人合作能力 | 1. 尊重他人 | 学生互评 |
| | | | 2. 能够与他人有效地进行沟通 | |
| | | | 3. 作为团队成员，能够主动履职、互相配合 | |
| F | F1 | 安全意识 | 1. 能够在工作场所按照安全规范穿戴和使用劳动防护用品 | 项目制作 |
| | | | 2. 具有安全操作意识，能够按照安全规范使用各种工具及设备 | |
| | | | 3. 具备对触电、起火、雷击等事故的应急处理能力 | |
| | F2 | 环保意识 | 1. 能够自觉保持、主动维护学习和工作场所的环境卫生 | 教师评价 |
| | | | 2. 能够自觉保持工作服装等用品的卫生整洁 | |
| | | | 3. 在学习和工作中，表现出节能、环保意识 | |
| G | G1 | 批判性思维 | 1. 勇于质疑和表达观点 | 项目制作 |
| | | | 2. 在质疑的同时，能够进一步提出建设性意见 | |
| | G2 | 就业与创业意识 | 1. 对自己的职业生涯有明确的认识 | 教师评价 |
| | | | 2. 能够为将来的就业与创业做积极准备 | |

**7. 教学文件资源的开发意见**

1）课程教学设计方案的编写意见

课程教学设计方案是在分析课程标准规定的课程目标和内容标准的基础上，确定课程教什么、如何教、学什么、如何学，并且对教学各方面的评价进行设计。

2）项目指导书（教学案例集）、校本教材等教学资料的开发思路与意见

开发各类项目文档，应详细描述项目背景、技术指标要求和内容要点，给出总体设计和具体设计的框架，明确指定需要上交的相关文档，明确考核要求与标准。

课堂活动方案的设计难点在于要事先预测课堂上大部分学生可能会遇到的难题，并且提前设计好解决办法，从而保证课程方案的顺利实施。

3）网络课程相关文件的开发思路与意见

网络课程的相关文件应该注重其指导作用，文件内容要与课程的标准和设计方案相对应，从而发挥网络课程对教学的指导和补充作用。

**8. 教学资源的使用建议**

1）教学设施资源的使用建议

- 建议实训室开通互联网。
- 建议在实训室附近安排一个小型会议室。
- 建议实训室在学生自习时间开放。
- 建议在线上开展答疑、讨论、作业布置、作业提交测验与考试。

2）教学文件资源的使用建议

建议按照项目进程，在项目的每个阶段都使用相应的参考教学资源。对于未列出的问题，学生可以自行查询相关资料。

### 3.2.6　云计算基础

**1. 课程标准**

学分：2 学分。

参考学时：32 学时。

**2. 课程概述**

"云计算基础"课程是大数据技术专业的专业基础课程，其任务是让学生掌握云计算的相关基础知识和相关技术，培养学生搭建云计算平台的基本能力。本课程主要介绍云计算的概念、分类、技术体系及特征，并且在分析国内、国际云服务商和云用户的基础上，系统地介绍了云技术、云存储、云办公、云安全等常用的云应用，引导学生搭建云平台，了解云计算在物联网、智慧经济、智慧生活方面的广泛应用，使学生在专业领域内具备云计算方面的基本技能和知识储备，为学生今后的就业和发展奠定良好的基础。

"云计算基础"课程设计了 4 个典型的工作任务，具体如下。

- 任务 1：云计算的概念、发展及优缺点。
- 任务 2：云服务 IaaS、PaaS、SaaS 的特点。
- 任务 3：云计算中的虚拟化技术、网络技术和存储技术。
- 任务 4：云计算平台的搭建。

**3. 课程目标**

通过学习"云计算基础"课程，学生可以达到以下目标。

1）职业能力目标

- 能够理解云计算的优缺点及适用条件。
- 能够掌握云计算服务的类型和区别。
- 能够熟练运用虚拟化技术搭建虚拟化平台。
- 能够熟练掌握云计算平台的安装和部署方法。

2）素质目标

- 能够拥有良好的分析问题、解决问题的能力。
- 树立服务意识，具有团队合作精神。
- 树立坚强的意志，具有克服困难的决心及平和的心态。
- 具有认真做事、平和待人的处世态度。
- 融入课程思政，具有安全意识。

**4．课程内容与要求**

任务 1：云计算的概念、发展及优缺点。

1.1　云计算的概念与特征。

① 了解云计算的基本概念。

② 理解云计算与并行计算、分布式计算的联系和区别。

③ 掌握云计算的基本特征。

1.2　云计算的发展现状。

① 了解云计算的发展史。

② 了解云计算的发展现状。

③ 掌握云计算的市场规模分析方法。

④ 掌握云计算的业务模式分析方法。

1.3　云计算的发展趋势。

① 了解云计算的国内发展趋势。

② 了解云计算的国外发展趋势。

③ 掌握云计算未来的发展方向。

1.4　云计算的适用条件。

① 了解云计算的优势和变革。

② 掌握云计算技术的优点。

③ 掌握云计算技术的缺点。

任务 2：云服务 IaaS、PaaS、SaaS 的特点。

2.1　云服务概述。

① 了解云服务的概念。

② 掌握云服务的类型、云部署等的相关知识。

③ 理解云服务的产生和发展。

④ 掌握云服务的优点和缺点。

2.2　云服务的类型。

① 了解云服务的类型。

② 理解 IaaS、PaaS、SaaS 的基本概念。

③ 掌握 IaaS、PaaS、SaaS 的区别。

2.3　云部署模型。

① 了解云计算的架构。

② 掌握云部署模型。

任务 3：云计算中的虚拟化技术、网络技术和存储技术。

3.1　云计算中的虚拟化技术。

① 了解虚拟化的基本概念。

② 了解主流的虚拟化技术。

③ 掌握 VMware vSphere 虚拟化平台的使用方法。

3.2　云计算中的网络技术。

① 了解云计算中网络技术的基础知识。

② 了解计算机网络的形成和发展。

③ 掌握计算机网络的功能和基本原理。

3.3　云计算中的存储技术。

① 了解云计算中存储技术的基础知识。

② 了解基本的存储单元。

③ 掌握存储可靠性技术。

任务 4：云计算平台的搭建。

4.1　OpenStack 概述。

① 了解 OpenStack 的基本概念。

② 理解 OpenStack 的架构。

③ 掌握 OpenStack 的核心组件。

④ 掌握 OpenStack 组件之间的逻辑关系。

4.2　OpenStack 的安装与部署。

① 掌握 OpenStack 的安装方法。

② 掌握 OpenStack 的部署方法。

4.3　OpenStack 操作界面管理。

① 了解 OpenStack 的操作界面。

② 掌握 OpenStack 操作界面的架构和功能。

4.4　OpenStack 认证服务。

① 了解 OpenStack 认证服务。

② 掌握 OpenStack 认证服务的原理。

③ 能够管理云平台。

### 5. 考核方案

1）教学任务考核方案

“云计算基础”课程的教学任务考核方案如表 3-130 所示。

**表 3-130　“云计算基础”课程的教学任务考核方案**

| 序号 | 教学任务 | 考核标准 | 考核方式 | 证据材料 |
|---|---|---|---|---|
| 1 | 云计算的概念、发展及优缺点 | 认识云计算的概念和特征，了解云计算的发展现状、发展趋势，掌握云计算技术的优缺点 | 课业、理论考试 | 课业、考试记录 |

续表

| 序号 | 教学任务 | 考核标准 | 考核方式 | 证据材料 |
|---|---|---|---|---|
| 2 | 云服务 IaaS、PaaS、SaaS 的特点 | 了解云服务的概念，掌握 IaaS、PaaS、SaaS 的特点 | 课业、理论考试 | 课业、考试记录 |
| 3 | 云计算中的虚拟化技术、网络技术和存储技术 | 掌握云计算技术中的虚拟化技术、网络技术和存储技术 | 项目课业 | 项目成果 |
| 4 | 云计算平台的搭建 | 掌握 OpenStack 的安装与部署方法 | 项目课业 | 项目成果 |

总评成绩的计算公式如下：

总评成绩=平时成绩×50%+考勤成绩×20%+项目课业×30%

2）通用能力与职业素质目标考核方案

“云计算基础”课程的通用能力与职业素质目标考核方案如表 3-131 所示。

**表 3-131 “云计算基础”课程的通用能力与职业素质目标考核方案**

| 能力类别 | 通用能力与职业素质 | 考核标准（三级基准） |
|---|---|---|
| 道德感 | 爱心意识（量表测量） | 1．懂得感恩，有同情心 |
| | | 2．有羞耻感，学会自尊、自强 |
| | | 3．能够自觉遵守公民道德规范 |
| | 责任意识（量表测量） | 1．能够自觉遵守法律法规和社会规范 |
| | | 2．在学习和工作中，遵守各项规章制度 |
| | | 3．履行职责，既能够对自己负责，又能够主动服务团队和集体 |
| 身心健康 | 身体健康（体育与运动） | 1．作息基本有规律，有锻炼身体的意识，愿意改变不良的生活习惯 |
| | | 2．作息有规律，经常锻炼身体，养成科学的饮食习惯 |
| | | 3．合理安排作息时间，养成锻炼身体的习惯，养成科学的饮食习惯，追求健康的生活方式 |
| | 情绪调控能力（量表测量） | 1．能够正常表达自己的情感 |
| | | 2．面对突发事件，能够有效控制情绪 |
| | | 3．学会正确的心理调适方法 |
| 信息处理能力 | 语言文字能力 | 1．发音准确，书面表达字迹工整，书面文体基本符合规范 |
| | | 2．发音准确，口头表达有条理；书面表达字迹工整，语句基本通顺；书面文体基本符合规范 |
| | | 3．发音准确，口头表达条理清晰；书面表达字迹工整，语句通顺，含义清楚；书面文体符合规范 |
| | 信息处理能力 | 1．能够借助图书、互联网等传媒获取信息，能够借助团队或他人获取信息 |
| | | 2．能够借助图书、互联网等传媒有效地获取信息，能够借助团队或他人有效地获取信息，能够对信息进行加工整理 |
| | | 3．能够借助图书、互联网等传媒有效地获取信息，能够借助团队或他人有效地获取信息，能够对信息进行加工整理，并且合理使用 |

续表

| 能力类别 | 通用能力与职业素质 | 考核标准（三级基准） |
| --- | --- | --- |
| 分析与解决问题能力 | 科学思维能力 | 1. 具有基本的逻辑思维能力，具有基本的数学计算能力 |
| | | 2. 具有一定的逻辑思维能力，具有一定的数学计算能力，能够针对问题提出解决方案 |
| | | 3. 能够运用逻辑思维方法进行问题研究，能够运用数学方法进行基本计算和定量分析，能够针对问题提出合理、有效的解决方案 |
| | 自主学习能力 | 1. 有主动学习意识，能够制订学习计划，能够主动改变不良的学习方法 |
| | | 2. 能够制订学习计划，能够执行学习计划，能够不断改进学习方法 |
| | | 3. 能够合理制订学习计划；能够有效地执行学习计划，并且根据实际情况进行调整；能够不断改进学习方法 |
| 沟通与合作能力 | 沟通交流能力 | 1. 有沟通意识，能够准确表达自己的意见 |
| | | 2. 有主动沟通的意识，能够理解他人的问题，能够正确表达自己的意见 |
| | | 3. 养成认真倾听的习惯，能够理解他人的问题，能够正确表达自己的意见，具有换位思考意识 |
| | 与人合作能力 | 1. 尊重他人，主动履职 |
| | | 2. 尊重他人，主动履职，并且互相配合 |
| | | 3. 尊重他人，建立团队认同感，角色认知能力较强，主动履职，并且互相配合 |
| 安全与环保意识 | 安全意识 | 1. 能够在工作场所按照安全规范穿戴和使用劳动防护用品，具有安全操作意识 |
| | | 2. 能够在工作场所按照安全规范穿戴和使用劳动防护用品，具有安全操作意识，能够按照安全规范使用各种工具及设备 |
| | | 3. 能够在工作场所按照安全规范穿戴和使用劳动防护用品，具有安全操作意识，能够按照安全规范使用各种工具及设备，具备对触电、起火、雷击等事故的应急处理能力 |
| | 环保意识 | 1. 能够保持学习和工作场所的环境卫生，能够保持工作服装等用品的卫生整洁 |
| | | 2. 能够保持、维护学习和工作场所的环境卫生，能够自觉保持工作服装等用品的卫生整洁 |
| | | 3. 能够自觉保持、主动维护学习和工作场所的环境卫生，能够自觉保持工作服装等用品的卫生整洁，在学习和工作中，表现出节能、环保意识 |
| 创新能力 | 批判性思维 | 1. 能够独立思考，但质疑辨析的能力不足 |
| | | 2. 具有独立思考的精神，勇于表达观点 |
| | | 3. 具有独立思考的精神，敢于挑战权威，在质疑的同时，能够进一步提出建设性意见 |
| | 就业与创业意识 | 1. 对职业生涯有一定的思考与认识 |
| | | 2. 对职业生涯有思考，有比较清晰的就业或创业价值取向 |
| | | 3. 对职业生涯有一定的认识，有比较清晰的就业或创业价值取向，能够为将来的就业与创业做积极准备 |

### 6. 教学指导

1）前提要求

“云计算基础”课程需要学生具备计算机的相关基础知识，理解计算机的基本组成及工作原理，能够熟练操作计算机。

2）教学设施

“云计算基础”课程的教学设计包括实训室、投影仪。

3）学时分配

“云计算基础”课程的学时分配情况如表 3-132 所示。

表 3-132 “云计算基础”课程的学时分配情况

| 序号 | 教学任务 | 学时分配 | | | |
|---|---|---|---|---|---|
| | | 合计 | 讲授 | 实践 | 其他 |
| 1 | 云计算的概念、发展及优缺点 | 4 | 4 | 0 | 0 |
| 2 | 云服务 IaaS、PaaS、SaaS 的特点 | 4 | 4 | 0 | 0 |
| 3 | 云计算中的虚拟化技术、网络技术和存储技术 | 14 | 4 | 10 | 0 |
| 4 | 云计算平台的搭建 | 10 | 4 | 6 | 0 |
| 总计 | | 32 | 16 | 16 | 0 |

4）教学资料建设和使用建议

使用适用于大专学生的教材，并且提供电子教案。

## 3.2.7 R 语言基础

### 1. 课程标准

学分：4 学分。

参考学时：60 学时。

### 2. 课程概述

1）课程性质

“R 语言基础”课程是大数据技术专业的一门专业核心课程，是新的专业方向中的新课程，是一门强调理论与实践密切结合的核心课程。学习本课程，学生可以为学习“数据挖掘应用”等后续课程打下坚实的基础。

学习“R 语言基础”课程，学生能够熟悉 R 的基本概念，掌握 R 的数据处理方法，掌握 R 在统计分析方面的应用，熟悉 R 的绘图功能，熟练使用 R 编写简单的程序，应用各知识点完成综合实例。本课程面向的岗位是数据分析师。

“R 语言基础”课程的先修课程是“Java 模块开发”“Web 信息检索与数据抓取”“大数据技术（Hadoop）”“分布式数据库”等，后续课程是“数据挖掘应用”“数据可视化技术”等专业核心课程。

2）设计思路

根据“R 语言基础”课程在课程体系中的定位，通过企业调研、专家访谈，根据相关岗位应具备的职业能力及高职学生的特点，选择课程内容，采用“教、学、做一体化”教学方法及案例教学法，完成对本课程内容的设计。

① 根据职业岗位，进行技能分析。

通过精选、分解实例与实践应用，将讲授、讨论、实操、学习、交流、归纳整理、评价有机融合，全面提升学生的理论与实践相结合的能力。

“R 语言基础”课程的理论知识以选取 R 语言常用的基本功能为主，精选实例，培养学生的实践能力，以及将理论概念与实际应用相结合的能力。

② 教学内容。

“R 语言基础”课程主要分为 6 个模块，具体如下。

- 模块 1：R 语言入门。
- 模块 2：R 语言的数据操作。
- 模块 3：R 的数理统计。
- 模块 4：R 的绘图功能。
- 模块 5：R 的编程。
- 模块 6：综合实例。

各模块的主要内容如下。

- 模块 1：R 软件的基本使用方法，如 R 软件的下载与安装、程序包的载入及基本的 R 命令。
- 模块 2：向量、矩阵、数组、列表、数据框等对象的特点；数据的读/写操作，如读取常见类型的数据文件；数据预处理、数据清洗等操作。
- 模块 3：数理统计是 R 语言的重要功能，包括简单线性回归分析、多元线性回归分析、假设检验、方差分析、聚类分析及判别分析等。
- 模块 4：绘图功能是 R 语言的特色之一。R 语言具有强大的绘图功能，本模块要求学生掌握 R 语言的高级绘图函数及低级绘图函数。高级绘图函数包括绘制饼图、条形图、箱线图、直方图的函数，以及 plot 函数、绘制数学函数图的函数等。低级绘图函数包括添加点、线、盒子的函数等。R 软件是数据可视化的重要工具，其强大的绘图功能可以让人对统计分析结果一目了然。
- 模块 5：R 语言与其他计算机语言一样，是可以进行编程的。学会编程，可以扩大 R 语言的使用范围。本模块要求学生掌握常用的分支语句、循环语句、自定义函数及其应用。
- 模块 6：R 软件是进行数据分析、数据挖掘的工具之一。学习 R 语言的终极目标是能够应用其进行数据分析与数据挖掘。在综合实例中，包括 R 语言数据分析实例——轿车销量分析、R 语言时间序列分析、R 语言聚类分析、R 语言分类——决策树共 4 个实例。通过完成这 4 个实例，学生能够融会贯通，提升 R 语言的应用能力。

③ 组织形式。

在“教学、实操、交流、评价一体化”教学中，在教师的指导下，学生能够以“团队合作”的方式完成整个学习过程，掌握将理论与实践相结合的方法，提高沟通、表达和自我管理的能力，并且在仿真教学环境中得到实际锻炼，将学习与实际工作结合起来，将理论知识应用于实际工作中，从而在学习过程中进一步分析与思考，培养良好的职业素养和综合技术应用能力。

### 3. 课程目标

- 熟练掌握 R 软件的安装与使用方法。

- 熟悉R语言的各种数据对象，如向量、矩阵、数组、列表、数据框等。
- 能够利用R语言进行数据读/写操作，读取常见类型的数据文件。
- 能够进行数据预处理、数据清洗等操作。
- 能够应用R语言进行数理分析，包括简单线性回归分析、多元线性回归分析、假设检验、方差分析、聚类分析及判别分析等。
- 能够使用R语言的数据可视化功能，掌握R语言的高级绘图函数与低级绘图函数。
- 能够熟练使用R语言编写简单的程序。
- 能够应用R语言的相关知识完成综合实例。

### 4. 课程内容

1）基本框架

“R语言基础”课程各模块的基本框架如表3-133～表3-138所示。

表3-133 “R语言入门”模块的基本框架

| 序号 | 教学模块 | 教学活动 | 教学方法 | 参考学时 |
|---|---|---|---|---|
| 1 | R语言入门 | 1.1 明确本次任务的要求。通过小组讨论，根据设计方案的需求，制订实施计划，安排进度和任务实施的时间 | 讲授，小组讨论，辅导 | 1 |
| | | 1.2 R语言的基本概念 | 分组实施，教、学、做一体化 | 1 |
| | | 1.3 R软件的下载和安装 | | |
| | | 1.4 R的工作原理 | 分组实施，教、学、做一体化 | 1 |
| | | 1.5 总结学生实施方案在技术和职业习惯方面的优点和缺点，评价方案实施效果，评估工作效率，提出改进意见 | 各小组展示，师生交流，讲评，小组讨论，总结 | 1 |
| 合计 | | | | 4 |

表3-134 “R语言的数据操作”模块的基本框架

| 序号 | 教学模块 | 教学活动 | 教学方法 | 参考学时 |
|---|---|---|---|---|
| 2 | R语言的数据操作 | 2.1 明确本次任务的要求。通过小组讨论，根据设计方案的需求，制订实施计划，安排进度和任务实施的时间 | 讲授，小组讨论，辅导 | 1 |
| | | 2.2 数据对象，包括向量、因子、时间序列、数组、矩阵及数据框等的定义和使用方法 | 分组实施，教、学、做一体化 | 7 |
| | | 2.3 使用R语言读取文本文件、Excel文件 | 分组实施，教、学、做一体化，辅导，实操 | 4 |
| | | 2.5 R语言的数据处理 | 分组实施，教、学、做一体化，辅导、实操 | 3 |
| | | 2.6 交流、总结、评估工作效率，提出改进意见 | 讲评，小组讨论，总结 | 1 |
| 合计 | | | | 16 |

表 3-135　"R 的数理统计"模块的基本框架

| 序号 | 教学模块 | 教学活动 | 教学方法 | 参考学时 |
| --- | --- | --- | --- | --- |
| 3 | R 的数理统计 | 3.1 明确本次任务的要求。通过小组讨论，根据设计方案的需求，制订实施计划，安排进度和任务实施的时间 | 讲授，小组讨论，辅导 | 1 |
| | | 3.2 简单线性回归分析与多元线性回归分析，以及它们在 R 中的实现 | 分组实施，教、学、做一体化，辅导，实操 | 3 |
| | | 3.3 假设检验的原理和方法 | 分组实施，教、学、做一体化，辅导，实操 | 4 |
| | | 3.4 方差分析的原理，单因素、双因素方差分析及其在 R 中的实现 | 分组实施，教、学、做一体化，辅导，实操 | 4 |
| | | 3.5 聚类分析与判别分析，以及它们在 R 中的实现 | 分组实施，教、学、做一体化，辅导，实操 | 3 |
| | | 3.6 总结学生实施方案在技术和职业习惯方面的优点和缺点，评价方案实施效果，评估工作效率，提出改进意见 | 讲评，小组讨论，总结 | 1 |
| 合计 | | | | 16 |

表 3-136　"R 的绘图功能"模块的基本框架

| 序号 | 教学模块 | 教学活动 | 教学方法 | 参考学时 |
| --- | --- | --- | --- | --- |
| 4 | R 的绘图功能 | 4.1 明确本次任务的要求。通过小组讨论，根据设计方案的需求，制订实施计划，安排进度和任务实施的时间 | 讲授，小组讨论，辅导 | 1 |
| | | 4.2 R 语言的高级绘图函数，包括绘制饼图、条形图、箱线图、点图、直方图及数学函数图等的函数 | 分组实施，教、学、做一体化，辅导，实操 | 7 |
| | | 4.3 R 语言的低级绘图函数 | 分组实施，教、学、做一体化，辅导，实操 | 3 |
| | | 4.4 完成并展示使用各种常用的绘图方法绘制的图形，根据要求，检查学习效果 | 各小组展示，师生交流 | 1 |
| 合计 | | | | 12 |

表 3-137　"R 的编程"模块的基本框架

| 序号 | 教学模块 | 教学活动 | 教学方法 | 参考学时 |
| --- | --- | --- | --- | --- |
| 5 | R 的编程 | 5.1 明确本次任务的要求。通过小组讨论，根据设计方案的需求，制订实施计划，安排进度和任务实施的时间 | 讲授，小组讨论，辅导 | 0.5 |
| | | 5.2 基本的程序结构 | 分组实施，教、学、做一体化 | 1.5 |
| | | 5.3 函数的定义及应用 | 分组实施，教、学、做一体化 | 1.5 |
| | | 5.4 总结学生实施方案在技术和职业习惯方面的优点和缺点，评价方案实施效果，评估工作效率，提出改进意见 | 讲评，小组讨论，总结 | 0.5 |
| 合计 | | | | 4 |

表 3-138 “综合实例”模块的基本框架

| 序号 | 教学模块 | 教学活动 | 教学方法 | 参考学时 |
| --- | --- | --- | --- | --- |
| 6 | 综合实例 | 6.1 明确本次任务的要求。通过小组讨论，根据设计方案的需求，制订实施计划，安排进度和任务实施的时间 | 讲授，小组讨论，辅导 | 1 |
| | | 6.2 根据设计方案的要求，明确分析目标 | 分组实施，教、学、做一体化 | 3 |
| | | 6.3 根据设计方案的要求，了解时间序列的相关知识 | 分组实施，教、学、做一体化，辅导，实操 | 3 |
| | | 6.4 总结学生实施方案在技术和职业习惯方面的优点和缺点，评价方案实施效果，评估工作效率，提出改进意见 | 各小组展示，师生交流 | 1 |
| 期中考试、期末考试 | | | | 4 |
| 合计 | | | | 12 |

2）主要内容与要求

模块 1：R 语言入门。

1.1 明确本次任务的要求。通过小组讨论，根据设计方案的需求，制订实施计划，安排进度和任务实施的时间。

① 了解本课程的内容，明确本次任务的要求；读懂并理解项目任务书中的任务目标及要求。

② 通过小组讨论，了解 R 的发展、功能和特点。

③ 明确各组成员的任务和要求。学生分组拟订工作计划；根据工作计划，进行人员分工、时间分配等。

1.2 R 语言的基本概念

1.3 R 软件的下载和安装。

① 通过上网查询及教师讲解，了解 R 社区。

② 通过上网查询及教师讲解，能够正确下载 R 软件。

③ 通过上网查询及教师讲解，能够正确安装 R 软件。

1.4 R 的工作原理。

① 根据设计方案的要求，能够正确对 R 环境进行简单应用。

② 通过上网查询及教师讲解，了解 R 的程序包，掌握 R 程序包的安装与使用方法。

③ 通过上网查询及教师讲解，了解 R 的工作空间设置。

1.5 总结学生实施方案在技术和职业习惯方面的优点和缺点，评价方案实施效果，评估工作效率，提出改进意见。

模块 2：R 语言的数据操作。

2.1 明确本次任务的要求。通过小组讨论，根据设计方案的需求，制订实施计划，安排进度和任务实施的时间

① 了解本课程的内容,明确本次任务的要求;读懂并理解任务书中的任务目标及要求。

② 通过小组讨论，了解数据对象的概念及类型。

③ 明确各组成员的任务和要求。学生分组拟订工作计划；根据工作计划，进行人员分工、时间分配等。

2.2　数据对象，包括向量、因子、时间序列、数组、矩阵及数据框等的定义和使用方法。

2.3　使用 R 语言读取文本文件、Excel 文件。

2.4　R 语言的数据处理。

2.5　交流、总结、评估工作效率，提出改进意见。

学生分组答辩，教师总结、评价，提出改进意见。

模块 3：R 的数理统计。

3.1　明确本次任务的要求。通过小组讨论，根据设计方案的需求，制订实施计划，安排进度和任务实施的时间。

① 了解本课程的内容,明确本次任务的要求;读懂并理解任务书中的任务目标及要求。

② 通过小组讨论，探讨数理统计的重要性及数理统计的主要内容。

③ 明确各组成员的任务和要求。学生分组拟订工作计划；根据工作计划，进行人员分工、时间分配等。

3.2　简单线性回归分析与多元线性回归分析，以及它们在 R 中的实现。

① 了解简单线性回归分析。

② 掌握简单线性回归分析在 R 中的实现。

③ 了解多元线性回归分析。

④ 掌握多元线性回归分析在 R 中的实现。

3.3　假设检验的原理和方法。

① 假设检验的原理。

② F 检验及其实现。

③ T 检验及其实现。

3.4　方差分析的原理，单因素、双因素方差分析及其在 R 中的实现。

① 了解单因素方差分析。

② 掌握单因素方差分析在 R 中的实现。

③ 了解多因素方差分析。

④ 掌握多因素方差分析在 R 中的实现。

3.5　聚类分析与判别分析，以及它们在 R 中的实现。

① 了解聚类分析。

② 掌握聚类分析在 R 中的实现。

③ 了解判别分析。

④ 掌握判别分析在 R 中的实现。

3.6　总结学生实施方案在技术和职业习惯方面的优点和缺点，评价方案实施效果，评估工作效率，提出改进意见。

学生分组答辩，教师总结、评价，提出改进意见。

模块 4：R 的绘图功能。

4.1 明确本次任务的要求。通过小组讨论，根据设计方案的需求，制订实施计划，安排进度和任务实施的时间

① 了解本课程的内容，明确本次任务的要求；读懂并理解任务书中的任务目标及要求。

② 通过小组讨论，了解 R 的绘图功能。

③ 明确各组成员的任务和要求。学生分组拟订工作计划；根据工作计划，进行人员分工、时间分配等。

4.2 R 语言的高级绘图函数，包括绘制饼图、条形图、箱线图、点图、直方图及数学函数图等的函数。

4.3 R 语言的低级绘图函数。

4.4 完成并展示使用各种常用的绘图方法绘制的图形，根据要求，检查学习效果。

学生分组答辩，教师总结、评价，提出改进意见。

模块 5：R 的编程。

5.1 明确本次任务的要求。通过小组讨论，根据设计方案的需求，制订实施计划，安排进度和任务实施的时间。

① 了解本课程的内容，明确本次任务的要求；读懂并理解任务书中的任务目标及要求。

② 通过小组讨论，了解分支结构和循环结构。

③ 明确各组成员的任务和要求。学生分组拟订工作计划；根据工作计划，进行人员分工、时间分配等。

5.2 基本的程序结构。

① 分支结构。

② 循环结构的 3 种形式。

③ 分支结构的应用。

④ 循环结构的应用。

5.3 函数的定义及应用。

5.4 总结学生实施方案在技术和职业习惯方面的优点和缺点，评价方案实施效果，评估工作效率，提出改进意见。

学生分组答辩，教师总结、评价，提出改进意见。

模块 6：综合实例。

6.1 明确本次任务的要求。通过小组讨论，根据设计方案的需求，制订实施计划，安排进度和任务实施的时间。

① 了解本课程的内容，明确本次任务的要求；读懂并理解任务书中的任务目标及要求。

② 通过小组讨论，了解的任务背景，分析与整理数据。

③ 明确各组成员的任务和要求。学生分组拟订工作计划；根据工作计划，进行人员分工、时间分配等。

6.2　根据设计方案的要求，明确分析目标。

① 通过教师讲解及小组讨论等形式，对数据进行整理。

② 通过教师讲解及小组讨论等形式，明确分析目标。

6.3　根据设计方案的要求，了解时间序列的相关知识。

① 通过教师讲解及小组讨论等形式，对数据进行整理。

② 通过教师讲解及小组讨论等形式，了解时间序列的分析及预测方法。

6.4　总结学生实施方案在技术和职业习惯方面的优点和缺点，评价方案实施效果，评估工作效率，提出改进意见。

学生分组答辩，教师总结、评价，提出改进意见。

### 5．考核方案

“R 语言基础”课程的考核方案如表 3-139 所示。

表 3-139　“R 语言基础”课程的考核方案

| 序号 | 教学模块 | 考核标准 | 成果形式 | 所占比例（占课业总成绩的比例） |
|---|---|---|---|---|
| 1 | R 语言入门 | 掌握 R 软件的基本使用方法，如 R 软件的下载与安装、程序包的载入及基本的 R 命令 | 课业报告（60%）<br>答辩 PPT（40%） | 10% |
| 2 | R 语言的数据操作 | 掌握向量、矩阵、数组、列表、数据框等对象的特点；掌握数据的读/写操作，包括读取常见类型的数据文件；掌握数据预处理、数据清洗等操作 | 课业报告（60%）<br>答辩 PPT（40%） | 15% |
| 3 | R 的数理统计 | 掌握 R 语言的重要功能，包括简单线性回归分析、多元线性回归分析、假设检验、方差分析、聚类分析及判别分析等 | 课业报告（60%）<br>答辩 PPT（40%） | 20% |
| 4 | R 的绘图功能 | 掌握 R 语言的高级绘图函数及低级绘图函数 | 课业报告（60%）<br>答辩 PPT（40%） | 15% |
| 5 | R 的编程 | 掌握常用的分支语句、循环语句、自定义函数及其应用 | 课业报告（60%）<br>答辩 PPT（40%） | 15% |
| 6 | 综合实例 | 通过完成实例，学生能够融会贯通，提升 R 语言的应用能力 | 课业报告（60%）<br>答辩 PPT（40%） | 25% |

### 6．教学文件资源的开发意见

1）教材选用

可以选用类似《R 语言实用教程》《R 语言数据挖掘及应用》等类型的教材。

2）项目课题集、教学案例集、项目任务书、项目指导书等教学文件的开发思路与意见

① 项目任务书。

项目任务书中要明确给出项目名称、能力目标、主要技术指标、任务内容、任务要求，明确考核标准。

② 项目指导书。

项目指导书应在学习内容、学习方法、容易出现的问题及如何解决等方面为学生提供指导。

③ 课堂活动方案。

在教学过程中，理论知识的学习要伴随任务的实施，课堂活动应体现融教、学、做于一体的教学思路。在设计教学活动方案时，应参照企业岗位的工作过程，使学生了解工作过程中的规律，在完成任务的同时掌握工作方法，大体步骤如下：

（1）获取信息、明确任务。

（2）制订计划、安排进度。

（3）选择方案、做出决策。

（4）实施任务、完成工作。

（5）对照要求、检查控制。

（6）总结评估、提出改进

3）学习指南、学习包、课件等的开发思路与意见

由于目前市场上“R 语言基础”课程的教材很多，因此可以根据需要选择不同的教材，并且充分利用网络资源，以便学生自学。

#### 7. 教学资源的使用建议

1）教学设施资源的使用建议

教学组织：

- 采用项目教学法，融教、学、做于一体。
- 理论与实践教学的比例大致为 1∶2。

学习环境：Internet——尽量让学生在有网络的机房上课。

使用设备：计算机及相关办公软件。

2）教学文件资源的使用建议

“R 语言基础”课程可以使用 R 的实用案例作为教学资源。

### 3.2.8 算法分析与设计

#### 1. 课程标准

学分：4 学分。

参考学时：64 学时。

#### 2. 课程概述

1）课程性质

“算法分析与设计”课程是大数据技术专业的专业支撑课程。本课程的先修课程是“Java 编程基础”“响应式 Web 设计”“JavaWeb 应用开发”，后续课程是“前端设计与开发”“Java 框架技术开发”“软件测试技术”。在以核心职业能力为培养目标的课程体系中，本课程可

以对前期学过的所有课程进行综合应用，并且为后续课程做好能力准备。

算法涉及的范围十分广泛，无论是从事计算机硬件设计，还是从事计算机软件设计，都需要认真研究算法。“算法分析与设计”课程系统地介绍了计算机算法的设计方法与分析技巧，为学生独立设计算法和对算法进行分析奠定坚实的知识基础。

2）设计思路

通过学习“算法分析与设计”课程，学生能够掌握算法的基本概念和计算模型，掌握算法设计的方法和流程，掌握算法的时间复杂度、空间复杂度和稳定性的分析方法，具有问题抽象和建模的初步能力。

“算法分析与设计”课程主要分为 9 个任务，具体如下。

- 任务 1：算法概述。
- 任务 2：贪心算法。
- 任务 3：分治算法。
- 任务 4：动态规划。
- 任务 5：回溯法。
- 任务 6：分支限界法。
- 任务 7：线性规划与网络流。
- 任务 8：随机化算法。
- 任务 9：NP 完全性理论。

### 3. 课程目标（职业能力目标）

通过学习“算法分析与设计”课程，学生在能力方面要掌握几种常用的算法设计策略，包括递归与分治算法、动态规划算法、贪心算法、回溯法、分支限界法、线性规划算法、网络流算法、随机化算法、NP 完全性理论与近似算法等，会分析算法的效率，能够用所学方法解决实际问题。本课程可以有效锻炼学生的逻辑思维能力和想象力，培养学生的创造性思维能力，以及在理论的指导下分析、解决实际问题的能力。本课程的具体职业能力目标如下。

- 掌握算法分析与设计的专业知识。
- 掌握基于算法分析与设计的专业知识。
- 掌握基于算法分析与设计的方法。

### 4. 职业能力解析表

“算法分析与设计”课程的职业能力解析表如表 3-140～表 3-142 所示。

**表 3-140　职业能力解析表（1）**

| 职业能力目标 | 掌握算法分析与设计的专业知识 |
|---|---|
| 编号 | 1 |
| 具体描述 | 掌握应用数学、算法及计算机的基本原理，能够将其应用于计算机复杂工程问题模型的实现 |

续表

| | |
|---|---|
| 步骤 | 1．阅读任务要求 |
| | 2．根据要求编写程序 |
| | 3．修改参数 |
| | 4．预览效果 |
| | 5．调整不合理的地方，进行修改 |
| | 6．预览效果，完成设计 |
| 工具与设备 | 1．计算机 |
| | 2．Python 集成开发环境 |
| 知识基础 | 掌握算法分析与程序设计等计算机科学与技术的专业知识 |
| 通用能力与职业素质 | 1．语言文字能力 |
| | 2．科学思维能力 |
| | 3．沟通交流能力 |
| | 4．环保意识 |
| | 5．批判性思维 |
| 考核标准 | 1．掌握算法分析与程序设计等计算机科学与技术的专业知识 |
| | 2．掌握应用数学、算法及计算机的基本原理 |

表 3-141　职业能力解析表（2）

| | |
|---|---|
| 职业能力目标 | 掌握基于算法分析与设计的专业知识 |
| 编号 | 2 |
| 具体描述 | 对计算机应用领域复杂工程问题的关键环节进行分析、设计及优化等工程实践活动 |
| 步骤 | 1．阅读任务要求 |
| | 2．根据要求编写程序 |
| | 3．修改参数 |
| | 4．预览效果 |
| | 5．调整不合理的地方，进行修改 |
| | 6．预览效果，完成设计 |
| 工具与设备 | 1．计算机 |
| | 2．Python 集成开发环境 |
| 知识基础 | 基于算法分析与设计的专业知识 |
| 通用能力与职业素质 | 1．语言文字能力 |
| | 2．科学思维能力 |
| | 3．沟通交流能力 |
| | 4．环保意识 |
| | 5．批判性思维 |
| 考核标准 | 掌握基于算法分析与设计的专业知识 |

表 3-142　职业能力解析表（3）

| | |
|---|---|
| 职业能力目标 | 掌握基于算法分析与设计的方法 |
| 编号 | 3 |
| 具体描述 | 通过调研和分析，设计合适的研究方案 |

续表

| | |
|---|---|
| 步骤 | 1．阅读任务要求 |
| | 2．根据要求编写程序 |
| | 3．修改参数 |
| | 4．预览效果 |
| | 5．调整不合理的地方，进行修改 |
| | 6．预览效果，完成设计 |
| 工具与设备 | 1．计算机 |
| | 2．Python 集成开发环境 |
| 知识基础 | 基于算法分析与设计的方法 |
| 通用能力与职业素质 | 1．语言文字能力 |
| | 2．科学思维能力 |
| | 3．沟通交流能力 |
| | 4．环保意识 |
| | 5．批判性思维 |
| 考核标准 | 掌握基于算法分析与设计的方法 |

## 5．课程内容

### 1）基本框架

“算法分析与设计”课程的基本框架如表 3-143 所示。

**表 3-143　“算法分析与设计”课程的基本框架**

| 序号 | 教学任务 | 教学活动 | 教学方法 | 参考学时 |
|---|---|---|---|---|
| 1 | 算法概述 | 1.1 算法的基本概念 | 讲授、操作 | 4 |
| | | 1.2 算法设计的一般过程 | | |
| | | 1.3 算法分析的概念及渐进意义下的记号 | | |
| | | 1.4 时间复杂度和空间复杂度建立的依据 | | |
| | | 1.5 递推方程求解方法 | | |
| 2 | 贪心算法 | 2.1 贪心算法的基本思想及基本要素 | 讲授、操作 | 8 |
| | | 2.2 会场安排问题、最优装载问题 | | |
| | | 2.3 单源最短路径问题 | | |
| | | 2.4 哈夫曼编码 | | |
| | | 2.5 最小生成树 | | |
| | | 2.6 背包问题 | | |
| 3 | 分治算法 | 3.1 分治算法的基本思想 | 讲授、操作 | 8 |
| | | 3.2 分治算法的求解步骤 | | |
| | | 3.3 二分查找 | | |
| | | 3.4 选第二大元素 | | |
| | | 3.5 循环赛日程表 | | |
| | | 3.6 合并排序 | | |
| | | 3.7 快速排序 | | |
| | | 3.8 线性时间选择 | | |

续表

| 序号 | 教学任务 | 教学活动 | 教学方法 | 参考学时 |
|---|---|---|---|---|
| 4 | 动态规划 | 4.1 动态规划的基本思想及要素 | 讲授、操作 | 8 |
| | | 4.2 矩阵连乘问题 | | |
| | | 4.3 最优凸多边形三角剖分问题 | | |
| | | 4.4 最长公共子序列问题 | | |
| | | 4.5 加工顺序问题 | | |
| | | 4.6 0-1 背包问题 | | |
| | | 4.7 最优二叉查找树问题 | | |
| 5 | 回溯法 | 5.1 回溯法的算法框架及思想 | 讲授、操作 | 8 |
| | | 5.2 子集树 | | |
| | | 5.3 排列树 | | |
| | | 5.4 满 m 叉树 | | |
| 6 | 分支限界法 | 6.1 分支限界法的基本思想 | 讲授、操作 | 4 |
| | | 6.2 0-1 背包问题 | | |
| | | 6.3 旅行商问题 | | |
| | | 6.4 图的 m 着色问题 | | |
| | | 6.5 分支限界法与回溯法的比较 | | |
| 7 | 线性规划与网络流 | 7.1 线性规划的基本概念、定理及单纯形算法 | 讲授、操作 | 8 |
| | | 7.2 最大网络流问题的解法 | | |
| | | 7.3 最小费用流问题的解法 | | |
| 8 | 随机化算法 | 8.1 随机化算法的类型及特点 | 讲授、操作 | 8 |
| | | 8.2 随机数发生器 | | |
| | | 8.3 数值随机化算法 | | |
| | | 8.4 蒙特卡罗算法 | | |
| | | 8.5 拉斯维加斯算法 | | |
| | | 8.6 舍伍德算法 | | |
| 9 | NP 完全性理论 | 9.1 P 类和 NP 类问题 | 讲授、操作 | 4 |
| | | 9.2 NP 完全问题 | | |
| | | 9.3 NP 完全问题的近似算法 | | |
| 10 | 复习、考试 | 复习全部课程，考试 | 讲授、考试 | 4 |
| 合计 | | | | 64 |

2）主要内容与要求

任务 1：算法概述。

主要内容：

- 算法的基本概念。
- 算法设计的一般过程。
- 算法分析的概念及渐进意义下的记号。
- 时间复杂度和空间复杂度建立的依据。

- 递推方程求解方法。

基本要求：

- 理解算法的基本概念、复杂度的衡量方法。
- 掌握渐进复杂度的概念及渐进意义下的记号。
- 掌握时间复杂度建立的依据和递推方程求解的方法。

任务 2：贪心算法。

主要内容：

- 贪心算法的基本思想及基本要素。
- 会场安排问题、最优装载问题。
- 单源最短路径问题。
- 哈夫曼编码。
- 最小生成树。
- 背包问题。

基本要求：

- 了解贪心算法的应用范围，理解贪心算法的基本思想和特点。
- 掌握典型问题的精巧贪心算法（会场安排问题、最短路径问题的 Dijkstra 算法，求最小生成树的 Kruskal 算法和 Prim 算法，等等）的基本思想，能够应用贪心算法解决实际工程中遇到的问题。通过这些应用，掌握使用贪心策略设计算法的关键步骤，熟悉算法的分析方法及算法正确性的证明方法。

任务 3：分治算法。

主要内容：

- 分治算法的基本思想。
- 分治算法的求解步骤。
- 二分查找。
- 选第二大元素。
- 循环赛日程表。
- 合并排序。
- 快速排序。
- 线性时间选择。

基本要求：

- 了解分治算法的应用范围，理解分治算法的基本思想和特点。
- 掌握设计分治算法的基本步骤，掌握使用分治策略设计典型问题的精巧算法，如二分搜索算法、排序算法、选择问题算法等。
- 理解算法的设计思想、分析方法及复杂度结论，能够在指定问题实例上模拟算法的执行过程。

任务 4：动态规划。

主要内容：

- 动态规划的基本思想及要素。
- 矩阵连乘问题。
- 最优凸多边形三角剖分问题。
- 最长公共子序列问题。
- 加工顺序问题。
- 0-1 背包问题。
- 最优二叉查找树问题。

基本要求：

- 了解动态规划算法的应用范围，理解动态规划算法的基本思想和特点，掌握设计算法的基本步骤。
- 掌握典型问题（如最长公共子序列问题、矩阵连乘问题、加工顺序问题、0-1 背包问题及最优二叉查找树问题等）的动态规划算法，能够在指定问题实例上模拟算法的执行过程。
- 能够通过这些典型应用，掌握使用动态规划策略设计算法的关键步骤。

任务 5：回溯法。

主要内容：

- 回溯法的算法框架及思想。
- 子集树。
- 排列树。
- 满 m 叉树。

基本要求：

- 了解回溯法的应用范围，理解回溯法的基本思想和特点。
- 掌握针对具体问题设计回溯法的基本方法和步骤。
- 通过在典型问题（如旅行商问题、0-1 背包问题等）上应用回溯法，掌握使用回溯法求解问题的基本方法和步骤，并且能够熟练编写程序实现算法。
- 了解回溯法的效率估计方法。

任务 6：分支限界法。

主要内容：

- 分支限界法的基本思想。
- 0-1 背包问题。
- 旅行商问题。
- 图的 m 着色问题。
- 分支限界法与回溯法的比较。

基本要求：

- 了解分支限界法的应用范围，理解分支限界法的基本思想和特点。
- 掌握针对具体问题设计分支限界法的基本方法和步骤。
- 通过在典型问题（如 m 着色问题、旅行商问题、0-1 背包问题等）上应用分支限界法，掌握使用分支限界法求解问题的基本方法和步骤，并且能够熟练编写程序实现算法。
- 了解分支限界法的效率估计方法。

任务 7：线性规划与网络流。

主要内容：
- 线性规划的基本概念、定理及单纯形算法。
- 最大网络流问题的解法。
- 最小费用流问题的解法。

基本要求：
- 了解线性规划模型的特点、线性规划问题的标准型及退化处理。
- 掌握线性规划问题解的概念、有关解的基本定理。
- 掌握单纯形算法的原理和求解方法。
- 掌握最大网络流问题的求解方法和最小费用流问题的求解方法。

任务 8：随机化算法。

主要内容：
- 随机化算法的类型及特点。
- 随机数发生器。
- 数值随机化算法。
- 蒙特卡罗算法。
- 拉斯维加斯算法。
- 舍伍德算法。

基本要求：
- 了解随机化算法的基本特征。
- 理解数值随机化算法、舍伍德算法、拉斯维加斯算法、蒙特卡罗算法的特点和应用范围。
- 掌握素数测试、整数的因子分解等随机化算法。

任务 9：NP 完全性理论。

主要内容：
- P 类和 NP 类问题。
- NP 完全问题。
- NP 完全问题的近似算法。

基本要求：
- 了解 P 类和 NP 类问题。
- 理解 NP 完全问题及其近似算法。

### 6. 考核方案

1）教学任务考核方案

“算法分析与设计”课程的教学任务考核方案如表 3-144 所示。

表 3-144 “算法分析与设计”课程的教学任务考核方案

| 序号 | 教学任务 | 考核标准 | 考核方式 | 证据材料 |
|---|---|---|---|---|
| 1 | 算法概述 | 1. 理解算法的基本概念、复杂度的衡量方法 | 考试 | 考试记录 |
| | | 2. 掌握渐进复杂度的概念及渐进意义下的记号 | | |
| | | 3. 掌握时间复杂度建立的依据和递推方程求解的方法 | | |
| 2 | 贪心算法 | 1. 了解贪心算法的应用范围，理解贪心算法的基本思想的特点 | 考试 | 考试记录 |
| | | 2. 掌握典型问题的精巧贪心算法（会场安排问题、最短路径问题的 Dijkstra 算法，求最小生成树的 Kruskal 算法和 Prim 算法，等等）的基本思想，能够应用贪心算法解决实际工程中遇到的问题。通过这些应用，掌握使用贪心策略设计算法的关键步骤，熟悉算法的分析方法及算法正确性的证明方法 | | |
| 3 | 分治算法 | 1. 了解分治算法的应用范围，理解分治算法的基本思想和特点 | 考试 | 考试记录 |
| | | 2. 掌握设计分治算法的基本步骤，掌握使用分治策略设计典型问题的精巧算法，如二分搜索算法、排序算法、选择问题算法等 | | |
| | | 3. 理解算法的设计思想、分析方法及复杂度结论，能够在指定问题实例上模拟算法的执行过程 | | |
| 4 | 动态规划 | 1. 了解动态规划算法的应用范围，理解动态规划算法的基本思想和特点，掌握设计算法的基本步骤 | 考试 | 考试记录 |
| | | 2. 掌握典型问题（如最长公共子序列问题、矩阵连乘问题、加工顺序问题、0-1 背包问题及最优二叉查找树问题等）的动态规划算法，能够在指定问题实例上模拟算法的执行过程 | | |
| | | 3. 能够通过这些典型应用，掌握使用动态规划策略设计算法的关键步骤 | | |
| 5 | 回溯法 | 1. 了解回溯法的应用范围，理解回溯法的基本思想和特点 | 考试 | 考试记录 |
| | | 2. 掌握针对具体问题设计回溯法的基本方法和步骤 | | |
| | | 3. 通过在典型问题（如旅行商问题、0-1 背包问题等）上应用回溯法，掌握使用回溯法求解问题的基本方法和步骤，并且能够熟练编写程序实现算法 | | |
| | | 4. 了解回溯法的效率估计方法 | | |
| 6 | 分支限界法 | 1. 了解分支限界法的应用范围，理解分支限界法的基本思想和特点 | 考试 | 考试记录 |
| | | 2. 掌握针对具体问题设计分支限界法的基本方法和步骤 | | |
| | | 3. 通过在典型问题（如 m 着色问题、旅行商问题、0-1 背包问题等）上应用分支限界法，掌握使用分支限界法求解问题的基本方法和步骤，并且能够熟练编写程序实现算法 | | |
| | | 4. 了解分支限界法的效率估计方法 | | |
| 7 | 线性规划与网络流 | 1. 了解线性规划模型的特点、线性规划问题的标准型及退化处理 | 考试 | 考试记录 |
| | | 2. 掌握线性规划问题解的概念、有关解的基本定理 | | |
| | | 3. 掌握单纯形算法的原理和求解方法 | | |
| | | 4. 掌握最大网络流问题的求解方法和最小费用流问题的求解方法 | | |

续表

| 序号 | 教学任务 | 考核标准 | 考核方式 | 证据材料 |
| --- | --- | --- | --- | --- |
| 8 | 随机化算法 | 1．了解随机化算法的基本特征 | 考试 | 考试记录 |
| | | 2．理解数值随机化算法、舍伍德算法、拉斯维加斯算法、蒙特卡罗算法的特点和应用范围 | | |
| | | 3．掌握素数测试、整数的因子分解等随机化算法 | | |
| 9 | NP 完全性理论 | 1．了解 P 类和 NP 类问题 | 考试 | 考试记录 |
| | | 2．理解 NP 完全问题及其近似算法 | | |

“算法分析与设计”课程注重对学生学习过程的考评，会对 9 个任务分别进行考评，在训练项目结束后设置考核，用于考核学生的理论和动手操作能力。在本课程结束后，会综合各个任务的考核结果，对学生的成绩和各项素质进行全面评价。总评成绩的计算公式如下：

总评成绩=任务成绩×50%+期中成绩×20%+期末成绩×30%

2）通用能力与职业素质目标考核方案

“算法分析与设计”课程的通用能力与职业素质目标考核方案如表 3-145 所示。

**表 3-145　“算法分析与设计”课程的通用能力与职业素质目标考核方案**

| 通用能力与职业素质 | 考核标准（三级基准） | 考核方式 | 证据材料 |
| --- | --- | --- | --- |
| C1 语言文字能力 | 1．发音准确，书面表达字迹工整，书面文体基本符合规范且清晰 | 成果汇报 | 作业报告、项目报告 |
| | 2．发音准确，口头表达有条理；书面表达字迹工整，语句基本通顺；书面文体基本符合规范 | | |
| | 3．发音准确，口头表达条理清晰；书面表达字迹工整，语句通顺，含义清楚；书面文体符合规范 | | |
| D1 科学思维能力 | 1．具有基本的逻辑思维能力，具有基本的数学计算能力 | 成果汇报、笔试 | 作业报告、试卷 |
| | 2．具有一定的逻辑思维能力，具有一定的数学计算能力，能够针对问题提出解决方案 | | |
| | 3．能够运用逻辑思维方法进行问题研究，能够运用数学方法进行基本计算和定量分析，能够针对问题提出合理、有效的解决方案 | | |
| E1 沟通交流能力 | 1．有沟通意识，能够准确表达自己的意见 | 成果汇报 | 现场考核记录 |
| | 2．有主动沟通的意识，能够理解他人的问题，能够正确表达自己的意见 | | |
| | 3．养成认真倾听的习惯，能够理解他人的问题，能够正确表达自己的意见，具有换位思考意识 | | |
| F2 环保意识 | 1．能够保持学习和工作场所的环境卫生，能够保持工作服装等用品的卫生整洁 | 课堂考评 | 现场考核记录 |
| | 2．能够保持、维护学习和工作场所的环境卫生，能够自觉保持工作服装等用品的卫生整洁 | | |
| | 3．能够自觉保持、主动维护学习和工作场所的环境卫生；能够自觉保持工作服装等用品的卫生整洁；在学习和工作中，表现出节能、环保意识 | | |

续表

| 通用能力与职业素质 | 考核标准（三级基准） | 考核方式 | 证据材料 |
|---|---|---|---|
| G1 批判性思维 | 1．能够独立思考，但质疑辨析的能力不足 | 成果汇报、笔试 | 项目报告、试卷 |
| | 2．具有独立思考的精神，勇于表达观点 | | |
| | 3．具有独立思考的精神，敢于挑战权威，在质疑的同时，能够进一步提出建设性意见 | | |

## 7．教学文件资源的开发意见

1）课程教学设计方案的编写意见

教学设计方案会以课程标准为依据，设计各阶段的学习内容，提出与之相关的项目，使课程的前后内容衔接。

2）项目指导书（教学案例集）、校本教材等教学资料的开发思路与意见

项目指导书应在学习内容、学习方法、容易出现的问题及如何解决等方面给学生提供指导，从职业能力目标出发，与课程内容紧密相连。

3）网络课程相关文件的开发思路与意见

学习指南是教师提供给学生的指导性资料，教师应当在学习指南中写明课程的整体课时安排，使学生明确学习思路，增强学生学习的主动性。

课件应该直观易懂，有利于学生理解任务要求，帮助学生更好地完成具体任务。

## 8．教学资源的使用建议

1）教学设施资源的使用建议

“算法分析与设计”课程可以利用的设施资源包括教室和实训中心。

2）教学文件资源的使用建议

“算法分析与设计”课程的教学文件资源包括教学案例集、训练项目集、教学讲义、学习系统软件。

# 参考文献


[1] 中共中央办公厅，国务院办公厅. 关于深化教育体制机制改革的意见[EB/OL].（2017-09-24）[2018-12-18].

[2] 国务院办公厅. 国务院办公厅关于深化产教融合的若干意见[EB/OL].（2017-12-19）[2018-12-18].

[3] 北京市人民政府. 北京市人民政府关于加快发展现代职业教育的实施意见[EB/OL].（2015-12-09）[2018-12-18].

[4] 北京市教育委员会. 北京市教育委员会关于开展高端技术技能人才贯通培养试验的通知[Z]. 2015-03-19.

[5] 郭晨. 高端技术技能人才贯通培养的理论依据探索——以北京市为例[J]. 中国职业技术教育，2018（36）：83-87.

[6] 北京市教育委员会. 北京市教育委员会关于2021年开展高端技术技能人才贯通培养的通知[Z]. 2021-04-21.

[7] 徐国庆. 课程衔接体系：现代职业教育体系构建的基石[J]. 中国职业技术教育，2014（21）：187-191.

[8] 刘茂祥. 普职沟通视阈下高中阶段学生核心素养与学校课程改革浅析[J]. 职教论坛，2017（12）：74-80.

[9] 刘宇陆，袁翔，张金福. 地方本科院校主动融入现代职业教育体系的实践与创新——以上海应用技术学院为例[J]. 中国高教研究，2015（5）：59-63.

[10] 柯婧秋，石伟平. “高本贯通”的政策逻辑、关键问题及理性实践[J]. 职教论坛，2018（06）：86-91.

[11] 王廷梅，陈艳燕，杨芳. 高端技术技能人才贯通培养课程体系的构建方法及关键实施策略[J]. 中国职业技术教育，2021（32）：17-22，29.

[12] 刘柏森，王刚，赵莉莉. 高校课程思政的理论探源与教育实践[J]. 哈尔滨学院学报，2022，43（01）：133-136.

# 附录 A 北京市教育委员会贯通培养政策

## A.1 北京市教育委员会关于开展高端技术技能人才贯通培养试验的通知

各区县教委，各有关高等院校、中等职业学校，教育考试院、教育科学研究院：

为深入推进教育领域综合改革，适应国家和首都经济社会发展、产业转型升级需要，探索培养高端技术技能人才的新路径，根据《国务院关于加快发展现代职业教育的决定》（国发 2014〔19〕号）精神，结合我市实际，我委决定开展高端技术技能人才贯通培养试验。现将有关事项通知如下：

**一、指导思想**

坚持立德树人、全面发展，深化职业教育教学改革，探索实施素质教育的新途径；打破体制机制障碍，整合融通各级各类优质教育资源，探索优质高效育人的教育发展新模式；促进教育公平，完善职业教育体系，构建人才培养“立交桥”，为学生成长成才提供更多更好的发展机会；对接首都经济社会发展和产业转型升级需要，改革专业设置，调整教学计划，全面加强校企合作，培养高端技术技能人才；提升职业院校办学水平和教育质量，增强职业教育对首都经济社会发展的贡献力和影响力。

**二、培养模式**

自 2015 年起，支持部分职业院校与示范高中、本科院校、国内外大企业合作，选择对接产业发展的优势专业招收初中毕业生，完成高中阶段基础文化课学习后，接受高等职业教育和本科专业教育（其中本科教育通过专升本转段录取）。

（一）高等职业院校招生模式

前2年在高等职业院校接受基础文化课程教育（示范高中协作培养），中间3年在高等职业院校接受专业课程及职业技能教育，后2年对接市属高校接受本科专业教育。

（二）中等职业学校招生模式

前3年在中等专业学校接受基础文化课程和专业基础课程教育，中间2年在市属高校（护理专业为3年）接受高等职业教育，后2年接受本科专业教育。

本项目的试验内容和试验范围每年可根据改革实际需要进行相应调整。

## 三、招生管理

（一）招生对象

符合当年中考升学资格的本市正式户籍考生。

（二）计划及录取

参与试验的职业院校（含本科高校的高等职业教育阶段，以下简称试验院校）、专业及招生人数见附件；招生计划将通过提前招生（分区县分配计划）和统一招生两种方式下达，并设定统一的最低录取分数线，各学校可在此基础上自行设定本学校的录取分数线。具体招生依据教育考试院当年招生管理办法进行录取。

## 四、学籍管理

对高等职业院校招录的学生，1至3学年执行中等专业学校学籍管理办法，4至5学年执行高等职业学校学籍管理办法，完成5年学习任务成绩合格者取得高等职业教育毕业证书；完成高等职业教育阶段学习通过专升本转段考试进入本科阶段学习，完成6至7学年学习任务成绩合格者，取得普通高等教育本科层次（专升本）毕业证书。

对中等职业学校招录的学生，1至3学年执行中等专业学校学籍管理办法；完成3年学习任务，成绩合格者取得普通中等专业教育毕业证书；4至5学年进入高等职业教育阶段学习，成绩合格者取得高等职业教育毕业证书；完成高等职业教育阶段学习通过专升本转段考试进入本科阶段学习，完成6至7学年学习任务成绩合格者，取得普通高等教育本科层次（专升本）毕业证书。

学生在第3学年，符合高考报名条件的，可以中等专业学校应届毕业生身份报名参加当年普通高等学校招生考试，被录取者不再保留贯通培养资格。

## 五、教育教学

（一）整合优质教育资源，聚焦创新人才培养

1. 基础文化课教育通过引进先进高中课程和示范高中对口合作等方式予以强化；本科教育阶段与市属本科高校联合培养。

2. 瞄准首都高端产业结构，在调整改造试验项目院校现有专业的基础上，建设一批针对试验项目学生培养的高端专业。

3. 学生在校学习期间，选拔部分优秀学生到国外高水平大学进行为期半年到一年的访学研修。

4. 试验院校要与合作院校和合作企业建立联合培养机制，共同设计一体化人才培养方

案，整合校内外教师、设施、实验、实训等资源，构建整体设计、系统培养、贯通实施、校企合作、协同育人的人才培养新机制。

（二）深化教育教学改革，着力提升学生面向未来的核心素养

1. 学生入学后基础文化课程教育阶段不分专业，进入专业课程教育阶段可按学校规定申请调整专业。

2. 基础文化课程整合先进高中课程体系，开展通识教育和大学先修课程，培育和践行社会主义核心价值观，提升学生的人文素养、科学素养、健康素养，增强学生创新精神、实践能力和社会责任感，培养学生国际交往能力和可持续发展能力。

3. 专业教育课程瞄准高精尖产业人才需求，通过与国内外高水平大学、国际大型企业的合作联合培养，共同制定人才培养方案和计划，培养国际化、高水平、创新型、复合型人才。

4. 全方位推动教学组织、教学方法、教育科研、教学评价、教学资源开发利用创新，推行小班化教学、选课制、走班制、学分制、导师制，实施启发式、参与式、讨论式、探究式等教学改革，充分激发学生学习兴趣，切实增强学生自主学习能力。

## 六、组织领导

（一）加强组织领导

市教委成立“高端技术技能人才贯通培养试验”工作领导小组，指导相关学校做好改革试验的各项工作，协调解决试验推进过程中的重大问题。领导小组下设工作办公室，统筹协调开展试验的具体组织实施工作。

各区县教委要加强对招生工作的领导，做好初中毕业生升学辅导工作。北京教育考试院要研究制定招生录取办法，并认真组织实施。北京教育科学研究院要加强对试验实施过程的跟踪研究和质量监测。

（二）保障经费投入

对试验院校开展改革试验所需经费按照学生人数给予保障。保障经费主要用于教师聘用与培训、课程购买与开发、学生实习实训、名师工作室建设、购买社会服务等。

支持试验院校通过合作办学、政府购买服务等方式，引进国内外优质教育资源。支持试验院校从国内外引进紧缺优秀师资和管理人员，可以实行聘用制，并保障相应的薪酬待遇。

学生境外访学研修经费，按照市属高校外培计划相关标准另行安排。

学生进入本科教育阶段所需经费保障办法，由市教委会同市财政局参照职业教育阶段经费保障原则另行研究制定。

（三）明确各方责任

试验院校是贯通培养试验的责任主体，要成立由主要领导任组长、分管领导任副组长，相关部门参加的工作领导小组。科学制定实施方案与工作计划，完善工作机制，明确任务分工，精心组织实施，扎实推进各项工作。要积极与合作的示范高中和本科高校建立紧密联系，签订合作协议，明确各方责任，建立健全协作机制，推进资源共享，实现优势互补。

与试验院校合作的示范高中要责成一名校领导具体负责合作教学管理工作，指定各学

科带头人指导基础文化课程的教学工作，选派部分优秀骨干教师通过兼职兼课等形式直接承担教学任务；协助试验院校制定课程标准、选用教材、开发教材；协助试验院校进行实验室建设；接受试验院校相关教师培训或挂职。

对接试验院校的本科高校要积极参与一体化人才培养方案的整体设计，做好与试验院校在招生录取、专业建设、课程改革、质量评价等方面的衔接工作，确保人才培养质量。

贯通培养试验工作中的重大问题，试验院校要及时上报市教委。

北京市教育委员会
2015 年 3 月 13 日

## A.2　北京市教育委员会关于 2016 年开展高端技术技能人才贯通培养试验的通知

各区教委，各有关高等院校、中等职业学校，教育考试院、教育科学研究院：

为深入推进教育领域综合改革，探索培养高端技术技能人才的新路径，根据《北京市关于加快发展现代职业教育的实施意见》（京政发〔2015〕57 号）精神，在 2015 年部分职业院校开展高端技术技能人才贯通培养试验的基础上，经市教委 2016 年第 9 次主任办公会和市委教育工委第 10 次委员会研究通过，决定 2016 年进一步扩大试验范围，现将有关事项通知如下：

**一、指导思想**

坚持立德树人、全面发展，深化职业教育教学改革，探索实施素质教育的新途径；打破体制机制障碍，整合融通各级各类优质教育资源，探索优质高效育人的教育发展新模式；促进教育公平，完善职业教育体系，构建人才培养“立交桥”，为学生成长成才提供更多更好的发展机会；对接首都经济社会发展和产业转型升级需要，改革专业设置，调整教学计划，全面加强校企合作，培养高端技术技能人才；提升职业院校办学水平和教育质量，增强职业教育对首都经济社会发展的贡献力和影响力。

**二、项目类别及培养模式**

（一）高端技术技能人才贯通培养项目

支持部分职业院校与优质高中、本科高校、国内外企业协作，选择对接产业发展的优势专业开展高等职业教育和本科专业教育（其中本科教育通过专升本转段录取）。

1. 高等职业院校招生。前 2 年在高等职业院校接受基础文化课程教育，中间 3 年在高等职业院校接受专业课程及职业技能教育，后 2 年对接市属高校接受本科专业教育。

2. 中等职业学校招生。前 3 年在中等专业学校接受基础文化课程和专业基础课程教育，中间 2 年在市属高校（护理专业为 3 年）接受高等职业教育，后 2 年接受本科专业教育。

（二）高级外语人才培养项目

以北京第二外国语学院为招生单位，与职业院校和市属本科高校协作，培养高层次、高素质的高级翻译人才（其中本科教育通过专升本转段录取）。

1. 非通用语及高级翻译。前 3 年中等职业教育阶段和中间 2 年高等职业教育阶段由二外进行培养，后 2 年本科阶段由二外和国外大学进行联合培养。

2. “外语+”项目。由北京第二外国语学院与各高等职业院校联合培养。

（三）学前教育与基础教育师资培养项目

以北京城市学院、首都师范大学、北京联合大学、北京第二外国语学院为招生单位，培养学前教育与基础教育教师（其中本科教育通过专升本转段录取）。

前 3 年中等职业教育阶段由市属本科高校与普通高中进行联合培养，学习高中课程及相关职业教育课程。中间 2 年高等职业教育阶段和后 2 年本科阶段由市属高校进行培养。

（四）高精尖创新人才培养试验项目

以北京电子科技职业学院为招生单位，与市属高校、中央高校的高精尖创新中心合作，培养高精尖创新应用型人才（其中本科教育通过专升本转段录取）。

前 3 年在电子科技职业学院接受基础文化课程教育及相应职业教育，后 4 年由高职院校、市属高校及各高校高精尖创新中心联合培养。中间 2 年保留电子科技职业学院学籍，最后 2 年保留市属高校学籍。

（五）中外国际学院贯通培养项目

以北京电子科技学院为招生单位，与市属高校、中央高校国际学院合作，培养高水平技术技能人才（其中本科教育通过专升本转段录取）。

前 3 年在电子科技职业学院接受基础文化课程教育及相应职业教育，后 4 年由高职院校、市属高校及各中央高校国际学院联合培养。中间 2 年保留电子科技职业学院学籍，最后 2 年保留市属高校学籍。

## 三、招生管理

（一）招生对象

具有本市正式户籍且具有同一学校连续三年正式学籍的应届初中毕业生（须参加 2016 年中考）。学籍信息依据北京市中小学信息管理系统（CMIS）确定。往届生、外省回京报名考生、回户籍报考考生不能报考。

（二）招生计划（见附表）

第一类包括，高端技术技能人才贯通培养项目外培班、非通用语和高级翻译项目、高精尖创新人才培养项目、中外国际学院贯通培养项目（以下简称“贯通一”），招生计划共 1460 人；

第二类包括，高端技术技能人才贯通培养项目内培班、北京第二外国语学院“外语+”项目（以下简称“贯通二”），招生计划共 4950 人；

第三类包括，学前教育与基础教育师资培养项目（以下简称“贯通三”），招生计划共 1412 人。

（三）招生录取

贯通一和贯通二招生计划按专业大类分区下达，名额分配到初中校，接收贯通项目名额的初中校由各区教委确定（原则上与名额分配一致）。贯通三招生计划按专业大类下达到各区。

招生计划全部通过提前招生的方式进行，按项目和专业类别设置最低录取分数线。具体招生录取方式参见教育考试院当年招生管理办法。

（四）学校推荐生工作

学校可推荐在文艺、体育及社会综合活动等方面表现突出的学生参加贯通一和贯通二的录取，贯通一和贯通二招生计划的 20%用于招收学校推荐生。各初中校要做好推荐生的确定工作，按本校名额的 20%自行确定本校的推荐生，并进行公示，保证推荐工作公开透明。

## 四、学籍管理

（一）对于高等职业院校和本科高校招录的学生，1 至 3 学年执行中等专业学校学籍管理办法，4 至 5 学年执行高等职业学校学籍管理办法，完成 5 年学习任务成绩合格者取得高等职业教育毕业证书；完成高等职业教育阶段学习通过专升本转段考试进入本科阶段学习，完成 6 至 7 学年学习任务成绩合格者，取得普通高等教育本科层次（专升本）毕业证书。

（二）对中等职业学校招录的学生，1 至 3 学年执行中等专业学校学籍管理办法；完成 3 年学习任务，成绩合格者取得普通中等专业教育毕业证书；4 至 5 学年进入高等职业教育阶段学习，成绩合格者取得高等职业教育毕业证书；完成高等职业教育阶段学习通过专升本转段考试进入本科阶段学习，完成 6 至 7 学年学习任务成绩合格者，取得普通高等教育本科层次（专升本）毕业证书。

（三）学生在第 3 学年，符合高考报名条件的，可以中等专业学校应届毕业生身份报名参加当年普通高等学校招生考试，被录取者不再保留贯通培养资格。

（四）允许学生完成高等职业教育并通过专升本转段考试取得本科学籍后创业，学生可按本科院校相关规定申请休学创业。

## 五、教育教学

（一）整合优质教育资源，聚焦创新人才培养

1. 基础文化课教育通过引进优质高中课程方式予以强化；本科教育阶段与市属本科高校、中央部委所属高校联合培养。

2. 外培班学生在校学习期间，达到国外院校专业考核标准及该国家语言水平要求，可进入国外院校访学研修或接受学历教育。

3. 试验院校要与合作院校、合作企业和国外合作单位建立联合培养机制，并签订合作协议。共同设计一体化人才培养方案，整合校内外教师、设施、实验、实训等资源，构建整体设计、系统培养、贯通实施、校企合作、协同育人的人才培养新机制。

4. 学生入学后基础文化课程教育阶段不分专业，进入专业课程教育阶段可按学校规定申请相应专业。

（二）深化教育教学改革，着力提升学生面向未来的核心素养

1. 基础文化课程整合优质高中课程体系，开展通识教育和大学先修课程，培育和践行社会主义核心价值观，提升学生的人文素养、科学素养、健康素养，增强学生创新精神、实践能力和社会责任感，培养学生国际交往能力和可持续发展能力。

2. 专业教育课程瞄准高精尖产业人才需求，通过与国内外高水平大学、国际大型企业的合作联合培养，共同制定人才培养方案和计划，培养国际化、高水平、创新型、复合型人才。

3. 全方位推动教学组织、教学方法、教育科研、教学评价、教学资源开发利用创新，推行小班化教学、选课制、走班制、学分制、导师制，实施启发式、参与式、讨论式、探究式等教学改革，充分激发学生学习兴趣，切实增强学生自主学习能力。

## 六、组织领导

（一）加强组织领导

1. 市教委成立贯通培养试验工作领导小组，相关处室按照责任分工指导相关学校做好改革试验的各项工作，协调解决试验推进过程中的重大问题，指导各区、各试验院校做好相关政策解读。领导小组下设工作办公室，统筹协调开展试验的具体组织实施工作。

2. 各区教委要加强对招生工作的领导，做好初中毕业生升学辅导工作。北京教育考试院要研究制定招生录取办法，并认真组织实施。北京教育科学研究院要加强对试验实施过程的跟踪研究和质量监测。

（二）保障经费投入

1. 对试验院校开展改革试验所需经费按照学生人数给予保障。保障经费主要用于教师聘用与培训、课程购买与开发、学生实习实训、名师工作室建设、购买社会服务等。

2. 支持试验院校通过合作办学、政府购买服务等方式，引进国内外优质教育资源。支持试验院校从国内外引进紧缺优秀师资和管理人员，可以实行聘用制，并保障相应的薪酬待遇。

3. 学生在国外学习期间享受政府专项经费支持，在国内学习期间根据学校规定享受相关奖学金政策。学生境外访学研修经费和进入本科教育阶段所需经费的保障办法，由市教委会同市财政局另行研究制定。

（三）明确各方责任

1. 试验院校是贯通培养试验的责任主体，要成立由主要领导任组长、分管领导任副组长，相关部门参加的工作领导小组。要积极与各合作单位建立紧密联系，签订合作协议，明确各方责任，建立健全协作机制，推进资源共享，实现优势互补。科学制定实施方案与工作计划，精心组织实施，做好项目风险评估和相关调整预案，扎实推进各项工作。

2. 与试验院校合作的优质高中要责成一名校领导具体负责合作教学管理工作，指定各学科带头人指导基础文化课程的教学工作，选派部分优秀骨干教师通过兼职兼课等形式直接承担教学任务；协助试验院校制定课程标准、选用教材、开发教材；协助试验院校进行实验室建设；接受试验院校相关教师培训或挂职。

3. 对接试验院校的本科高校要积极参与一体化人才培养方案的整体设计，做好与

试验院校在招生录取、专业建设、课程改革、质量评价等方面的衔接工作，确保人才培养质量。

4. 贯通培养试验工作中的重大问题，试验院校要及时上报市教委。

北京市教育委员会
2016 年 5 月 11 日

## A.3 北京市教育委员会关于 2017 年开展高端技术技能人才贯通培养试验的通知

各区教委，各有关高等院校、中等职业学校，教育考试院、教育科学研究院：

为深入推进教育领域综合改革，探索培养高端技术技能人才的新路径，根据《北京市关于加快发展现代职业教育的实施意见》（京政发〔2015〕57 号）精神，经市教委 2017 年第 9 次主任办公会研究通过，按照“稳中求进、优化完善”的工作原则，决定 2017 年继续扎实推进高端技术技能人才贯通培养试验，现将有关事项通知如下：

**一、指导思想**

坚持立德树人、全面发展，深化职业教育教学改革；坚持职业教育的培养方向，探索实施素质教育的新途径；促进教育公平，完善职业教育体系，构建人才培养“立交桥”，为学生成长成才提供更多更好的发展机会；对接首都经济社会发展和产业转型升级需要，改革专业设置，调整教学计划，全面加强校企合作，培养高端技术技能人才；提升职业院校办学水平和教育质量，增强职业教育对首都经济社会发展的贡献力和影响力。

**二、项目类别**

（一）高端技术技能人才贯通培养项目

以北京市重点高等职业院校和中等职业学校为招生单位，与优质高中、本科高校、国内外企业协作，选择对接产业发展的优势专业开展高等职业教育和本科专业教育（其中本科教育通过专升本转段录取）。

（二）高级外语人才培养项目

以北京第二外国语学院为招生单位，培养高层次、高素质、高水平的外语人才。包括非通用语和“外语+”项目。（其中本科教育通过专升本转段录取）。

（三）学前教育与基础教育师资培养项目

以首都师范大学、北京第二外国语学院、北京联合大学、北京城市学院、北京财贸职业学院为招生单位，培养学前教育与基础教育教师（其中本科教育通过专升本转段录取）。

**三、招生管理**

（一）招生对象

符合当年中考升学资格的本市正式户籍考生。

（二）招生计划（见附表）

2017 年计划招生 6760 人，其中：高端技术技能人才贯通培养项目招生计划 5090 人，高级外语人才培养项目招生计划 220 人，学前教育与基础教育师资培养项目招生计划 1450 人。

（三）招生录取

所有招生计划全部通过提前招生的方式进行，按专业大类下达到各区。按项目和专业类别设置最低录取分数线。具体招生录取方式参见市教育考试院当年招生管理办法。

## 四、学籍管理

（一）对于高等职业院校和本科高校招录的学生，1 至 3 学年执行中等专业学校学籍管理办法，4 至 5 学年执行高等职业学校学籍管理办法，完成 5 年学习任务成绩合格者取得高等职业教育毕业证书；完成高等职业教育阶段学习通过专升本转段考试进入本科阶段学习，完成 6 至 7 学年学习任务成绩合格者，取得普通高等教育本科层次（专升本）毕业证书。

（二）对于中等职业学校招录的学生，1 至 3 学年执行中等专业学校学籍管理办法；完成 3 年学习任务，成绩合格者取得普通中等专业教育毕业证书；4 至 5 学年进入高等职业教育阶段学习，成绩合格者取得高等职业教育毕业证书；完成高等职业教育阶段学习通过专升本转段考试进入本科阶段学习，完成 6 至 7 学年学习任务成绩合格者，取得普通高等教育本科层次（专升本）毕业证书。

（三）依据学生个人意愿，允许学生在完成中等职业教育或高等职业教育时提前毕业，由学籍所在学校颁发相应学段的毕业证书。本科院校招录的学生只能在完成高等职业教育时提前毕业。提前毕业者不再具有贯通培养资格。

## 五、教育教学

（一）整合优质教育资源，聚焦创新人才培养

1. 基础文化课教育可以引进优质高中课程方式予以强化；本科教育阶段与市属本科高校联合培养。

2. 学生在校学习期间，综合成绩优秀者通过中外双方设置的选拔机制，同时达到国外院校专业考核标准及该国家语言水平要求，由政府给予部分资助进入国外院校开展访学研修。

3. 试验院校要与合作院校、合作企业和国外合作单位建立联合培养机制，并签订合作协议。共同设计一体化人才培养方案，整合校内外教师、设施、实验、实训等资源，构建整体设计、系统培养、贯通实施、校企合作、协同育人的人才培养新机制。

4. 学生入学后基础文化课程教育阶段不分专业，进入专业课程教育阶段可按学校规定申请相应专业。

（二）深化教育教学改革，着力提升学生面向未来的核心素养

1. 基础文化课程按照素质教育的理念搭建课程体系，开展通识教育，引入大学先修课

程和创新创业课程，培育和践行社会主义核心价值观，提升学生的人文素养、科学素养、健康素养，增强学生创新精神、实践能力和社会责任感，培养学生国际交往能力和可持续发展能力。

2. 专业教育课程瞄准高精尖产业人才需求，通过与国内外高水平大学、国际大型企业的合作联合培养，共同制定人才培养方案和计划，培养国际化、高水平、创新型、复合型人才。

3. 全方位推动教学组织、教学方法、教育科研、教学评价、教学资源开发利用创新，推行小班化教学、选课制、走班制、学分制、导师制，实施启发式、参与式、讨论式、探究式等教学改革，充分激发学生学习兴趣，切实增强学生自主学习能力。

## 六、组织领导

### （一）加强组织领导

1. 市教委成立贯通培养试验工作领导小组，相关处室按照责任分工指导相关学校做好改革试验的各项工作，协调解决试验推进过程中的重大问题，指导各区、各试验院校做好相关政策解读。领导小组下设工作办公室，统筹协调开展试验的具体组织实施工作。

2. 各区教委要加强对招生工作的领导，做好初中毕业生升学辅导工作。北京教育考试院要研究制定招生录取办法，并认真组织实施。北京教育科学研究院要加强对试验实施过程的跟踪研究和质量监测。

### （二）保障经费投入

各试验院校开展改革试验所需经费，按照财政相关预算管理规定予以保障。

### （三）明确各方责任

1. 试验院校是贯通培养试验的责任主体，要成立由主要领导任组长、分管领导任副组长，相关部门参加的工作领导小组。要积极与各合作单位建立紧密联系，签订合作协议，明确各方责任，建立健全协作机制，推进资源共享，实现优势互补。科学制定实施方案与工作计划，精心组织实施，做好项目风险评估和相关调整预案，扎实推进各项工作。

2. 试验院校要加强教师培训力度，按照素质教育的目标和要求，逐步建立适应贯通培养试验项目的教师队伍，尤其要注重基础文化课程阶段的教师队伍建设。继续聘请高水平外籍教师参与改革试验，逐步将外籍教师教授的课程从语言类课程向专业技术类课程转移。

3. 对接试验院校的本科高校要积极参与一体化人才培养方案的整体设计，做好与试验院校在招生录取、专业建设、课程改革、质量评价等方面的衔接工作，确保人才培养质量。

4. 贯通培养试验工作中的重大问题，试验院校要及时上报市教委。

北京市教育委员会<br>2017 年 3 月 28 日

## A.4 北京市教育委员会关于做好 2018 年高级中等学校考试招生工作的意见

各区教委，有关委办局（总公司），有关高等学校、中专学校：

为贯彻落实《北京市“十三五”时期教育改革和发展规划》确定的目标和任务，促进教育公平，提高教育质量，稳步推进高中阶段教育考试招生制度改革，现就做好 2018 年本市高级中等学校考试招生工作提出如下意见。

**一、指导思想**

深入贯彻落实习近平新时代中国特色社会主义思想和党的十九大精神，稳妥推进我市中考中招改革，全面普及高质量多样化的高中阶段教育，主动适应首都城市战略定位和国际一流和谐宜居之都建设对多样化高素质人才的需求，以推进教育公平优质为出发点，突出重点、完善制度、引导预期，保证考试招生工作规范有序进行，努力让每个孩子都能享有公平而有质量的教育。

**二、招生计划编制和招生政策**

（一）2018 年本市各类高级中等学校招生规模为 6.8 万人，其中普通高中招生规模 4.8 万人，中等职业教育招生规模 2 万人。中等职业教育招生规模中，普通中等专业学校招生规模 0.6 万人，职业高中招生规模 0.4 万人，技工学校招生规模 0.4 万人；贯通培养项目招生规模 0.5 万人，五年制高职招生规模 0.1 万人。

（二）高级中等学校招生计划的编制按市、区两级管理权限和工作程序进行。市教委负责对全市各类高级中等学校招生计划的宏观管理、统筹和指导；市教委和市发展改革委联合下达普通中等专业学校和有关高等学校分学校分专业招生计划；市人力社保局负责安排技工学校分学校招生计划；各区教委负责安排本区普通高中和职业高中分学校招生计划。请各相关部门和学校将编制的招生计划于 2018 年 3 月 20 日前报市教委和北京教育考试院。全市各类高级中等学校招生计划需经市区教育部门或相关部门审核后以文件形式下达，并刊登招生简章。

（三）普通高中招生要统筹安排，适度规模。公办普通高中计划要依据《北京市中小学校办学条件标准》（京教策〔2005〕8 号），每班不超过 45 人。同时，要适应我市高考综合改革要求，结合国家课程方案和课程标准的调整，进一步完善课程计划，推进走班制教育，满足学生自主选课需求，保障学校教室、设施设备等条件保障。

（四）进一步完善优质高中“市级统筹”“名额分配”等多种招生方式，统筹优质教育资源配置，促进义务教育优质均衡发展。名额分配批次计划占优质高中招生计划比例达到 50%以上，一般公办初中升入优质高中比例达到 40%以上。

（五）各区要加强对普通高中中外合作办学机构和项目、艺术、体育、科技特长生招生项目测试、特色高中改革试验项目的管理，不得随意增加项目招生规模和变更项目招生方式。

（六）部分示范高中可适当编制跨区招生计划，跨区招生计划重点向优质高中教育资源比较短缺的区和一般初中学校倾斜。城乡一体化普通高中可申请在资源输出区适当编制跨区招生计划。民办高中可在全市范围招生，并根据学校实际情况编制不分区招生计划。普通中等专业学校、技工学校和获得“国家级、省部级重点中等职业学校”称号的职业高中可根据学校办学实际在全市范围招生，不对各区分配计划指标。

（七）完善中高职衔接和高端技术技能人才贯通培养试验项目，打造中等职业教育、高等职业教育和本科层次职业教育贯通式培养立交桥，构建符合首都经济社会发展和产业转型升级需要的现代职业教育体系。

（八）按照《北京市人民政府办公厅关于转发市教委等四部门制订的<进城务工人员随迁子女接受义务教育后在京参加升学考试工作方案>的通知》（京政办发〔2012〕62 号）精神，认真做好进城务工人员随迁子女报考我市中等职业学校的资格审查工作。在规定时间内提出升学申请且通过资格审核的随迁子女考生，可参加 2018 年北京市中等职业学校的考试录取。

三、考试工作

2018 年本市继续将初中毕业会考和高级中等学校招生考试分开进行。所有高级中等学校招收的学生必须参加 2018 年北京市高级中等学校招生考试。

（一）高级中等学校招生文化课考试由北京教育考试院统一命题。文化课考试科目为语文、数学、外语、历史、地理、思想品德、物理、生物（化学）。

中考文化课总分为 540 分。其中语文试卷总分值为 100 分；数学试卷总分值为 100 分；外语试卷总分值为 100 分，其中 60 分为卷面考试成绩，40 分为听力、口语考试，采取计算机考试方式，与统考笔试分离，学生分别于 2017 年 12 月 23 日和 2018 年 3 月 24 日有两次考试机会，取两次成绩中最高成绩与笔试成绩一同组成英语科目成绩计入中考总分。

物理（含开放性科学实践活动 10 分）、生物（化学）（含开放性科学实践活动 10 分）、历史（含综合社会实践活动 10 分）、地理（含综合社会实践活动 10 分）、思想品德（含综合社会实践活动 10 分）五门考试科目原始分满分均为 100 分。学生可以选择其中三个科目参加考试[物理、生物（化学）须至少选择一门]，所选三科成绩，由高到低分别按照 100%、80%、60%的系数折算为实际分数（保留 1 位小数），即：三科折算后实际满分分别为 100 分、80 分和 60 分。各科成绩相加后按四舍五入原则取整。文化课考试科目选考工作安排在初三第二学期。

（二）根据《关于做好 2017 年初中毕业升学体育考试工作的通知》（京教体艺〔2016〕23 号），2018 年体育考试成绩满分 40 分，其中现场考试 30 分，过程性考核 10 分。

（三）高级中等学校招生文化课考试时间为 2018 年 6 月 24 日至 26 日，各科考试安排如下：

| | 6月24日 | 6月25日 | 6月26日 |
|---|---|---|---|
| 上午 | 8:00—10:30<br>语文 | 8:00—9:30<br>英语 | 8:00—9:30<br>生物（化学） |
| | | 10:30—12:00<br>思想品德 | 10:30—12:00<br>历史 |
| 下午 | 14:30—16:30<br>数学 | 14:30—16:00<br>物理 | 14:30—16:00<br>地理 |

## 四、评卷工作

2018年北京市高级中等学校招生考试坚持“统一命题、统一制卷、统一考试、分区评卷”的原则并继续采取网上评卷方式，评卷工作由各区负责组织实施。各区教委要高度重视，加强对本区评卷工作的组织领导和管理，特别是英语听说机考评卷工作。统一协调安排评卷教师和服务人员，从资金设备、技术保障等多方面给予支持，确保2018年全市网上评卷工作的顺利进行。

## 五、招生录取

2018年高级中等学校继续实行考后知分填报志愿。招生录取分为提前招生录取、名额分配招生录取、统一招生录取和补录四个阶段进行。

（一）提前招生录取：经市教委批准的中外合作办学机构和项目、贯通培养试点项目等按照批复文件的精神，可参加提前招生录取。中等职业学校按照本校专业设置和招生要求，可将本校招生总规模的30%列入提前招生。任何学校未经允许不得擅自进行提前招生录取和扩大提前招生规模。

（二）名额分配招生录取：名额分配招生具体志愿填报和录取办法按北京教育考试院相关文件执行。

（三）统一招生录取：按照考试成绩，从高分到低分，依照志愿顺序，择优录取。凡被提前招生录取和名额分配招生录取的考生，不再参加统一招生录取。

（四）补录：在统一招生录取结束后，未完成招生计划的各类高级中等学校可按照市中招办规定的程序进行补录工作。补录只录取参加全市高级中等学校招生考试且未被任何学校录取的考生。

## 六、组织管理

（一）高级中等学校考试招生工作涉及广大人民群众的切身利益，市区相关部门和招生学校要高度重视、精心组织、严格程序、严肃纪律，确保中考中招工作平稳顺利进行。要做好新中考政策解读，创新咨询服务形式，提高咨询服务质量；积极回应社会关切，争取社会支持，统一思想、凝聚共识，营造良好改革氛围。

（二）市教委继续加强对全市各类高级中等学校招生计划的宏观管理、统筹和指导，切实加大信息公开力度。各区要维护招生计划的严肃性，不得擅自调整招生计划和变更招生方式。严格依照北京教育考试院中招办备案后的新生名册为新生建立学籍，有关部门将以招生简章和市教委的批文为依据进行监督检查。

（三）各区要本着对人民群众和教育事业高度负责的精神，加强对所属招生学校和初中学校的管理，认真做好中考中招工作，维护广大考生权益。各初中学校要做好初中课程教学与中考改革衔接工作，规范办学行为，确保初中教育的基本质量；加强学生选考科目指导，培养学生生涯规划和自主选择能力，引导考生从个人实际出发，合理选择考试科目和升学目标。

（四）各高级中等学校要按照招生工作有关规定，实事求是地做好招生宣传工作，严禁各高级中等学校违规提前到初中校进行各种招生及宣传活动。对于违规招生、影响招生秩序的学校，经查证核实后在全市进行通报，情节严重的按照有关规定严肃处理。各类中等职业学校要按照《教育部办公厅关于进一步完善招生工作机制规范中等职业学校招生秩序的通知》（教职成厅〔2014〕4 号）的要求规范招生行为，按照招生计划在规定范围内开展招生工作。

北京市教育委员会

2018 年 1 月 19 日

## A.5　北京市教育委员会关于 2019 年开展高端技术技能人才贯通培养试验的通知

各区教委，各有关高等院校、中等职业学校，北京教育科学研究院、北京教育考试院：

为全面贯彻落实全国和全市教育大会精神，依据市政府《关于加快发展现代职业教育的实施意见》（京政发〔2015〕57 号）、市教委等五部门印发的《北京职业教育改革发展行动计划（2018-2020 年）》（京教职成〔2018〕4 号），深入推进教育领域综合改革，切实加强校企合作产教融合，探索培养高端技术技能人才的新路径，经市教委 2019 年第 1 次主任办公会审议通过，按照“做精做简”的工作原则，决定 2019 年继续开展高端技术技能人才贯通培养试验，现将有关事项通知如下：

### 一、指导思想

坚持立德树人、全面发展，深化职业教育体制机制改革；坚持职业教育的培养方向，探索实施素质教育的新途径；促进教育公平，完善职业教育体系，构建人才培养“立交桥”，为学生成长成才提供更多更好的发展机会；紧密围绕对首都战略定位具有明显支撑和服务作用的产业领域，聚焦十大高精尖产业，优化调整专业设置，培养高端技术技能人才；为提升北京城市治理水平和服务品质、促进北京经济社会发展和产业转型升级提供有力人才支撑。

### 二、项目类别

（一）高端贯培项目

以北京市重点高职院校和中职学校为招生单位，与本科高校和国内外企业协作，选择对接产业发展的优势专业开展高等职业教育和本科专业教育（其中本科教育通过专升本转段录取）。

（二）校企深度合作人才培养项目

以北京市国家中职改革发展示范学校为招生单位，支持其与国内知名企业开展深度合作，本科阶段对接市属本科高校，三方合作培养契合北京城市定位和紧缺人才需求的高端技术技能人才（其中本科教育通过专升本转段录取）。

（三）非通用语人才培养项目

以北京第二外国语学院为招生单位，培养高层次、高素质、高水平的非通用语外语人才（其中本科教育通过专升本转段录取）。

（四）基础教育师资培养项目

以北京第二外国语学院、北京城市学院为招生单位，培养高素质的中小学教师；以北京市学前教育专业的传统优势职业院校为招生单位，培养专业意识强、发展能力好的学前教育教师（其中本科教育通过专升本转段录取）。

## 三、招生管理

（一）招生对象

符合当年中考升学资格的本市正式户籍考生。

（二）招生计划（见附表）

2019 年计划招生 4020 人，其中：高端贯培项目招生计划 2770 人，校企深度合作人才培养项目 360 人，非通用语人才培养项目招生计划 100 人，基础教育师资培养项目招生计划 790 人。

（三）招生录取

贯通培养试验各项目在全市范围招生，不对各区分配计划指标。通过提前招生或统一招生方式录取，按项目和专业类别设置最低录取分数线。具体招生录取办法按教育考试院有关文件执行。

## 四、学籍管理

（一）对于高等职业院校和本科高校招录的学生，1 至 3 学年执行中等职业学校学籍管理办法，4 至 7 学年执行高等学校学籍管理办法，完成 5 年学习任务成绩合格者、按相应学段实际学习时间取得高等职业教育毕业证书；完成高等职业教育阶段学习通过专升本考试进入本科阶段学习，完成 6 至 7 学年学习任务成绩合格者，取得普通高等教育本科层次（专升本）毕业证书。

（二）对于中等职业学校招录的学生，1 至 3 学年执行中等职业学校学籍管理办法，4 至 7 学年执行高等学校学籍管理办法；完成 3 年学习任务，成绩合格者取得普通中等职业教育毕业证书；4 至 5 学年进入高等职业教育阶段学习，成绩合格者取得高等职业教育毕业证书；完成高等职业教育阶段学习通过专升本转段考试进入本科阶段学习，完成 6 至 7 学年学习任务成绩合格者，取得普通高等教育本科层次（专升本）毕业证书。

（三）依据学生个人意愿，允许学生在完成中等职业教育或高等职业教育学段后选择毕业退出贯通培养项目，由学籍所在学校颁发相应学段的毕业证书，毕业后学生不再具有贯通培养资格。本科院校招录的学生只能在完成高等职业教育学段后选择毕业。

## 五、教育教学

### （一）整合优质教育资源，聚焦创新人才培养

1. 基础文化教育阶段各学校可根据自身实际，引进优质高中课程予以强化；基础文化课应区别于普通高中的课程框架，要为专业培养目标服务，并将职业认知和职业素养渗透其中，努力构建以初中毕业生为起点的高端技术技能人才培养体系。本科教育阶段与市属本科高校联合培养。

2. 学生入学后基础文化课程教育阶段不分专业，进入专业课程教育阶段可按学校规定申请相应专业。

3. 试验院校要与合作院校、合作企业或其他合作单位建立联合培养机制，共同设计一体化人才培养方案。整合校内外教师、设施、实验、实训等资源，构建整体设计、系统培养、贯通实施、校企合作、协同育人的人才培养新机制。

### （二）深化教育教学改革，着力提升学生面向未来的核心素养

1. 基础文化课程按照素质教育的理念搭建课程体系，开展通识教育，引入大学先修课程和创新创业课程，培育和践行社会主义核心价值观，提升学生的人文素养、科学素养、健康素养，增强学生创新精神、实践能力和社会责任感，培养学生国际交往能力和可持续发展能力。

2. 专业教育课程瞄准高精尖产业人才需求，通过与国内外高水平大学、国际大型企业的合作联合培养，共同制定人才培养方案和计划，培养国际化、高水平、创新型、复合型人才。

3. 试验院校要重视校企合作，进一步推动产教融合。支持各院校与国内外知名企业共同成立工程师学院，探索“人才共育、师资共建、设备共用、技术共享”的校企深度合作运行机制，发挥工程师学院和技术技能大师工作室在高端技术技能人才培养中的重要作用。

4. 全方位推动教学组织、教学方法、教育科研、教学评价、教学资源开发利用创新，推行小班化教学、选课制、走班制、学分制、导师制，实施启发式、参与式、讨论式、探究式等教学改革，充分激发学生学习兴趣，切实增强学生自主学习能力。

## 六、组织领导

### （一）加强组织领导

1. 市教委成立贯通培养试验工作领导小组，相关处室按照责任分工指导相关学校做好改革试验的各项工作，协调解决试验推进过程中的重大问题，指导各区、各试验院校做好相关政策解读。领导小组办公室设在职业教育与成人教育处，统筹协调开展试验的具体组织实施工作。

2. 各区教委要加强对招生工作的领导，做好初中毕业生升学辅导工作。北京教育考试院要研究制定招生录取办法和转段考试办法，并认真组织实施。北京教育科学研究院要加强对试验实施过程的跟踪研究和质量监测。

（二）保障经费投入

各试验院校开展改革试验所需经费，按照财政相关预算管理规定予以保障。

（三）明确各方责任

1. 试验院校是贯通培养试验的责任主体，要成立由主要校领导任组长、分管领导任副组长，相关部门参加的工作领导小组。要积极与各合作单位建立紧密联系，签订合作协议，明确各方责任，建立健全协作机制，推进资源共享，实现优势互补。科学制定实施方案与工作计划，精心组织实施，做好项目风险评估和相关调整预案，扎实推进各项工作。

2. 试验院校要加强教师培训力度，按照素质教育的目标和要求，逐步建立适应贯通培养试验项目的教师队伍，尤其要注重基础文化课程阶段的教师队伍建设。支持试验院校聘请高水平外籍教师参与改革试验，逐步将外籍教师教授的课程从语言类课程向专业技术类课程转移。

3. 对接试验院校的本科高校要积极参与一体化人才培养方案的整体设计，要提前谋划接收贯通培养项目学生的相关事宜，做好与试验院校在招生录取、专业建设、课程改革、质量评价等方面的衔接工作，确保人才培养质量。

4. 贯通培养试验工作中的重大问题，试验院校要及时上报市教委。

北京市教育委员会

2019 年 1 月 28 日

## A.6 北京市教育委员会关于 2020 年开展高端技术技能人才贯通培养的通知

各区教委，各有关高等院校、中等职业学校，北京教育科学研究院、北京教育考试院：

为贯彻落实国务院《国家职业教育改革实施方案》，按照市教委等四部门《关于深化职业教育改革的若干意见》要求，深化职业教育体制机制改革，加快构建我市现代职业教育体系，提升职业院校服务国家战略和首都城市发展能力。经市教委 2020 年第 10 次主任办公会审议通过，2020 年按照“做精做简”的原则，继续开展高端技术技能人才贯通培养（以下简称“贯通培养”）。现将有关事项通知如下：

### 一、指导思想

坚持立德树人、全面发展，坚持职业教育的培养方向；促进教育公平，探索素质教育的新路径，构建人才培养“立交桥”，为学生成长成才提供更多更好的发展机会。紧密围绕首都“四个中心”功能建设和经济社会高质量发展的人才需求，优化调整专业设置，培养适应高精尖产业结构、城市运行与发展、高品质民生需求的高端技术技能人才。

## 二、项目类别

（一）高本贯通

由优质高职院校与应用型本科院校联合培养。前 5 年在高职院校学习（第 4 和第 5 学年为高等职业教育），后 2 年在本科院校学习。成绩合格者由合作本科院校颁发本科层次（专升本）毕业证书。个别项目可由本科高校独立承担所有学段培养任务。

（二）中本贯通

由优质中职学校与应用型本科院校联合培养。原则上前 3 年在中职学校学习，后 4 年在本科院校学习（第 4 和第 5 学年为高等职业教育）。成绩合格者由合作本科院校颁发本科层次（专升本）毕业证书。

## 三、项目实施

（一）招生录取

1. 招生对象为符合当年中考升学资格的本市正式户籍考生，通过中考在全市范围内招生。

2. 按照专业类别设置最低录取分数线，通过提前招生或统一招生方式录取。

3. 招生计划按照当年职业院校事业发展需求，由市教委统筹安排，具体招生录取办法按照教育考试院有关文件执行。招生计划及招生专业详见附表。

（二）教学管理

1. 基础文化课应区别于普通高中的课程框架，要为专业培养目标服务，将职业认知和职业素养渗透其中，专业课要随着信息技术发展和产业升级情况动态调整，努力构建以初中毕业生为起点的高端技术技能人才培养体系。

2. 相关院校要全方位推动教学组织、教学方法、教学评价的创新，充分激发学生学习兴趣，切实增强学生自主学习能力。注重学生综合素质与职业能力的培养，形成具有职业教育特点的课程体系。

3. 高本贯通项目的学生完成基础文化教育阶段后，在进入专业教育阶段前，可按学校规定申请调整专业。中本贯通项目的学生无特殊情况原则上不予调整专业。

4. 合作院校之间要建立联合培养机制，整合校内外教师、设施、实验、实训等资源，根据我市经济社会发展和产业转型升级的需要，联合行业企业，科学制定专业培养目标，系统设计人才培养方案。

（三）学籍管理

1. 高本贯通项目的学生，中职教育和高职教育阶段注册为所在高职院校学籍，本科教育阶段注册为所在本科院校学籍。由本科院校独立承担培养任务的项目，其招录的学生在各教育阶段都注册为所在本科院校学籍。

2. 中本贯通项目的学生，中职教育阶段注册为所在中职学校的学籍，高职教育和本科教育阶段注册为所在本科院校学籍。

3. 贯通培养各项目的学生，在中职教育阶段执行中等职业学校学生学籍管理办法，在高职教育和本科教育阶段执行高等学校学生学籍管理办法。学费收取和学生资助相关事宜在不同教育阶段分别按照各阶段相关政策规定执行。

4. 学生如因个人原因提出转学，将视为自动放弃本项目培养资格；如因个人原因提出休学，按照相应学段学籍管理规定，对符合复学条件的学生，转入本校下一届开设相同专业项目学习；如下一届不再开设相同专业，可转入相近专业学习。

5. 依据学生个人意愿，允许学生在完成中等职业教育或高等职业教育学段后选择毕业退出本项目，由学籍所在学校颁发相应学段的毕业证书，毕业后学生不再具有贯通培养项目的培养资格。

（四）转段升学

1. 贯通培养各项目的学生通过转段升学的方式升入下一学段学习。

2. 从中职到高职的转段升学工作按照合作院校共同制定的相关规定执行。从高职到本科的转段升学工作纳入“专升本”范畴，按照市教委《关于做好北京市高端技术技能人才贯通培养试验项目专升本转段工作的通知》相关规定执行。

3. 未能通过转段升学的学生，可选择留级到下一届开设相同专业的班级学习，如下一届未开设相同或相近专业，应从转段前的中职学校或高职院校毕业。如学生留级一年后仍未达到转段升学条件，也应从转段前的中职学校或高职院校毕业。

4. 学生在校期间在市级、国家级和世界级技能大赛中获得奖项，且品德优秀者，可免试转段升学。

**四、工作要求**

（一）组织保障

1. 市教委成立贯通培养工作领导小组，相关处室按照责任分工指导相关学校做好改革的各项工作，协调解决项目推进过程中的重大问题，指导各区教委、相关院校做好政策宣传和解读工作。领导小组办公室设在职业教育与成人教育处，统筹协调开展改革的具体组织实施工作。

2. 各区教委要加强对招生工作的领导，做好初中应届毕业生的升学辅导工作。北京教育考试院要研究制定招生录取办法和转段考试办法，并认真组织实施。北京教育科学研究院要加强对试验实施过程的跟踪研究和质量监测。

3. 各学校在项目实施过程所需经费，按照财政相关预算管理规定予以保障。

（二）明确责任

1. 各学校要成立贯通培养工作领导小组，主要校领导要担任组长。合作院校之间要签订合作协议，明确各方责任，建立协作机制，推进资源共享，实现优势互补。科学制定实施方案，精心组织实施，做好项目风险评估和相关调整预案，扎实推进各项工作。

2. 各有关本科院校要积极参与一体化人才培养方案的设计，要提前谋划转段升学的相关事宜，做好与职业院校在各方面的衔接工作，确保人才培养质量。

3. 在项目实施过程中，各院校要坚持职业教育的培养方向，突出职业教育的培养特点，加强应用型人才培养模式改革，进一步提升职业教育对区域经济发展和产业转型升级的人才支撑水平。

4. 改革推进中的重大问题，各院校要及时上报市教委。

北京市教育委员会

2020 年 4 月 30 日

## A.7　北京市教育委员会关于 2021 年开展高端技术技能人才贯通培养的通知

各区教委，各有关高等院校、中等职业学校，北京教育科学研究院、北京教育考试院：

高端技术技能人才贯通培养项目（以下简称“贯通培养”）自 2014 年启动以来，市教委带领各学校积极探索，大胆尝试，在创新应用型人才培养模式、满足广大学生多样化教育需求方面积累了丰富经验，取得了丰硕成果。为深入贯彻国务院《国家职业教育改革实施方案》和教育部《职业教育提质培优行动计划》，全面落实北京市《关于深化职业教育改革的若干意见》，在认真总结经验的基础上，按照市领导对优化贯通培养的指示精神，结合《北京市属公办本科高校分类发展方案》相关要求，经市教委 2021 年第 12 次主任办公会审议通过，决定 2021 年起对贯通培养进行全面优化，现将有关事项通知如下：

### 一、指导思想

坚持立德树人、五育并举，坚持职业教育的培养方向，突出职业教育的培养特点，从应用型人才的成长规律出发，构建人才培养“立交桥”，为学生成长成才提供更多更好的发展机会。促进教育公平，强化素质教育，紧密围绕首都“四个中心”建设和经济社会发展的人才需求，精心遴选项目院校、科学设置招生专业、优化调整培养模式，着力提升职业教育和经济社会发展人才需求的匹配度，努力开创首都职业教育高质量发展的新局面。

### 二、项目类别

贯通培养学制为 7 年，其中前 3 年为中职教育阶段，中间 2 年为高职教育阶段，后 2 年为本科教育阶段。前 5 年在职业院校学习，后 2 年在本科高校学习。

（一）高本贯通

由入选“北京市特色高水平职业院校”的高职院校与应用型本科高校联合培养。前 5 年在高职院校学习，完成前 5 年学业且成绩合格者由高职院校颁发专科学历证书，完成全部学业且成绩合格者，由合作本科高校颁发本科学历证书（专升本）。

高本贯通个别项目可由本科高校独立承担所有学段培养任务，具体情况以当年教育考试院公布的招生简章为准。

（二）中本贯通

原则上由入选“北京市特色高水平职业院校”的中职学校与应用型本科高校联合培养。前 5 年在中职学校学习，后 2 年在本科高校学习。强化高校的主体责任，高职阶段的学生管理、教学组织、评价考核由中职学校和合作高校协商确定。完成前 3 年学业且成绩合格者，由中职学校颁发中职毕业证书；完成前 5 年学业且成绩合格者，由合作本科高校颁发专科学历证书，完成全部学业且成绩合格者由合作本科高校颁发本科学历证书（专升本）。

## 三、项目实施

### （一）招生录取

1. 招生对象为符合当年中考升学资格的本市正式户籍考生，通过中考在全市范围内招生。

2. 贯通培养各项目最低录取分数线统一设置为 490 分，通过提前招生或统一招生方式录取。

3. 招生计划按照首都经济社会发展需要以及职业院校事业发展需求，由市教委统筹安排，具体招生录取办法按照教育考试院有关文件执行。招生计划、招生专业、上学地点、收费标准等详细信息参考教育考试院当年发布的招生简章。

### （二）教学管理

1. 基础文化课要区别于普通高中的课程框架，要为专业培养目标服务，将职业认知和职业素养渗透其中，专业课要适应未来发展需要，随着首都产业转型升级情况来动态调整，构建以初中毕业生为起点的高端技术技能人才培养体系。

2. 相关院校要充分认识应用型人才的培养规律，全方位推动教学组织、教学方法、教学评价的创新，充分激发学生学习兴趣，切实增强学生自主学习能力，注重学生综合素质与职业能力的培养，形成具有职业教育特点的课程体系。

3. 合作院校之间要建立联合培养机制，整合校内外教师、设施、实验、实训等资源，充分发挥北京市职业院校“特高”建设中工程师学院和大师工作室的作用，联合行业企业，采取“入学即入职，工学交替”的培养模式，科学制定专业培养目标，系统设计人才培养方案。

4. 高本贯通项目的学生在完成基础文化教育阶段后，在进入专业教育阶段之前可申请调整专业，具体方案按照各校制定的相关规定执行。中本贯通项目的学生原则上不予调整专业。

### （三）学籍注册

1. 高本贯通项目的学生，中职阶段和高职阶段注册为所在高职院校学籍，本科阶段注册为合作本科高校学籍。

2. 中本贯通项目的学生，中职阶段注册为所在中职学校的学籍，高职阶段和本科阶段注册为合作本科高校学籍。

3. 贯通培养各项目的学生，在中职阶段执行中等职业学校学生学籍管理办法，在高职阶段和本科阶段执行高等学校学生学籍管理办法。学费收取和学生资助相关事宜在不同教育阶段分别按照各阶段相关政策规定执行。

4. 依据学生个人意愿，允许学生在完成中职或高职教育后选择毕业退出本项目，由学籍所在学校颁发相应学段毕业证书，毕业后学生不再具有贯通培养资格。

### （四）转段升学

1. 贯通培养学生在完成上一阶段学业后，达到转段升学条件者，可升入下一阶段学习。

2. 从中职到高职的转段升学工作按照各院校制定的相关规定执行。从高职到本科的转段升学工作纳入“专升本”范畴，按照市教委当年印发的贯通培养专升本转段工作的相关政策文件执行。

3. 未能通过转段升学的学生，符合留级条件的，可选择留级到本学校下一届开设相同或相近专业的班级学习，如该校下一届未开设相同或相近专业，应从当前所在学校毕业；学生留级一次后若仍未达到转段升学条件，应从当前所在学校毕业。对不符合留级条件的学生，由当前所在学校按照学生当前所在学段的学籍管理规定处理。

4. 学生在校期间如因个人原因提出转学，将视为自愿放弃贯通培养资格；如因个人原因提出休学，按照相应学段学籍管理规定，对符合复学条件的学生，可转入该校贯通培养下一届开设的相同或相近专业学习；若该校下一届不再承担贯通培养任务，则不再为学生保留贯通培养资格。

5. 学生在校期间在北京市职业院校技能大赛中获得一等奖，或者在全国职业院校技能大赛中获得奖项，且品德优秀者，经所在学校申请和市教委批准，可免试转段升学。

## 四、工作要求

### （一）组织保障

1. 市教委成立贯通培养工作领导小组，相关处室按照责任分工指导相关院校做好贯通培养各项工作，协调解决项目推进过程中的重大问题。领导小组办公室设在市教委职业教育与成人教育处，统筹协调贯通培养的具体组织实施工作。

2. 各区教委要加强对招生工作的领导，做好初中应届毕业生的升学辅导工作。各相关院校要认真做好招生宣传和政策解读。北京教育考试院要研究制定招生录取办法和转段考试办法，认真组织实施。北京教育科学研究院要配合市教委做好政策研究，加强对贯通培养开展质量监测。

3. 各学校在项目实施过程所需经费，依据市教委和市财政局制定的有关规定予以保障。

### （二）明确责任

1. 各学校要成立贯通培养工作领导小组，主要校领导要担任组长。职业院校、合作本科高校和有关企业之间要签订合作协议，强化建立协作机制，推进资源共享，科学制定方案，精心组织实施，做好风险评估和工作预案，扎实推进各项工作。

2. 本科高校要全面落实《市属公办本科高校分类发展方案》相关要求，积极参与贯通培养，与职业院校或有关企业共同研究制定一体化人才培养方案，提前谋划转段升学的相关事宜，加强协作配合，推动改革创新，确保人才培养质量。

3. 改革推进中的重大问题，各学校要及时上报市教委。

北京市教育委员会<br>2021 年 4 月 13 日

## A.8 北京市教育委员会关于 2022 年开展高端技术技能人才贯通培养的通知

各区教委，各有关高等院校、中等职业学校，北京教育科学研究院、北京教育考试院：

为深入贯彻全国职业教育大会精神，贯彻落实中共中央办公厅、国务院办公厅《关于推动现代职业教育高质量发展的意见》精神，切实增强职业教育适应性，加快构建具有首都特色的现代职业教育体系，在深入总结高端技术技能人才贯通培养经验的基础上，经市教委 2022 年第 13 次主任专题会研究决定，2022 年将按照“稳中求进”高质量发展的工作原则继续开展高端技术技能人才贯通培养（以下简称“贯通培养”）试验项目。现将有关事项通知如下：

**一、指导思想**

坚持立德树人、德技并修，强化职业教育类型特色，从技术技能人才的成长规律出发，深入推进中高职本贯通培养，为学生成长成才提供更多更好的发展机会。聚焦首都“四个中心”建设和经济社会发展的技术技能人才需求，探索长学制培养高层次应用型人才和高素质技术技能人才，一体化设计职业教育人才培养体系，切实增强职业教育的适应性、匹配度和贡献力，为推动首都高质量发展提供坚实的人才和技能支撑。

**二、项目类别**

贯通培养学制为 7 年，其中前 3 年为中职教育阶段，中间 2 年为高职教育阶段，后 2 年为本科教育阶段。前 5 年在职业院校学习，后 2 年在本科高校学习。

（一）高本贯通

由入选“北京市特色高水平职业院校”的高职院校与本科高校联合培养。前 5 年在高职院校学习，完成前 5 年学业且成绩合格者由高职院校颁发专科学历证书，完成全部学业且成绩合格者，由合作本科高校颁发本科学历证书（专升本）。高本贯通个别项目可由本科高校独立承担所有学段培养任务，具体情况以当年北京教育考试院公布的招生简章为准。

（二）中本贯通

原则上由入选“北京市特色高水平职业院校”的中职学校与本科高校联合培养。前 5 年在中职学校学习，后 2 年在本科高校学习。高职阶段要强化本科高校的主体责任，学生管理、教学组织、评价考核由本科高校和中职学校协商合作开展。完成前 3 年学业且成绩合格者，由中职学校颁发中职毕业证书；完成前 5 年学业且成绩合格者，由合作本科高校颁发专科学历证书，完成全部学业且成绩合格者由合作本科高校颁发本科学历证书（专升本）。

## 三、项目实施

（一）招生录取

1. 招生对象为符合当年中考升学资格的本市正式户籍考生，通过中考在全市范围内招生。

2. 贯通培养各项目最低录取分数线统一设置为490分，通过提前招生或统一招生方式录取。

3. 招生计划按照首都经济社会发展需要以及职业院校事业发展需求，由市教委统筹安排，具体招生录取办法按照北京教育考试院有关文件执行。招生计划、招生专业、上学地点、收费标准等详细信息参考北京教育考试院当年发布的招生简章。

（二）教学管理

1. 贯通培养体系要强化一体化设计，各层次职业教育的培养目标、课程体系、培养方案要有序衔接，确保职业教育的办学方向不变、培养模式不变、特色发展不变。

2. 中职阶段的基础文化课要区别于普通高中的课程框架，要为专业培养目标服务，将职业认知和职业素养渗透其中，专业课要适应未来发展需要，随着首都产业转型升级情况来动态调整，构建以初中毕业生为起点的高端技术技能人才培养体系。

3. 相关院校要充分认识技术技能人才的培养规律，全方位推动教学组织、教学方法、教学评价的创新，充分激发学生学习兴趣，切实增强学生自主学习能力，注重学生综合素质与职业能力的培养，形成具有职业教育特点的课程体系。

4. 合作院校之间要建立联合培养机制，整合校内外教师、设施、实验、实训等资源，充分发挥北京市职业院校“特高”建设项目（工程师学院、技术技能大师工作室）的作用，联合行业企业，采取“入学即入职，工学交替”的培养模式，科学制定专业培养目标，系统设计人才培养方案。

5. 高本贯通项目的学生在完成基础文化教育阶段后，在进入专业教育阶段之前可申请调整专业，具体方案按照各校相关规定执行。中本贯通项目的学生原则上不予调整专业。

（三）学籍注册

1. 高本贯通项目的学生，中职阶段和高职阶段注册为所在高职院校学籍，本科阶段注册为合作本科高校学籍。

2. 中本贯通项目的学生，中职阶段注册为所在中职学校的学籍，高职阶段和本科阶段注册为合作本科高校学籍。

3. 贯通培养各项目的学生，在中职阶段执行中等职业学校学生学籍管理办法，在高职阶段和本科阶段执行高等学校学生学籍管理办法。学费收取和学生资助相关事宜在不同教育阶段分别按照各阶段相关政策规定执行。

4. 依据学生个人意愿，允许学生在完成中职或高职教育后选择毕业退出本项目，由学籍所在学校颁发相应学段毕业证书，毕业后学生不再具有贯通培养资格。

（四）转段升学

1. 贯通培养学生在完成上一阶段学业后，经考核达到转段升学条件者，可升入下一阶段学习。

2. 从中职到高职的转段升学工作按照各院校制定的相关规定执行。从高职到本科的转段升学工作纳入“专升本”范畴，按照市教委当年印发的贯通培养专升本转段工作的相关政策文件执行。

3. 未能通过转段升学的学生，符合留级条件的，可选择留级到本学校下一届开设相同或相近专业的班级学习，如该校下一届未开设相同或相近专业，应从当前所在学校毕业；学生留级一次后若仍未达到转段升学条件，应从当前所在学校毕业。对不符合留级条件的学生，由当前所在学校按照学生当前所在学段的学籍管理规定处理。

4. 学生在校期间如因个人原因提出转学，将视为自愿放弃贯通培养资格；如因个人原因提出休学，按照相应学段学籍管理规定，对符合复学条件的学生，可转入该校贯通培养下一届开设的相同或相近专业学习；若该校下一届不再承担贯通培养任务，则不再为学生保留贯通培养资格。

5. 学生在校期间在全国职业院校技能大赛中获得奖项且品德优秀者，经所在学校申请和市教委批准，可免试转段升学。

## 四、工作要求

### （一）加强组织保障

1. 市教委成立贯通培养工作领导小组，相关处室按照责任分工指导相关院校做好贯通培养各项工作，协调解决项目推进过程中的重大问题。领导小组办公室设在市教委职业教育与成人教育处，统筹协调贯通培养的具体组织实施工作。

2. 各区教委要加强对招生工作的领导，做好初中应届毕业生的升学辅导工作。各相关院校要认真做好招生宣传和政策解读。北京教育考试院要研究制定招生录取办法和转段考试办法，认真组织实施。北京教育科学研究院要配合市教委做好政策研究，加强对贯通培养开展质量监测。

3. 各校在项目实施过程所需经费，依据市教委和市财政局制定的有关规定予以保障。

### （二）完善机制建设

1. 落实主体责任。各校要成立由主要校领导担任组长的贯通培养工作领导小组，贯通培养实施过程中的重大问题要提交校长办公会、党委常委会研究决定。

2. 稳定合作机制。合作院校双方要明确专门机构，围绕课程设置、教学安排、师资建设、学生管理等建立定期业务沟通机制，加强对招生录取、教学考核、转段升学等环节的管理，完善“文化素质+职业技能”转段升学办法。后段院校原则上每学期须向前段院校派出教师讲授或指导合作院校教师讲授核心课程，制定专项教学质量评价与考核指标，监督人才培养方案实施。

3. 深化校企合作。合作院校要与相关企业建立长期合作机制、签订合作协议，推动合作企业全面参与到贯通培养人才培养方案和课程标准的制定、实施与评价，将校企合作贯穿人才培养全过程。

4. 探索共享机制。支持结对院校加强课程、教材、教师、实验实训基地等共建共享，尤其是在宿舍、场馆、图书等资源方面加强共用，探索课程互选、学分互认、教师互聘等机制，强化贯通培养共同体意识。

（三）加强监测评估

1. 建立监测评估机制。建立贯通培养项目管理年度报告制度，由职业院校牵头、会同合作本科高校于每年 12 月底前向市教委提交该年度项目实施报告。市教委将组织专家对各校承担贯通培养项目的人才培养目标与规格、职业定位、课程设置、教学管理运行、人才培养质量、合作机制运行等进行监测评估，评估意见将作为学校贯彻落实职业教育改革发展任务的重要依据。将本科高校（含职业教育本科）招收中高职贯通培养毕业生情况作为市属高校分类发展的重要因素，纳入市属高校分类发展考核监测体系。

2. 建立激励机制。市教委将从实施时间较长、实施周期相对稳定、招生计划完成率高、校企合作紧密、人才培养质量高的贯通培养项目中遴选若干项目组合，选树一批优秀案例。对实施效果良好的职业院校、本科高校，市教委将在职业教育高质量发展、市属本科高校分类发展等重点项目方面给予优先支持。对实施效果较差的院校，市教委将在招生计划、专业建设、项目资助、评优评奖等方面减少支持。

3. 贯通培养项目实施中的重大问题，各校要及时上报市教委。

北京市教育委员会<br>2022 年 4 月 18 日

# 附录 B
# 北京中考贯通培养招生计划

## B.1　2015 年北京中考贯通培养提前招生计划表

| 学校代码 | 学校名称 | 专业代码 | 专业名称 | 招生人数/人 | | 学制/年 | 特殊说明 |
|---|---|---|---|---|---|---|---|
| 800002 | 北京电子科技职业学院 | 01 | 电子与信息（智能化电子产品设计与制造、集成电路精密设计与应用、移动通信新技术、大数据与云计算技术、移动互联软件技术） | 110 | 合计 500 | 5+2 | 前三年 05 专业 1800 元/学年，07 专业 3300 元/学年，其他专业 2200 元/学年；<br>中间两年 01～06 专业 6000 元/学年，07 专业 8000 元/学年；<br>后两年由本科院校按国家规定标准收费；<br>各专业最低录取分数线为 460 分；<br>对接德国、法国、英国、日本、瑞士等国外应用技术大学；具体招生政策参见市教委相关文件 |
| | | 02 | 机械与数控（精密高效智能加工技术、先进制造系统检测与调试） | 40 | | | |
| | | 03 | 自控与电气（大型建筑智能化工程与技术、自动化生产线和机电设备设计与调试、智能化网络系统调节与控制、绿色能源技术、航空航天仪器仪表检测与调试） | 80 | | | |
| | | 04 | 汽车与交通（汽车精益制造与装备新技术、汽车运行智能监测与故障诊断、轨道车辆新技术） | 60 | | | |

续表

| 学校代码 | 学校名称 | 专业代码 | 专业名称 | 招生人数/人 | | 学制/年 | 特殊说明 |
|---|---|---|---|---|---|---|---|
| 800002 | 北京电子科技职业学院 | 05 | 经济与管理（国际电子商务新技术、供应链全程设计与优化、航空物流与保税增值） | 60 | 合计500 | 5+2 | 前三年05专业1800元/学年，07专业3300元/学年，其他专业2200元/学年；<br>中间两年01～06专业6000元/学年，07专业8000元/学年；<br>后两年由本科院校按国家规定标准收费；<br>各专业最低录取分数线为460分；<br>对接德国、法国、英国、日本、瑞士等国外应用技术大学；具体招生政策参见市教委相关文件 |
| | | 06 | 食品与生物（基因重组与生物制药技术、生物医学检验技术、大气与水质量监测与处理技术、食品营养与安全技术） | 80 | | | |
| | | 07 | 艺术与设计（时尚创意与产品设计制作、数码终端交互设计与制作、动漫设计与制作、广告创意制作） | 70 | | | |
| 800006 | 北京工业职业技术学院 | 01 | 机电工程（工业机器人系统集成、飞机维修技术、自动化生产线设计与调试、智能制造技术、三维数字化设计与3D打印、中德合作新能源汽车技术） | 90 | 合计270 | 5+2 | 前三年01～03专业2200元/学年，04、05专业1800元/学年；<br>中间两年6000元/学年；<br>后两年由本科院校按国家规定标准收费；<br>各专业最低录取分数线为460分；<br>对接美国、英国、澳大利亚等国外应用技术大学；具体招生政策参见市教委相关文件 |
| | | 02 | 电气与信息（云计算与大数据分析、移动互联应用技术、电气工程与智能控制、智能终端设计与制作、动漫设计与制作） | 75 | | | |
| | | 03 | 建筑与测绘（绿色建筑设计与施工、工程高级管理、无人机航测与智能测绘技术、智慧城市三维空间信息技术、工程造价、智能家居设计、智能安全、建筑安全） | 105 | | | |
| 800014 | 北京财贸职业学院 | 01 | 财经类（国际会计、国际金融） | 100 | 合计200 | 5+2 | 前三年1800元/学年；<br>中间两年6000元/学年；<br>后两年由本科院校按国家规定标准收费；<br>各专业最低录取分数线为430分；<br>各专业对接的本科院校为首都经济贸易大学<br>考生在入学后均可申请走读 |
| | | 02 | 商贸类（国际连锁经营管理、现代物流技术与管理） | 66 | | | |
| | | 03 | 旅游类（国际休闲旅游策划与管理） | 34 | | | |

续表

| 统一招生 | | | | | | | |
|---|---|---|---|---|---|---|---|
| 学校代码 | 学校名称 | 专业代码 | 专业名称 | 招生人数/人 | | 学制/年 | 特殊说明 |
| 400051 | 北京铁路电气化学校 | 08 | 轨道交通车辆运用 | 120 | 合计120 | 3+3+2 | 前三年2200元/学年；<br>中间两年6000元/学年；<br>后两年由本科院校按国家规定标准收费；<br>最低录取分数线为430分；<br>对接的本科院校为北京信息科技大学 |

## B.2 2016年北京市高端技术技能贯通培养试验招生计划表

| 项目名称 | 招生规模 | 招生院校 | 对接本科院校 | 招生专业 | 招生类别 | 招生总数/人 | 最低分数线/分 |
|---|---|---|---|---|---|---|---|
| 高端技术技能人才贯通培养项目 | 5190 | 北京电子科技职业学院 | 北京工业大学、北京信息科技大学、北方工业大学、北京工商大学、北京服装学院 | 电子与信息、机械与数控、自控与电气、汽车与交通、经济与管理、食品与生物、艺术与设计 | 外培班 | 360 | 460 |
| | | | | 电子与信息、机械与数控、自控与电气、汽车与交通、经济与管理、食品与生物、艺术与设计 | 内培班 | 1440 | 430 |
| | | 北京工业职业技术学院 | 北方工业大学、北京建筑大学、北京工业大学、首都经济贸易大学 | 机电工程类、电气与信息类、建筑与测绘类、经管与文法类 | 外培班 | 200 | 460 |
| | | | | 机电工程类、电气与信息类、建筑与测绘类、经管与文法类 | 内培班 | 600 | 430 |
| | | 北京财贸职业学院 | 首都经济贸易大学、北京建筑大学、北京工商大学 | 财经类、商贸类、旅游类、建筑工程管理类、文化创意类 | 外培班 | 240 | 460 |
| | | | | 财经类、商贸类、旅游类、建筑工程管理类、文化创意类 | 内培班 | 560 | 430 |
| | | 北京政法职业学院 | 北京第二外国语学院 | 国内安全保卫（海外安全管理） | 内培班 | 400 | 430 |
| | | | | 法律文秘（法官助理） | | | |
| | | | 北京工业大学 | 司法信息安全 | | | |
| | | | 北方工业大学 | 司法助理（检察官助理） | | | |
| | | | | 法律事务（知识产权法务助理） | | | |

# B.3　2017 年北京市高端技术技能人才贯通培养试验招生计划表

<table>
<tr><th>项目名称</th><th>招生规模</th><th>招生院校</th><th>对接本科院校</th><th colspan="2">招生专业</th><th>招生总数/人</th><th>最低分数线/分</th></tr>
<tr><td rowspan="12">高端技术技能人才贯通培养项目</td><td rowspan="12">5090</td><td>北京电子科技职业学院</td><td>北京信息科技大学、北方工业大学、北京工商大学、北京服装学院</td><td colspan="2">电子与信息、机械与数控、自控与电气、汽车与交通、经济与管理、食品与生物、艺术与设计</td><td>2000</td><td rowspan="11">430</td></tr>
<tr><td>北京工业职业技术学院</td><td>北方工业大学、北京建筑大学、首都经济贸易大学</td><td colspan="2">机电工程类、电气与信息类、建筑与测绘类、经管与文法类</td><td>800</td></tr>
<tr><td>北京财贸职业学院</td><td>首都经济贸易大学、北京建筑大学、北京工商大学</td><td colspan="2">财经类、商贸类、旅游类、建筑工程管理类、文化创意类</td><td>720</td></tr>
<tr><td rowspan="2">北京政法职业学院</td><td>北京第二外国语学院</td><td colspan="2">国内安全保卫、法律文秘</td><td rowspan="2">300</td></tr>
<tr><td>北方工业大学</td><td colspan="2">司法信息安全、司法助理、法律事务</td></tr>
<tr><td rowspan="3">北京劳动保障学院</td><td>北京联合大学</td><td colspan="2">智慧养老与健康管理</td><td rowspan="3">360</td></tr>
<tr><td>北京信息科技大学</td><td colspan="2">智慧城市设施安全管理、智能楼宇信息技术</td></tr>
<tr><td>首都经济贸易大学</td><td colspan="2">人力资源管理、社会保障</td></tr>
<tr><td>北京农业职业学院</td><td>北京农学院、北京工商大学</td><td colspan="2">农林牧渔、食品药品与粮食、旅游与休闲农业</td><td>300</td></tr>
<tr><td>北京信息职业技术学院</td><td>北京信息科技大学</td><td colspan="2">软件技术、信息安全与管理</td><td>300</td></tr>
<tr><td>北京铁路电气化学校</td><td>北京信息科技大学</td><td colspan="2">轨道交通车辆运用、轨道交通供电、轨道交通供电</td><td>240</td></tr>
<tr><td>首都医科大学附属卫生学校</td><td>首都医科大学</td><td colspan="2">护理</td><td>70</td><td>460</td></tr>
<tr><td rowspan="5">高级外语人才培养项目</td><td rowspan="5">220</td><td rowspan="5">北京第二外国语学院</td><td rowspan="5">北京第二外国语学院</td><td>非通用语</td><td>阿尔巴尼亚语、保加利亚语、斯洛文尼亚语、斯诺伐克语、匈牙利语</td><td>100</td><td>520</td></tr>
<tr><td rowspan="4">外语</td><td>酒店管理（冬奥会酒店管理方向）</td><td>30</td><td rowspan="4">460</td></tr>
<tr><td>酒店管理（中医康复保健方向）</td><td>30</td></tr>
<tr><td>酒店管理（国际护理方向）</td><td>30</td></tr>
<tr><td>汉语国际教育（中国传统文化方向）</td><td>30</td></tr>
</table>

续表

| 项目名称 | 招生规模 | 招生院校 | 对接本科院校 | 招生专业 | 招生总数/人 | 最低分数线/分 |
|---|---|---|---|---|---|---|
| 学前教育与基础教育师资培养项目 | 1450 | 北京城市学院 | 北京城市学院 | 学前教育 | 400 | 430 |
| | | | | 小学教育 | 375 | 460 |
| | | | | 小学教育艺体班（北京国际艺术学校定向招生） | 25 | |
| | | 首都师范大学 | 首都师范大学 | 学前教育 | 100 | 460 |
| | | 北京联合大学（与商业学校联合培养） | 北京联合大学 | 学前教育 | 120 | 430 |
| | | | | 小学教育 | 120 | 460 |
| | | | | 音乐学（师范类） | 30 | 430 |
| | | 北京第二外国语学院 | 北京第二外国语学院 | 英语（小学英语教师） | 200 | 460 |
| | | | | 英语（中学英语教师） | | |
| | | 北京财贸职业学院 | 首都师范大学 | 学前教育 | 80 | 430 |

## B.4 2018 年北京市高端技术技能人才贯通培养试验招生计划表

| 项目名称 | 招生规模 | 招生院校 | 对接本科院校 | 招生专业 | 招生总数/人 | 最低分数线/分 |
|---|---|---|---|---|---|---|
| 高端技术技能人才贯通培养项目 | 4100 | 北京电子科技职业学院 | 北京信息科技大学、北方工业大学、北京工商大学、北京服装学院 | 电子与信息、机械与数控、自控与电气、汽车与交通、食品与生物、艺术与设计 | 1400 | 430 |
| | | 北京工业职业技术学院 | 北方工业大学、北京建筑大学、首都经济贸易大学 | 机电工程类、电气与信息类、建筑与测绘类、经管与文法类 | 600 | |
| | | 北京财贸职业学院 | 首都经济贸易大学、北京建筑大学、北京工商大学 | 财经类、商贸类、旅游类、建筑工程管理类、文化创意类 | 480 | |
| | | 北京信息职业技术学院 | 北京信息科技大学 | 软件技术、信息安全与管理、大数据技术与应用 | 450 | |
| | | 北京劳动保障学院 | 首都医科大学 | 智慧养老与健康管理 | 360 | |
| | | | 北京信息科技大学 | 智慧城市设施安全管理、智能楼宇信息技术 | | |
| | | | 首都经济贸易大学 | 人力资源管理、社会保障 | | |
| | | 北京政法职业学院 | 北方工业大学 | 国内安全保卫、法律文秘、司法信息安全、司法助理、法律事务 | 300 | |

续表

| 项目名称 | 招生规模 | 招生院校 | 对接本科院校 | 招生专业 | 招生总数/人 | 最低分数线/分 |
|---|---|---|---|---|---|---|
| | | 北京农业职业学院 | 北京农学院、北京工商大学 | 农林牧渔、食品药品与粮食、旅游与休闲农业 | 200 | |
| | | 北京铁路电气化学校 | 北京信息科技大学 | 轨道交通车辆运用、轨道交通设备与控制、轨道交通供电 | 240 | |
| | | 首都医科大学附属卫生学校 | 首都医科大学 | 护理 | 70 | 460 |
| 校企深度合作人才培养项目 | 140 | 北京国际职业教育学校 | 北京联合大学 | 文物保护与修复（与故宫博物院合作培养） | 50 | 430 |
| | | 北京市昌平职业学校 | 北京联合大学 | 大数据技术与应用（与联想集团合作培养） | 30 | |
| | | 北京市商业学校 | 北京联合大学 | 云财务会计（与新道科技股份有限公司合作培养） | 30 | |
| | | 北京市丰台区职业教育中心学校 | 北京联合大学 | 烹饪（与全聚德集团合作培养） | 30 | |
| 非通用语人才培养项目 | 100 | 北京第二外国语学院 | 北京第二外国语学院 | 拉脱维亚语、爱沙尼亚语、罗马尼亚语、波兰语 | 100 | 520 |
| 学前教育与基础教育师资培养项目 | 990 | 北京第二外国语学院 | 北京第二外国语学院 | 英语（中小学英语教师） | 200 | 460 |
| | | 北京城市学院 | 北京城市学院 | 学前教育 | 150 | 430 |
| | | | | 小学教育（含北京国际艺术学校定向招生） | 150 | 460 |
| | | 北京财贸职业学院 | 首都师范大学 | 学前教育 | 120 | 430 |
| | | 北京市昌平职业学校 | 首都师范大学 | 学前教育 | 100 | 430 |
| | | 北京市商业学校 | 北京联合大学 | 学前教育、音乐学（师范）、艺术教育、科学教育 | 180 | 430 |
| | | | | 小学教育 | 90 | 460 |

# B.5 2019 年高端技术技能人才贯通培养试验招生计划情况表

| 项目名称 | 招生规模 | 招生院校 | 对接本科院校 | 招生专业 | 招生总数/人 | 最低分数线/分 |
|---|---|---|---|---|---|---|
| 高端贯培项目 | 2770 | 北京电子科技职业学院 | 北京信息科技大学、北方工业大学、北京工商大学、北京服装学院 | 高端装备与智能制造技术、智能网联汽车技术、未来网络与大数据技术、生物医药与基因工程技术、智慧电子商务技术、数字媒体艺术设计 | 800 | 430 |
| | | 北京工业职业技术学院 | 北方工业大学、北京建筑大学 | 智能设备应用技术、新能源汽车技术、工程造价、人工智能、无人机应用技术、大数据云计算、商务数据分析应用 | 400 | |
| | | 北京财贸职业学院 | 首都经济贸易大学、北京建筑大学、北京工商大学 | 管理会计、财务大数据应用、国际金融、金融投资与财富管理、智慧商业运营管理、人力资源管理、国际休闲旅游策划与管理、视觉传达与设计、室内设计、智慧建筑管理 | 400 | |
| | | 北京信息职业技术学院 | 北京信息科技大学 | 软件技术、信息安全与管理、大数据技术与应用 | 240 | |
| | | 北京劳动保障学院 | 北京信息科技大学、首都经济贸易大学 | 智慧养老与健康管理、人力资源管理、社会保障、智慧城市设施安全管理、智能楼宇信息技术 | 240 | |
| | | 北京政法职业学院 | 北方工业大学 | 国内安全保卫、法律文秘、司法信息安全、司法助理、法律事务 | 200 | |
| | | 北京农业职业学院 | 北京农学院、北京工商大学 | 风景园林、城市花艺景观设计、宠物医师、生物应用技术、食品营养与安全、旅游管理 | 180 | |
| | | 北京卫生职业学院 | 首都医科大学 | 护理 | 70 | 460 |
| | | 北京铁路电气化学校 | 北京信息科技大学 | 轨道交通车辆运用、轨道交通供电、轨道交通设备与控制 | 240 | 430 |
| 校企深度合作人才培养项目 | 360 | 北京国际职业教育学校 | 北京联合大学 | 文物保护与修复（与故宫博物院合作培养） | 50 | 430 |
| | | 北京市昌平职业学校 | | 大数据技术与应用（与联想集团合作培养） | 50 | |
| | | 北京市昌平职业学校 | | 智能汽车技术与应用（与上汽大众集团合作培养） | 30 | |

续表

| 项目名称 | 招生规模 | 招生院校 | 对接本科院校 | 招生专业 | 招生总数/人 | 最低分数线/分 |
|---|---|---|---|---|---|---|
| 校企深度合作人才培养项目 | 360 | 北京市昌平职业学校 | 北京联合大学 | 人工智能技术及应用（与百度集团合作培养） | 30 | 430 |
| | | 北京市商业学校 | | 云财务会计（与新道科技股份有限公司合作培养） | 50 | |
| | | 北京市商业学校 | | 电子商务（与阿里巴巴集团合作培养） | 30 | |
| | | 北京市商业学校 | | 新能源汽车技术与市场营销（与祥龙博瑞集团合作培养） | 30 | |
| | | 北京市丰台区职教中心学校 | | 智能汽车技术与应用（与北汽新能源公司合作培养） | 30 | |
| | | 北京市丰台区职教中心学校 | | 非遗传承与设计（与首创乾元有限公司合作培养） | 30 | |
| | | 北京市丰台区职教中心学校 | | 餐饮艺术与管理（与便宜坊集团合作培养） | 30 | 420 |
| 非通用语人才培养项目 | 100 | 北京第二外国语学院 | 北京第二外国语学院 | 捷克语、拉脱维亚语、立陶宛语、阿尔巴尼亚语 | 100 | 520 |
| 基础教育师资培养项目 | 790 | 北京第二外国语学院 | 北京第二外国语学院 | 英语（中小学英语教师） | 100 | 460 |
| | | 北京城市学院 | 北京城市学院 | 小学教育（含北京国际艺术学校定向招生） | 90 | |
| | | 北京财贸职业学院 | 首都师范大学 | 学前教育 | 90 | |
| | | 北京市昌平职业学校 | 首都师范大学 | 学前教育 | 90 | |
| | | 北京城市学院 | 北京城市学院 | 学前教育 | 90 | 430 |
| | | 北京市丰台区职教中心学校 | 北京城市学院 | 学前教育 | 60 | |
| | | 北京国际职业教育学校 | 北京城市学院 | 学前教育 | 60 | |
| | | 北京市商业学校 | 北京联合大学 | 学前教育 | 90 | |
| | | | | 音乐学（师范类）、科学教育 | 60 | |
| | | | | 小学教育 | 60 | 460 |

# B.6 2020年北京市高端技术技能人才贯通培养招生计划表

| 项目名称 | 招生规模 | 招生院校 | 合作高校 | 招生专业或专业大类 | 招生计划/人 | 最低分数线/分 |
|---|---|---|---|---|---|---|
| 高本贯通 | 450 | 北京电子科技职业学院 | 北方工业大学 | 高端装备与智能制造技术类 | 90 | 430 |
| | | | 北京信息科技大学 | 网络与大数据技术类、汽车智能类 | 120 | |
| | | | 北京工商大学 | 生物医药与基因工程技术类、智慧电子商务技术类 | 180 | |
| | | | 北京服装学院 | 数字媒体艺术设计类 | 60 | |
| | 360 | 北京工业职业技术学院 | 北方工业大学 | 智能设备应用技术、新能源汽车技术、人工智能、大数据云计算技术、商务数据分析应用、会计 | 240 | 430 |
| | | | 北京建筑大学 | 工程造价、无人机应用技术 | 120 | |
| | 360 | 北京财贸职业学院 | 首都经济贸易大学 | 国际金融、人力资源管理、注册会计师 | 210 | 430 |
| | | | 北京工商大学 | 视觉传达与设计 | 30 | |
| | | | 北京建筑大学 | 数字建造管理 | 30 | |
| | | | 首都师范大学 | 学前教育 | 90 | 460 |
| | 240 | 北京农业职业学院 | 北京农学院 | 园艺技术（都市园艺）、园林技术（风景园林）、药品生物技术（生物应用技术）、绿色食品生产与检验（食品安全检测技术）、动物医学（宠物医师） | 180 | 430 |
| | | | 北京工商大学 | 旅游管理 | 60 | |
| | 180 | 北京信息职业技术学院 | 北京信息科技大学 | 软件技术、信息安全与管理、大数据技术与应用 | 180 | 430 |
| | 240 | 北京劳动保障职业学院 | 首都经济贸易大学 | 人力资源和社会保障类 | 180 | 430 |
| | | | 北京信息科技大学 | 城市安全运行类 | 30 | |
| | | | 首都医科大学 | 养老护理类 | 30 | |
| | 70 | 北京卫生职业学院 | 首都医科大学 | 护理 | 70 | 460 |
| | 60 | 北京第二外国语学院 | 北京第二外国语学院 | 非通用语（波兰语、斯洛伐克语、拉脱维亚语） | 60 | 520 |
| | 180 | 北京城市学院 | 北京城市学院 | 学前教育 | 90 | 430 |
| | | | | 小学教育（德语、法语、西班牙语方向） | 60 | 460 |
| | | | | 小学教育（国际艺术学校定向招生） | 30 | |
| 中本贯通 | 200 | 北京市昌平职业学校 | 北京联合大学 | 大数据技术与应用 | 50 | 430 |
| | | | | 人工智能技术及应用 | 30 | |
| | | | | 智能汽车技术与应用 | 30 | |
| | | | 首都师范大学 | 学前教育 | 90 | 460 |

续表

| 项目名称 | 招生规模 | 招生院校 | 合作高校 | 招生专业或专业大类 | 招生计划/人 | 最低分数线/分 |
|---|---|---|---|---|---|---|
| 中本贯通 | 240 | 北京市商业学校 | 北京联合大学 | 云财务会计 | 50 | 430 |
| | | | | 电子商务 | 50 | |
| | | | | 新能源汽车技术与市场营销 | 30 | |
| | | | | 学前教育 | 50 | |
| | | | | 音乐教育、科学教育 | 60 | |
| | 180 | 北京市丰台区职教中心学校 | 北京联合大学 | 非遗传承与设计 | 60 | 430 |
| | | | | 智能汽车技术与应用 | 30 | |
| | | | | 餐饮艺术与管理 | 30 | 420 |
| | | | 北京城市学院 | 学前教育 | 60 | 430 |
| | 110 | 北京市国际职业教育学校 | 北京联合大学 | 文物保护与修复 | 50 | 430 |
| | | | 北京城市学院 | 学前教育 | 60 | |
| | 180 | 北京铁路电气化学校 | 北京信息科技大学 | 轨道交通车辆运用、轨道交通供电、轨道交通设备与控制 | 180 | 430 |
| 合计 | 3050 | — | | | 3050 | — |

## B.7　2021 年北京市高端技术技能人才贯通培养招生计划表

| 项目名称 | 招生规模 | 招生院校 | 招生专业类别 | 招生专业 | 合作本科院校 | 招生计划/人 |
|---|---|---|---|---|---|---|
| 高本贯通 | 330 | 北京电子科技职业学院 | 高端装备与智能制造技术类 | 机电一体化技术、机械制造与自动化、电气自动化技术、建筑智能化工程技术 | 北方工业大学 | 150 |
| | | | 网络与大数据类、汽车智能技术类 | 计算机应用技术、计算机网络技术、新能源汽车技术、汽车制造与试验技术 | 北京信息科技大学 | 120 |
| | | | 生物医药与绿色环保类 | 药品生物技术、环境工程技术 | 北京石油化工学院 | 60 |
| | 270 | 北京工业职业技术学院 | 新一代信息技术类 | 计算机网络技术（大数据）、移动互联应用技术 | 北方工业大学 | 100 |
| | | | 智能建造类 | 工程造价、工程测量技术（无人机测绘） | | 100 |
| | | | 智能设备类 | 汽车智能技术、机电一体化技术（城市智能设备） | | 70 |
| | 270 | 北京财贸职业学院 | 智慧财经类 | 大数据与会计、大数据与财务管理、金融管理、金融科技应用 | 北京物资学院 | 120 |
| | | | 现代商旅服务类 | 企业数字化管理、旅游管理 | | 120 |
| | | | 文化创意类 | 视觉传达设计 | 北京城市学院 | 30 |

续表

| 项目名称 | 招生规模 | 招生院校 | 招生专业类别 | 招生专业 | 合作本科院校 | 招生计划/人 |
|---|---|---|---|---|---|---|
| 高本贯通 | 270 | 北京农业职业学院 | 都市园艺与风景园林类、食品安全与生物技术类、宠物医疗类 | 园艺技术（都市园艺）、园林技术（风景园林）、绿色食品生产技术、药品生物技术（生物应用技术）、动物医学（宠物医师） | 北京农学院 | 270 |
| | 240 | 北京信息职业技术学院 | 人工智能与大数据类、信息安全类 | 人工智能技术应用、大数据技术应用、软件技术、信息安全技术应用 | 北京信息科技大学 | 240 |
| | 240 | 北京劳动保障职业学院 | 人力社保类、养老护理类 | 人力资源管理、劳动与社会保障、智慧健康养老服务与管理、护理 | 北京城市学院 | 160 |
| | | | 安全交通类 | 安全技术与管理、城市轨道交通机电技术 | 北京石油化工学院 | 80 |
| | 180 | 北京交通运输职业学院 | 轨道交通类 | 城市轨道交通运营管理、城市轨道车辆应用技术、城市轨道交通通信信号技术 | 北京联合大学 | 110 |
| | | | 智慧交通类 | 智能网联汽车技术、智能交通技术 | | 70 |
| | 150 | 北京城市学院 | 基础教育师资培养类 | 学前教育 | 北京城市学院 | 60 |
| | | | | 小学教育（德语、法语、西班牙语方向） | | 60 |
| | | | | 小学教育（国际艺术学校定向招生） | | 30 |
| 中本贯通 | 210 | 北京市昌平职业学校 | 云物大智类 | 智能网联汽车技术、大数据技术应用、人工智能技术及应用、数字媒体技术应用 | 北京联合大学 | 120 |
| | | | 智慧农业类 | 智慧农业技术 | 北京农学院 | 30 |
| | | | 教育与高端服务类 | 学前教育、航空服务 | 北京城市学院 | 60 |
| | 210 | 北京市商业学校 | 智慧财经类 | 云财务会计、电子商务、金融事务、互联网 IT 服务、新能源汽车技术与市场营销 | 北京物资学院 | 150 |
| | | | 基础教育师资培养类 | 音乐教育、学前教育 | 北京联合大学 | 60 |
| | 210 | 北京市丰台区职业教育中心学校 | 文创与高端服务类 | 非遗传承与设计、餐饮技术与管理 | 北京联合大学 | 60 |
| | | | 智能技术应用类 | 智能汽车技术应用、物联网技术应用 | | 60 |
| | | | 影视融媒类 | 影像与影视技术、融媒体技术与应用 | 北京城市学院 | 60 |
| | | | 基础教育师资培养类 | 学前教育 | | 30 |

续表

| 项目名称 | 招生规模 | 招生院校 | 招生专业类别 | 招生专业 | 合作本科院校 | 招生计划/人 |
|---|---|---|---|---|---|---|
| 中本贯通 | 150 | 北京市铁路电气化学校 | 轨道交通类、机电设备类 | 城市轨道交通车辆运用技术、城市轨道交通通信信号技术、城市轨道交通供配电技术 | 北京联合大学 | 90 |
| | | | 电气自动化类 | 电气设备运行与控制 | | 30 |
| | | | 电气技术类 | 供用电技术 | | 30 |
| | 80 | 北京市国际职业教育学校 | 教育与高端服务类 | 文物保护技术、艺术设计 | 北京联合大学 | 50 |
| | | | | 学前教育 | 北京城市学院 | 30 |

## B.8　2022 年北京市高端技术技能人才贯通培养招生计划表

| 项目名称 | 招生规模 | 招生院校 | 招生专业类别 | 招生专业 | 合作本科院校 | 招生计划/人 |
|---|---|---|---|---|---|---|
| 高本贯通 | 330 | 北京电子科技职业学院 | 高端装备与智能制造技术类 | 机电一体化技术、机械制造与自动化、电气自动化技术、建筑智能化工程技术 | 北方工业大学 | 150 |
| | | | 网络与大数据类、汽车智能技术类 | 计算机应用技术、计算机网络技术、新能源汽车技术、汽车制造与试验技术 | 北京信息科技大学 | 120 |
| | | | 生物医药与绿色环保类 | 药品生物技术、环境工程技术 | 北京石油化工学院 | 60 |
| | 270 | 北京工业职业技术学院 | 新一代信息技术类 | 计算机网络技术（大数据）、移动互联应用技术 | 北方工业大学 | 100 |
| | | | 智能建造类 | 工程造价、工程测量技术（无人机测绘） | | 100 |
| | | | 智能设备类 | 汽车智能技术、机电一体化技术（城市智能设备） | | 70 |
| | 270 | 北京财贸职业学院 | 智慧财经类 | 大数据与会计、大数据与财务管理、金融管理、金融科技应用 | 北京物资学院 | 120 |
| | | | 现代商旅服务类 | 企业数字化管理、旅游管理 | | 120 |
| | | | 文化创意类 | 视觉传达设计 | 北京城市学院 | 30 |
| | 270 | 北京农业职业学院 | 都市园艺与风景园林类、食品安全与生物技术类、宠物医疗类； | 园艺技术（都市园艺）、园林技术（风景园林）、绿色食品生产技术、药品生物技术（生物应用技术）、动物医学（宠物医师） | 北京农学院 | 270 |
| | 240 | 北京信息职业技术学院 | 人工智能与大数据类、信息安全类； | 人工智能技术应用、大数据技术应用、软件技术、信息安全技术应用 | 北京信息科技大学 | 240 |

续表

| 项目名称 | 招生规模 | 招生院校 | 招生专业类别 | 招生专业 | 合作本科院校 | 招生计划/人 |
|---|---|---|---|---|---|---|
| 高本贯通 | 240 | 北京劳动保障职业学院 | 人力社保类 | 人力资源管理、劳动与社会保障 | 北京城市学院 | 80 |
| | | | 养老类 | 智慧健康养老服务与管理 | 北京城市学院 | 40 |
| | | | 护理类 | 护理 | 北京城市学院 | 40 |
| | | | 安全交通类 | 安全技术与管理、城市轨道交通机电技术 | 北京石油化工学院 | 80 |
| | 180 | 北京交通运输职业学院 | 轨道交通类 | 城市轨道交通运营管理、城市轨道车辆应用技术、城市轨道交通通信信号技术 | 北京联合大学 | 110 |
| | | | 智慧交通类 | 智能网联汽车技术、智能交通技术 | | 70 |
| | 150 | 北京城市学院 | 基础教育师资培养类 | 学前教育 | 北京城市学院 | 60 |
| | | | | 小学教育（德语、法语、西班牙语方向） | | 60 |
| | | | | 小学教育（国际艺术学校定向招生） | | 30 |
| | 小计 | | | | | 1950 |
| 中本贯通 | 210 | 北京市昌平职业学校 | 云物大智类 | 智能网联汽车技术、大数据技术应用、人工智能技术及应用、数字媒体技术应用 | 北京联合大学 | 120 |
| | | | 智慧农业类 | 智慧农业技术 | 北京农学院 | 30 |
| | | | 教育与高端服务类 | 幼儿保育、航空服务 | 北京城市学院 | 60 |
| | 210 | 北京市商业学校 | 智慧财经类 | 云财务会计、电子商务、金融事务、互联网 IT 服务、新能源汽车技术与市场营销 | 北京物资学院 | 150 |
| | | | 基础教育师资培养类 | 音乐教育、幼儿保育 | 北京联合大学 | 60 |
| | 210 | 北京市丰台区职业教育中心学校 | 文创与高端服务类 | 非遗传承与设计、餐饮艺术与管理 | 北京联合大学 | 60 |
| | | | 智能技术应用类 | 智能汽车技术应用、物联网技术应用 | | 60 |
| | | | 影视融媒类 | 影像与影视技术、融媒体技术应用 | 北京城市学院 | 60 |
| | | | 基础教育师资培养类 | 幼儿保育 | | 30 |
| | 150 | 北京铁路电气化学校 | 轨道交通类机电设备类 | 城市轨道交通车辆运用技术、城市轨道交通通信信号技术、城市轨道交通供配电技术 | 北京联合大学 | 90 |
| | | | 电气自动化类 | 电气设备运行与控制 | | 30 |
| | | | 电力技术类 | 供用电技术 | | 30 |
| 中本贯通 | 80 | 北京市国际职业教育学校 | 教育与高端服务类 | 文物保护技术、艺术设计 | 北京联合大学 | 50 |
| | | | | 幼儿保育 | 北京城市学院 | 30 |
| | 小计 | | | | | 860 |
| 合计 | | | | | | 2810 |